AI 摄影与创意设计

Stable Diffusion-ComfyUI

王岩 / 编著

清华大学出版社
北京

内 容 简 介

本书以强大的Flux模型为核心，结合二十多个精心打造的完整工作流，全面讲解ComfyUI在AI摄影、设计、电商及媒体等领域的实际应用技巧。通过系统化的实战案例，读者可以快速掌握从文生图、图生图到局部重绘、高清放大、视频生成等多种高级功能，并能灵活运用于写真制作、证件照设计、产品精修、背景生成、图像修复等多个专业场景。

本书内容由浅入深，结构清晰，涵盖了ComfyUI的安装配置、模型管理、节点扩展、报错排查等基础操作，以及各类高效工作流的构建与优化方法。适合广大AI绘图爱好者以及设计师、原画师、插画师、电商美工等相关从业人员阅读，也可作为高校及培训机构在AI美术、设计等方向的教学参考用书。

图书在版编目（CIP）数据

AI摄影与创意设计：Stable Diffusion-ComfyUI /
王岩编著. -- 北京：清华大学出版社, 2025. 9.
ISBN 978-7-302-52409-0

Ⅰ. TP391. 413

中国国家版本馆CIP数据核字第2025ZC4921号

责任编辑：赵　军
封面设计：王　翔
责任校对：冯秀娟
责任印制：沈　露
出版发行：清华大学出版社
　　　　网　　　址：https://www.tup.com.cn, https://www.wqbook.com
　　　　地　　　址：北京清华大学学研大厦A座　　　　邮　　编：100084
　　　　社 总 机：010-83470000　　　　　　　　　邮　　购：010-62786544
　　　　投稿与读者服务：010-62776969, c-service@tup.tsinghua.edu.cn
　　　　质量反馈：010-62772015, zhiliang@tup.tsinghua.edu.cn
印 装 者：三河市铭诚印务有限公司
经　　销：全国新华书店
开　　本：185mm×235mm　　　　印　　张：14.75　　　　字　　数：354千字
版　　次：2025年9月第1版　　　　　　　　　　　　印　　次：2025年9月第1次印刷
定　　价：99.00元

产品编号：111370-01

前 言 PREFACE

从Midjourney、Stable Diffusion到即梦、豆包，再到ChatGPT-4o，每当AI图片生成领域出现一项新技术或一个新工具时，就会涌现一大批标题中带着"吊打""颠覆""最强"等字眼的评测内容。这些内容让我们意识到AI工具正在得到越来越多人的关注，也表明AI技术仍处在高速进化的过程中。

当然，这些内容也会给想要学习AI绘图的人带来一些困扰，尤其是在如何选择合适工具方面。如果你仅仅把AI绘图当作一个新奇有趣的工具，可能会倾向于尝试热度最高的那个。如果你希望AI绘图像Photoshop那样成为常伴身边的生产力工具，那么ComfyUI是最佳选择之一。ComfyUI的第一个特点是开源免费，任何人都能在本地计算机上自由生成图片，不受网络或生成数量的限制，无须注册会员或排队等待，真正实现AI工具的普及和平等。第二个特点是其生态资源丰富，在ControlNet、IPAdapter等自定义节点的加持下，可以在构图、风格、色彩和一致性等方面实现对生成内容的自主可控，从而让AI绘图从抽卡工具变成实用工具。第三个特点是ComfyUI具有高度的可定制特性，用户可以自由组合成千上万的节点，满足从基础到复杂的图像生成需求，同时还能实现工作流资产复用和批量自动化运行。

不过，如果说ComfyUI有什么缺点，那就是ComfyUI陡峭的学习曲线。了解Stable Diffusion的用户都知道，ComfyUI的入门难度相对较高，这不仅体现在用户需要适应节点式的界面和操作方式，用户还要熟悉并理解几十个常用自定义节点及其大量的设置参数，否则很难随心所欲地组合、搭建和改造工作流。此外，ComfyUI的用户还需要学会安装自定义节点和各种模型文件，并能够解决各种各样的意外报错。这些挑战正是本书旨在解决的问题。

　　本书从最基础的工作流搭建开始，一步一步带领读者在实际操作中理解AI绘图的工作原理、常用节点的作用以及重要参数的设置方法。为了帮助读者在有限的时间内学习到最实用的内容，本书讲解的几十个工作流均采用目前最优秀的Flux模型，并根据AI摄影、电商美工、图像处理等应用领域进行分类。读者通过本书配套资源中的网盘地址下载ComfyUI集成包后，便可直接将这些工作流应用于自己的工作中。

　　为了帮助读者更高效地学习，书中提供了所有涉及的工作流文件、参考图及4K高清视频教学资源。读者可用微信扫描下面的二维码获取相关资源，扫描正文中的二维码可观看视频。如果学习本书的过程中发现问题或疑问，可发送邮件至 booksaga@126.com，邮件主题为"AI摄影与创意设计：Stable Diffusion-ComfyUI"。

由于编者水平有限，书中难免存在疏漏和不足之处，恳请广大读者批评指正。

编　者

2025年6月

目　录　CONTENTS

ComfyUI 基础入门

Stable Diffusion 是一个开源的 AI 图像生成模型，拥有多种图形界面，常见的有 WebUI、ForgeUI、ComfyUI 和 SwarmUI 等。其中，ComfyUI 以其开放的架构、高度的灵活性和可定制性，成为最受欢迎的 Stable Diffusion 界面。

本章首先介绍如何在本地安装和部署 ComfyUI，接着讲解 ComfyUI 中的各项基本操作，以及 Stable Diffusion 的工作原理，最后说明如何在 ComfyUI 中安装模型和自定义节点。

1.1 ComfyUI 的安装配置

在本地计算机上安装和配置 ComfyUI 的方法主要有以下 3 种。

1 ComfyUI 官方桌面版

登录 ComfyUI 的 GitHub 网页（https://github.com/Comfy-Org/desktop），向下滚动页面，找到 ComfyUI 桌面版安装包的下载链接，下载该安装包，如图 1-1 所示。

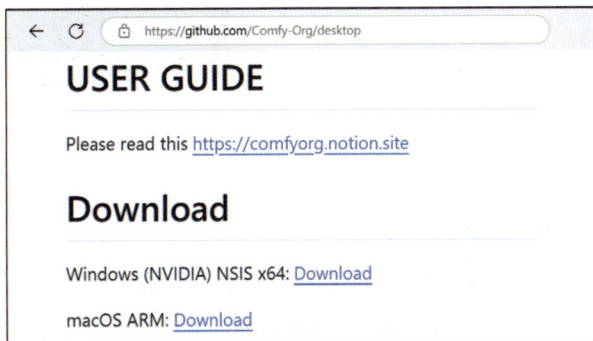

https://github.com/Comfy-Org/desktop

USER GUIDE

Please read this https://comfyorg.notion.site

Download

Windows (NVIDIA) NSIS x64: Download

macOS ARM: Download

图 1-1

ComfyUI 桌面版安装包的大小约为 100MB。运行安装包后，首先会弹出下载 Git 的提示窗口。Git 是安装自定义节点的必备工具，如果计算机上没有安装 Git，可单击提示窗口中的链接以下载和安装最新版本。

接下来，单击"开始使用"按钮，在新的安装页面中选择计算机的 GPU 类型，如图 1-2 所示。如果使用的不是 NVIDIA 显卡，需要单击"manual configuration"按钮，待 ComfyUI 安装完成后手动配置 Python 环境。

图 1-2

继续单击"下一个"按钮，在新的安装页面中选择 ComfyUI 的安装路径，如图 1-3 所示。

图 1-3

提示 为了让 ComfyUI 发挥出更多功能，我们需要在这个路径中安装大量自定义节点和各种类型的模型，这些节点和模型要占据数百吉字节的磁盘空间。因此，一定要选择空间充裕的磁盘，而且所有路径应使用英文。此外，把 ComfyUI 安装到固态硬盘中，可以大幅提高 ComfyUI 的启动速度和模型加载的速度。

单击"下一个"按钮。如果计算机之前已经安装过 ComfyUI，那么在出现的页面中选择 ComfyUI 根目录，以便共享工作流和模型文件。如果没有安装过，则直接单击"下一个"按钮，然后在新的安装页面中单击"安装"按钮，开始下载并配置组件和环境依赖，如图 1-4 所示。安装完毕后，ComfyUI 会自动运行。

图 1-4

2 ComfyUI 整合包

ComfyUI 桌面版相当于从零开始安装全新的 ComfyUI。如果计算机能够稳定连接外网，则更新 ComfyUI、下载模型和自定义节点的过程将非常顺畅，用户可以把全部精力投入学习和使用 ComfyUI 中。

在 ComfyUI 桌面版推出之前，所有的程序安装和环境配置工作都需要由用户自己完成。没有一定的计算机知识，让 ComfyUI 正常运行都会非常困难。为了解决这一问题，bilibili 用户"秋葉 aaaki"开发了绘世启动器。绘世启动器的最大特点是无须安装部署，下载并解压后即可一键启动，如图 1-5 所示。可以说，国内大多数 Stable Diffusion 用户都是通过绘世启动器接触到 AI 绘画的。

除了安装部署，绘世启动器还提供了自定义节点安装管理、显存优化设置、依赖环境维护等设置选项。这些功能选项极大降低了 ComfyUI 的使用难度，以至于即便现在已经有了官方桌面版，但大多数国内用户由于稳定性、使用习惯以及避免重新安装和配置自定义节点等原因，仍然选择使用绘世启动器来运行 ComfyUI。

图 1-5

如果用户无法连接外网，无论是使用 ComfyUI 官方桌面版还是绘世启动器，都需要手动下载和安装模型与自定义节点。有些自定义节点对依赖环境的要求较高，或者缺少特定的模型文件，或者模型的路径或文件名不正确，或者依赖环境的版本过低或过高，或者自定义节点之间存在依赖冲突，这些都会导致工作流运行失败。这些问题往往使得用户在解决各种各样的报错时消耗大量时间和精力。

为了应对这个问题，一些经验丰富的用户在绘世启动器的基础上，把 ComfyUI 程序、Python 环境、测试好的自定义节点以及各种工作流和模型文件打包，形成了我们所说的"整合包"。用户只需下载解压后即可直接运行。当然，这种方式也有其问题：由于 ComfyUI 和自定义节点更新速度非常快，用户若想第一时间体验最新的升级改进，整合包的作者和用户需要频繁更新。

3 LiblibAI 客户端

LiblibAI 客户端是由国内模型下载网站 www.liblib.art 发布的 Stable Diffusion 启动器。其最大的特点是把 WebUI 和 ComfyUI 集成到一起，用户可以根据自己的使用习惯自由切换界面，如图 1-6 所示。环境依赖、常用模型和自定义节点都能通过 LiblibAI 客户端自动下载安装。

图 1-6

LiblibAI 客户端的第二个优点是，得益于网站的支持，用户不但可以在客户端中直接下载各种类型的模型文件，还能免费获取数以千计的工作流文件，如图 1-7 所示。通过客户端下载的模型文件会自动分类并完成安装。在模型和生成结果的管理方面，LiblibAI 客户端也更方便。

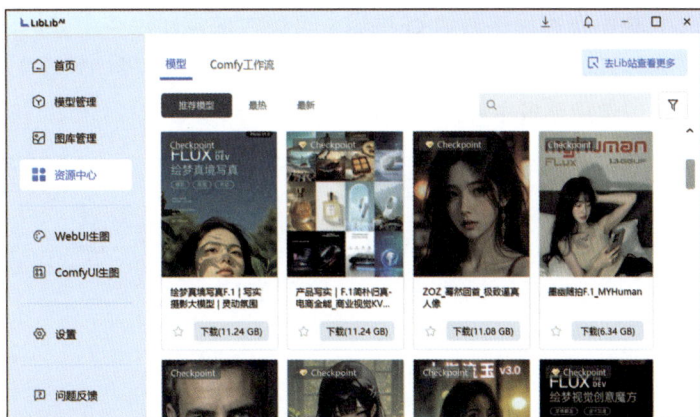

图 1-7

一些用户选择 LiblibAI 客户端的另一个原因是，随着大模型和工作流加密技术的不断发展，LiblibAI 网站中的部分模型和工作流只能在自己的客户端中运行，这使得使用 ComfyUI 官方桌面版和整合包的用户选择变少。

LiblibAI 客户端的缺点和整合包类似，虽然集成了一些常用的自定义节点，但目前 LiblibAI 客户端的更新速度相对较慢。随着自定义节点的不断升级，部分新的自定义节点不升级依赖环境就无法使用，升级后又会造成原来的一些自定义节点无法运行，结果就是无法连接外网的用户仍然会面对各种节点报错的问题。

■ 1.2 ComfyUI 的基本操作

为了方便读者学习，本书使用整合包的方式运行 ComfyUI。在绘世启动器中单击"一键启动"按钮，等待命令提示符中的进程加载完毕后，就会自动打开网页和 ComfyUI 界面。ComfyUI 的界面主要由画布、菜单栏、侧边栏和图形画布组成，如图 1-8 所示。

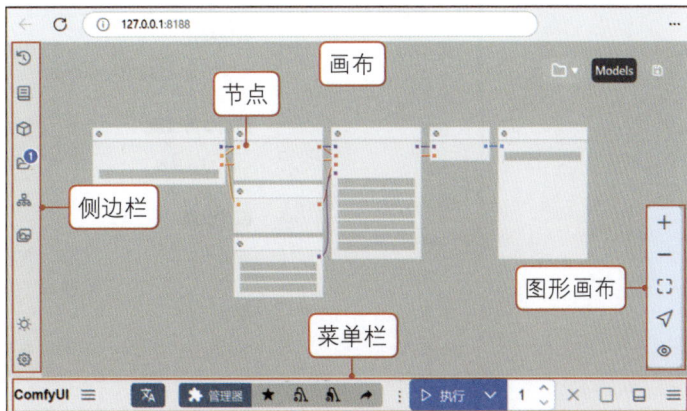

图 1-8

单击侧边栏下方的☼按钮，可以在深色和浅色主题之间进行切换。单击侧边栏上的⚙按钮打开"设置"窗口，在窗口左侧的列表中选择"外观"选项，在"色彩主题"下拉菜单中可以选择更多主题样式，如图1-9所示。

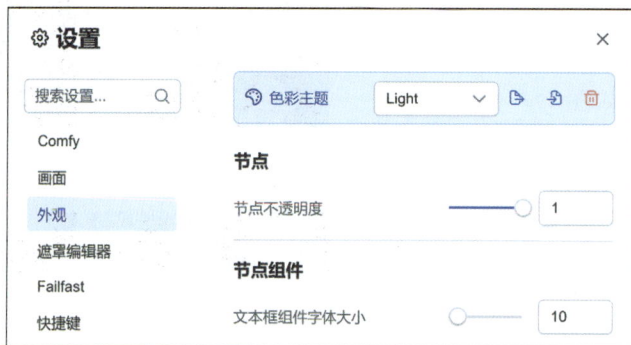

图 1-9

ComfyUI 页面的主要区域是用来显示节点的画布。滚动鼠标中键或者单击图形画布上的十和一按钮，可以缩放画布大小；按住鼠标左键或中键后拖曳可以导航画布。

在未选择任何节点时，单击图形画布上的❏按钮，可以让画布上的所有节点最大化显示。选中一个节点后单击❏按钮，会让选中的节点最大化显示。图形画布上的↗按钮表示当前处于选择模式，单击画布中的一个节点就能将其选中。单击这个按钮可以切换到无法选择节点的平移模式。单击◎按钮可以隐藏节点之间的所有连线。

习惯使用旧版菜单的用户，可以单击侧边栏上的⚙按钮，在"设置"窗口左侧选择Comfy 选项，在"菜单"选项组的"使用新菜单"中选择"禁用"，如图1-10所示。

图 1-10

单击菜单栏最右侧的 ☰ 按钮，可以让画布最大化显示；单击 ⊟ 按钮可以展开日志窗口，在窗口中查看执行日志、错误信息或者生成进度，如图 1-11 所示。

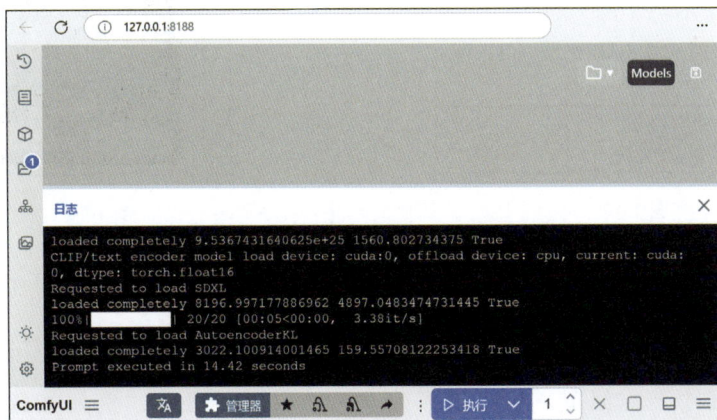

图 1-11

页面中已经创建了默认的文生图工作流，我们先在 "Checkpoint 加载器（简易）" 节点的 "Checkpoint 名称" 菜单中选择一个大模型，然后在 "空 Latent" 节点中把 "宽度" 和 "高度" 参数都设置为 1024，如图 1-12 所示。

单击菜单栏上的 "执行队列" 按钮，或者按快捷键 Ctrl+Enter 运行工作流，工作流中的节点边框会依次变成绿色，表示工作流的运行顺序和进度，最后在 "保存图像" 节点中显示生成结果。

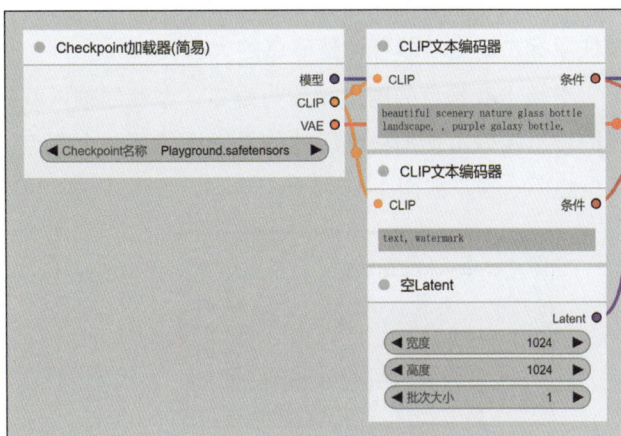

图 1-12

在 "空 Latent" 节点中，利用 "批次大小" 参数，可以设置同时生成多少张图片。同时生成多张图片会占用很多的显存资源，因此可以多次单击 "执行队列" 按钮，或者在 "执行队列" 按钮右侧的文本框中输入批次数量，单击 "执行队列" 按钮后一张接一张地生成图片。

单击 "执行队列" 按钮右侧的 ✕ 按钮，可以取消正在运行的队列。单击 ☐ 按钮可以取消所有排队等待生成的队列，如图 1-13 所示。

单击侧边栏上的 ⏱ 按钮，可以查看到所有生成过的图片，以及生成图片所花费的时间，如图 1-14 所示。

图 1-13　　　　　　　　　　　　　　　　图 1-14

> **提示**　在图片上右击，在弹出的快捷菜单中执行"加载工作流"命令，即可调出生成该图片的工作流，或者在"K 采样器"节点中查看生成该图片的种子值。

工作流由多个节点组成，每个节点代表一个具体的任务，例如加载模型、文本编码、显示图像等。每个节点的左上角显示节点名称，双击节点名称可以重新命名节点，如图 1-15 所示。单击节点名称左侧的圆形按钮可以折叠和展开节点；把光标移到节点的右下角，按住鼠标左键拖动即可调整节点的大小。

节点上有颜色的圆点被称为端口，左侧的输入端口用于接收上一个节点发来的信息，右侧的输出端口负责把处理后的信息发送给下一个节点。端口的颜色不同，接收和发送的信息类型也不一样，如图 1-16 所示。

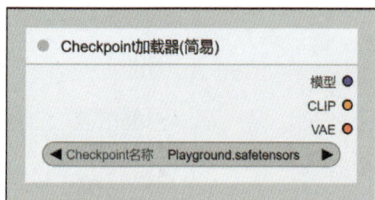

图 1-15　　　　　　　　　　　　　　　　图 1-16

> **提示**　在节点上右击，在弹出的快捷菜单中可以修改节点的颜色和形状。选中一个节点后，按住 Ctrl 键可以加选更多节点。

在连接两个端口的连线上，中间位置有一个圆点，单击该圆点后选择"删除"命令，即可断开端口之间的连接。有时，连线中间的圆点会被其他节点遮挡，此时可以在节点的输出端口上右击，在弹出的快捷菜单中执行 Disconnect Links 命令来断开连线。

在任意端口上右击，在弹出的 Link Style 菜单中可以把连线设置成直线或直角线，如图 1-17 所示。

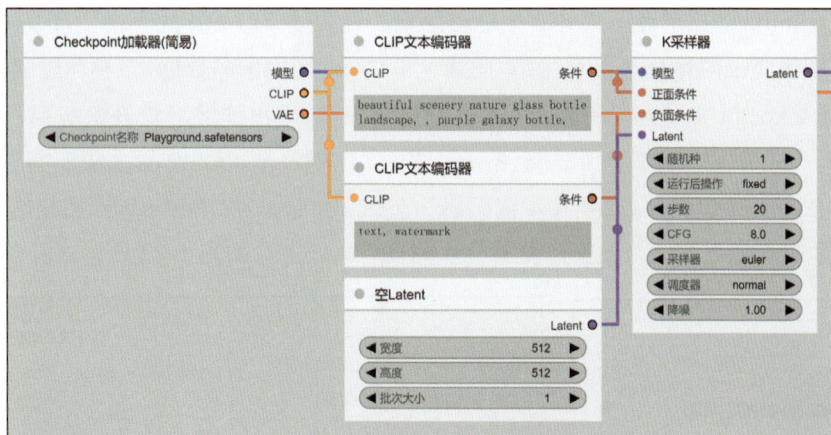

图 1-17

1.3 理解Stable Diffusion的工作原理

现在我们从零开始搭建默认工作流，在动手的过程中学习节点的基本操作，同时简单了解一下 Stable Diffusion 的工作原理，以及常用节点的作用。这些内容将帮助我们在搭建和改造工作流时更加得心应手。

单击菜单栏上的"工作流"按钮，在弹出的菜单中单击"新建"按钮。在画布的空白处双击，弹出搜索栏，输入 Checkpoint 后单击列表中的"Checkpoint 加载器（简易）"即可新建节点，如图 1-18 所示。

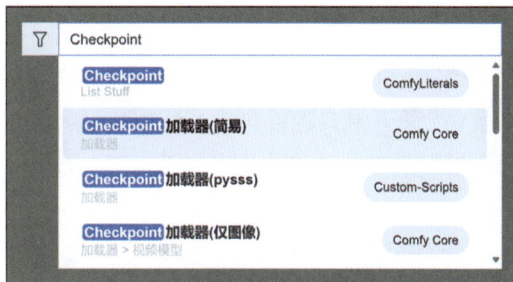

图 1-18

> **提示** 在搜索栏的搜索结果中，左侧显示节点名称，右侧显示该节点来源于哪个自定义节点。

我们还可以单击侧边栏上的 ▤ 按钮，在打开的节点库中搜索节点，或者按照不同的类别选择节点。在节点库中单击 🔖 按钮，可以将常用节点置顶，方便下次添加，如图 1-19 所示。

Checkpoint 加载器节点上只有 3 个输出端口，说明该节点支持的大模型可以向其他节点发送模型（图像特征向量）、CLIP（文本向量）和 VAE（图像解码数据）3 种类型的数据信息。

从 "Checkpoint 加载器（简易）" 节点的 CLIP 端口拖出连线，松开鼠标后，在弹出的菜单中选择 "CLIP 文本编码器"。接下来，按住 Alt 键拖动 "CLIP 文本编码器" 节点，松开鼠标后将复制一个新的 "CLIP 文本编码器" 节点。继续从 "Checkpoint 加载器（简易）" 节点的 CLIP 端口拖出连线，连接到复制节点的输入端口上，如图 1-20 所示。

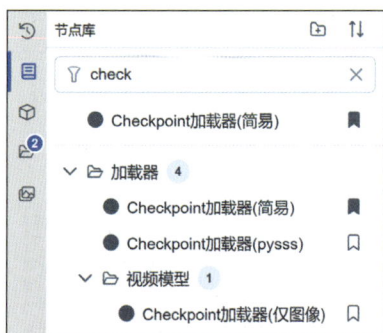

图 1-19

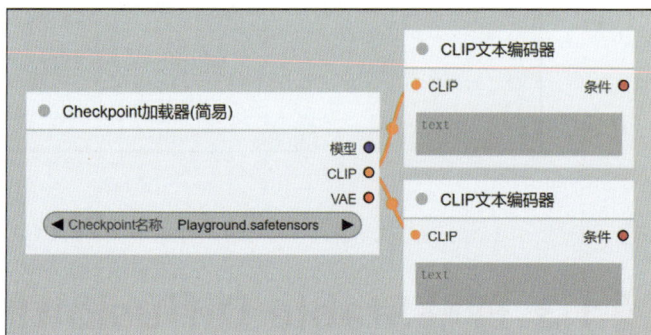

图 1-20

> **提示** 选中 "CLIP 文本编码器" 节点后，按快捷键 Ctrl+C，再按快捷键 Shift+Ctrl+V，即可直接复制带连线的节点。

从 "CLIP 文本编码器" 节点的输出端口拖出连线，松开鼠标后，在弹出的菜单中选择 "K 采样器" 节点。接下来，把复制的 "CLIP 文本编码器" 节点的输出端口和 "K 采样器" 节点的 "负面条件" 输入端口连接起来，把 "Checkpoint 加载器（简易）" 节点的 "模型" 输出端口和 "K 采样器" 节点的 "模型" 输入端口连接起来，如图 1-21 所示。

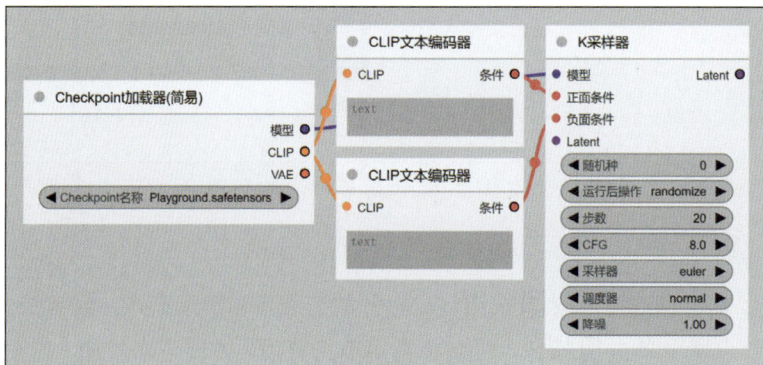

图 1-21

我们创建的两个"CLIP 文本编码器"节点，一个用来输入正向提示词，即希望生成结果中出现的内容；另一个用来输入反向提示词，即不希望生成结果中出现的内容。运行工作流后，"CLIP 文本编码器"节点会把输入的提示词文本编译成大模型可以读懂的向量信息，一端发送给大模型，从中寻找与之匹配的图像特征向量；另一端作为生成图像的必要条件，发送给"K 采样器"节点。

在"K 采样器"节点上右击，在弹出的快捷菜单中执行"添加空输入"命令，创建"空 Latent"节点，然后在该节点中设置想要生成的图像尺寸，如图 1-22 所示。

当"K 采样器"节点接收到"CLIP 文本编码器"节点发来的信息后，就会按照"空 Latent"节点设置的尺寸生成一张噪声图，然后在文本向量信息和大模型发来的图像特征向量的引导下，按照"K 采样器"节点提供的采样算法和去噪步数，一步一步地去除噪声。

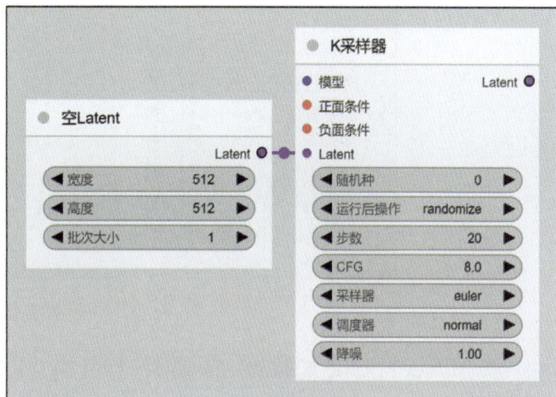

图 1-22

为了加快生成速度，去除噪波的过程是在经过高度压缩后的潜空间中进行的。完成去噪过程后，我们还要从"K 采样器"节点的输出端口拖出连线，创建"VAE 解码"节点，利用该节点把潜空间中的图像升维到我们平常使用的像素空间。

继续从"VAE 解码"节点的输出端口拖出连线，创建"保存图像"节点，把生成结果保存到 ComfyUI 安装根目录下的 output 文件夹中，如图 1-23 所示。

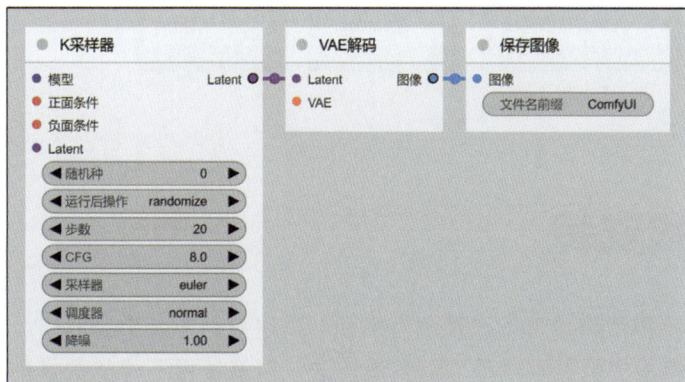

图 1-23

> **提示**
>
> 如果在"VAE 解码"节点后面连接"预览图像"节点，生成结果会被保存到 ComfyUI 安装根目录下的 temp 文件夹中。重新运行 ComfyUI 后，该文件夹中的图像会被清空。

现在运行工作流，会弹出错误提示窗口，并且用红色边框标记出现错误的节点。如果错误原因是端口没有连接，则会在没有连线的端口上显示红色圆圈，如图 1-24 所示。

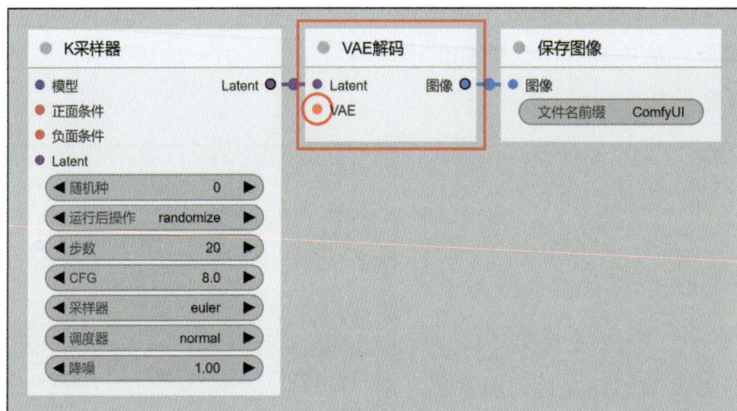

图 1-24

从"Checkpoint 加载器（简易）"节点的"VAE"输出端口拖出连线，连接到"VAE 解码"节点的"VAE"输入端口上，完整的工作流就创建完成了。

现在我们已经知道，默认工作流在运行过程中需要经历加载模型、条件输入、采样去噪和解码输出 4 个步骤。与之对应的是，默认工作流中的 7 个节点也可以划分成 4 组模块，如图 1-25 所示。以后无论遇到多么复杂的工作流，不管工作流中包含多少个节点，基本上都是按照这个流程和顺序搭建的。

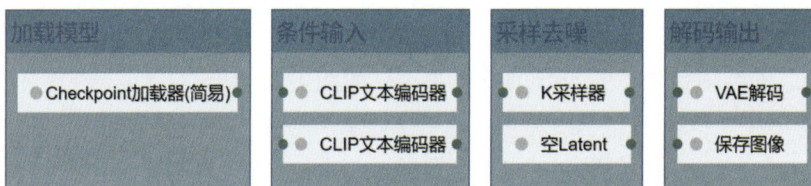

图 1-25

📦 1.4 模型的分类和安装

在 liblib 网站的模型广场页面，单击右上方的"筛选"按钮，可以看到多种模型分类，如图 1-26 所示。本节就详细介绍常用模型类型的下载和安装方法，以及使用不同类型模型时需要注意的一些问题。

图 1-26

1 Checkpoint 模型

在各种各样的模型分类中，最重要的是 Checkpoint 模型，也就是我们通常所说的大模型。AI 绘画的原理就是对算法程序进行训练，使其学习各种图像的信息特征。经过大规模数据训练后，沉淀下来的文件包就是大模型。大模型就像百科全书一样，集合了 AI 绘图所需的所有信息，万事万物都能通过大模型生成出来。

大模型又可以分为两种，一种是由公司或社区开发训练的模型，例如 SD1.5、SDXL、SD3 等，都是 Stability AI 公司发布的大模型，Flux1 则是 Black Forest Labs 公司发布的大模型，具体的对应关系可以参考表 1-1。

表1-1　由公司或社区开发训练的模型

模型厂商（作者）	模型名称	基础底模名称
Stability AI	SD1.5	基础算法v1.5
	SD2.1	基础算法v2.1
	SDXL	基础算法XL
	Stable Cascade	Stable Cascade a
		Stable Cascade b
		Stable Cascade c
	SD3	基础算法v3
	SD3.5	基础算法v3.5M、基础算法v3.5L

（续表）

模型厂商（作者）	模型名称	基础底模名称
Black Forest Labs	Flux1	基础算法F.1
腾讯	混元DiT	混元DiT v1.1、混元DiT v1.2
快手	Kolors	Kolors
华为诺亚方舟实验室	PixArt	PixArt α、PixArt Σ
DucHaiten	Pony	Pony

另外一种 Checkpoint 模型基本上是个人用户在以上大模型的基础上，通过微调和扩展训练得到的。

虽然大模型的类型非常多，但选择起来并不困难，因为我们只要挑选一款生成质量最好且生态完善的大模型，就能满足所有的图像生成需求。Flux 是目前公认"最强"的 AI 绘图大模型，它不但完美解决了手部和文字生成的难题，还具有强大的语义理解能力，可以准确复现提示词，在视觉效果和美学表现方面也能做到和 Midjourney 不相上下，如图 1-27 所示。更重要的是，Flux 是开源模型，所有用户都能免费使用，其 LoRA、ControlNet、IPAdapter 等生态环境也非常成熟。

Black Forest Labs 公司在发布 Flux 模型时提供了 3 个版本，其中 Flux1-pro 版的生成质量最高，但只能通过 API 接口调用，不能本地部署。Flux1-dev 版具有接近 Flux1-pro 的生成质量和提示词遵循能力，并且可以部署到 ComfyUI 中运行。Flux1-schnell 是蒸馏后的加速版模型，最快可以实现 4 步采样出图，但生成图的质量会明显下降。Flux 模型 3 个版本的具体信息如表 1-2 所示。

图 1-27

表1-2 Flux模型3个版本的信息

模型名称	模型体积	显存需求	模型特点
Flux1-pro			通过API接口调用
Flux1-dev	23.6GB	12GB	商用需授权，20步出图
Flux1-schnell	23.6GB	12GB	可商用，4～8步出图

官方的 Flux 模型对显存的要求非常高，生成速度也比较慢。为了解决这个问题，陆续有用户在官方模型的基础上开发了 fp8、NF4 和 GGUF 版的量化模型，这些量化模型的特点如表 1-3 所示。

表1-3 Flux量化模型

模型类型	模型体积	显存需求	模型特点
Flux1-dev-fp8	17.2GB	6~8GB	20步出图
Flux1-schnell-fp8	17.2GB	6~8GB	4~8步出图
NF4	12GB	4GB	显存要求低，出图速度快
GGUF	3.7GB~11.8GB	6GB	版本多样，出图速度快

2 LoRA 模型

大模型虽然存储了海量的图像特征，但它们只能画出 AI 学习过的事物。在遇到没见过的事物或细节特征时，大模型会用自认为最接近的特征进行替代。例如，在生成游戏《黑神话：悟空》中的悟空形象时，因为大模型不知道这个形象的具体细节，于是只能用"脑补"的方式去猜测那些未知的细节。

有两种方法可以让大模型知道事物的更多细节：一是不断增加大模型的数据量，二是通过外挂数据的方式进行补充。LoRA 模型使用的正是第二种方法，即把训练参数插入大模型的神经网络中，无须重新训练和微调大模型就能获得某种特定的人物特征或风格。与大模型相比，LoRA 模型的训练难度低得多，而且体积也非常小，只需几百兆字节就能得到想要的形象，如图 1-28 所示。

使用 LoRA 模型前　　　　　　　　使用 LoRA 模型后

图 1-28

　　LoRA 模型不但可以呈现事物特征，还能用来增强皮肤质感、光影效果，或者模仿某些艺术风格。除此之外，有些 LoRA 模型还能加快图片的生成速度，在 8 步之内就能得到与 20 步采样近似的生成结果。

　　LoRA 模型需要用专门的节点加载，在"Checkpoint 加载器（简易）"节点上右击，在弹出的快捷菜单中执行"添加 LoRA"命令，创建"LoRA 加载器"节点，并自动补充连线，如图 1-29 所示。

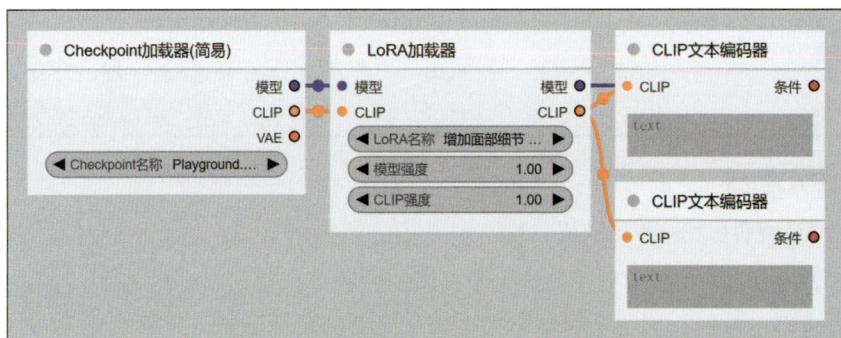

图 1-29

　　使用 LoRA 模型时需要注意 3 个问题。首先，LoRA 模型和大模型需要使用相同的版本。例如，在使用 Flux 大模型时，必须使用 Flux 版的 LoRA 模型；在使用 SDXL 的大模型时，LoRA 模型也必须是 SDXL 版的。其次，LoRA 模型是基于某些特定的大模型训练出来的，虽然有一定的适配性，但使用配套的大模型能生成更好的效果。第三，有些 LoRA 模型提供了触发词，这些触发词需要在正向提示词里填写。虽然不填写也能让 LoRA 模型生效，但无法得到最佳效果。

　　在模型的下载页面中会提供关于基础模型和触发词的信息，下载模型时需要留意查看，如图 1-30 所示。

3 CLIP 模型

　　CLIP 模型的作用是把输入的提示词编码成 AI 可以理解的语义向量。在使用 SD3 之前的大模型时，我们需要用词组的方式输入提示词，还要记住权重、打断、融合等特

图 1-30

殊字符的写法，学习和编写提示词的难度比较高。SD3 大模型把 CLIPL、CLIPG 和 T5XXL

大语言模型结合到了一起，在文本理解能力方面得到了巨大提升，可以像我们平时说话那样，用自然语言描述想要的画面内容。

SD3 模型和 Flux 模型一样，也需要下载专用的 CLIP 模型，并使用特定的节点加载，如图 1-31 所示。

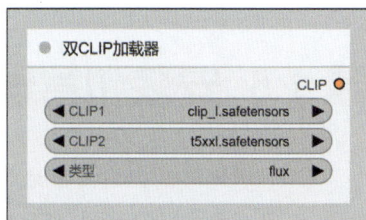

图 1-31

4 VAE 模型

VAE 模型负责潜空间图像的编解码，可以影响生成结果的质量和细节。在 SD1.5 和 SDXL 时代，VAE 模型通常集成在大模型里，只有大模型的 VAE 文件损坏时，才需要使用外挂的 VAE 模型进行修复。Flux 的官方模型中不包含 VAE 文件，只有下载专门的 VAE 模型才能得到正确的生成结果，如图 1-32 所示。

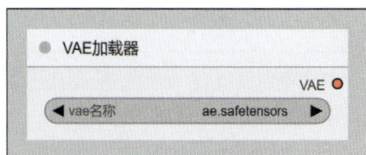

图 1-32

总结一下，在 ComfyUI 中使用 Flux 模型时，至少需要下载一个 Checkpoint 模型，一个 VAE 模型和两个 CLIP 模型。LoRA 模型并非必须安装。这些模型的安装路径如表 1-4 所示。

表1-4 模型的安装路径

模型类型	模型版本/名称	放置路径
Checkpoint模型	Flux1-dev Flux1-schnell GGUF	ComfyUI\models\unet
CLIP模型	NF4 Clip_l T5xxl	ComfyUI\models\checkpoints ComfyUI\models\clip
VAE模型	ae	ComfyUI\models\vae
LoRA模型		ComfyUI\models\loras

单击侧边栏上的 ⬡ 按钮展开模型库，然后单击模型库上方的 ⤓ 按钮，就能看到已经安装的所有模型，如图 1-33 所示。

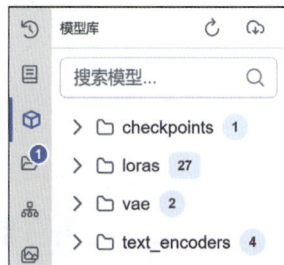

提示 在模型库的 checkpoint、lora 和 vae 文件夹里单击一个模型，还能创建加载该模型的节点。

图 1-33

1.5 安装和管理自定义节点

ComfyUI 中的自定义节点类似于 WebUI 里的插件,我们可以把自定义节点理解为手机中的 APP,手机里安装的 APP 越多,能够实现的功能也就越多。

安装自定义节点的方法有多种,第一种也是最常用的方法是在 ComfyUI 中单击菜单栏上的"管理器"按钮,然后单击"节点管理"按钮,再在窗口左上角的"滤镜"菜单中选择"已安装",就能更新或卸载已安装的自定义节点,如图 1-34 所示。

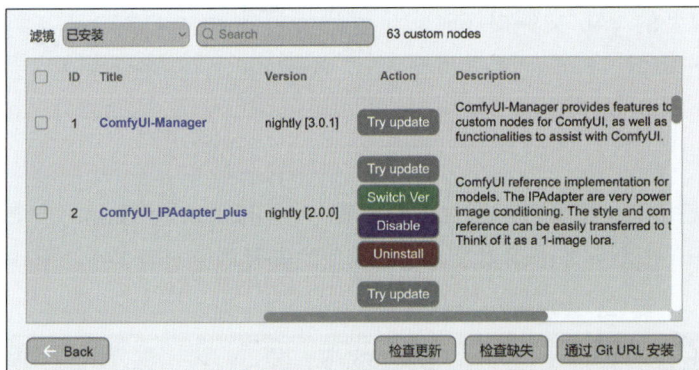

图 1-34

> **提示** 如果需要查看某个自定义节点的介绍或使用说明,可以单击蓝色的自定义节点名称,直接访问其 Git 页面。

如果需要安装自定义节点,首先在"滤镜"菜单中选择"所有",然后在搜索栏中输入自定义节点的名称。单击 Install 按钮后选择版本,继续单击 Select 按钮开始安装自定义节点。安装完成后单击窗口左下角的"重启"按钮,重新运行 ComfyUI,如图 1-35 所示。

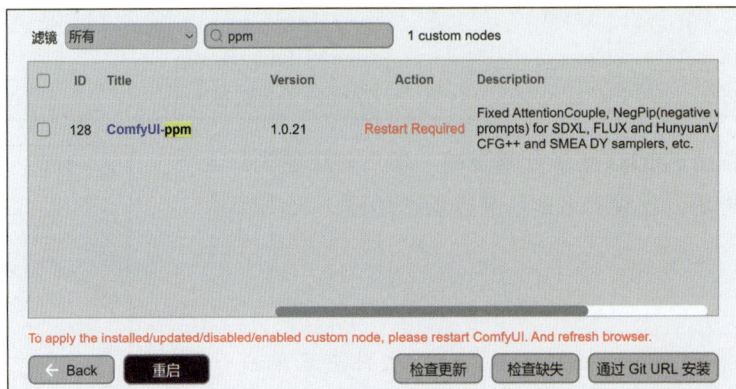

图 1-35

第二种方法是登录自定义节点的 GitHub 地址，单击 Code 按钮后单击 Download ZIP 下载压缩包，如图 1-36 所示。在解压后的文件夹名称中删除"-main"或者"-master"，例如把 ComfyUI-ppm-master 重命名为 ComfyUI-ppm，然后把文件夹复制到 ComfyUI 根目录下的 ComfyUI\custom_nodes 文件夹里。安装完成后重新启动 ComfyUI，自定义节点就会生效。

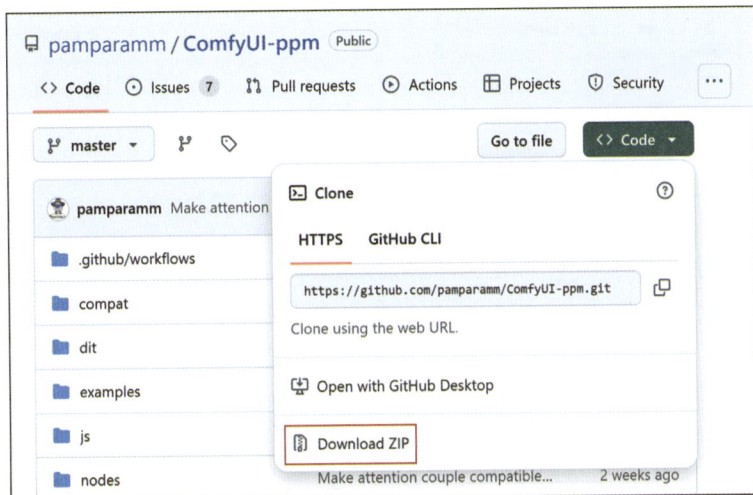

图 1-36

第三种方法是单击 Code 按钮后单击 按钮复制仓库地址。接下来，进入 ComfyUI 根目录下的 ComfyUI\custom_nodes 文件夹，在文件夹上方的地址栏中输入"cmd"后按回车键。在打开的命令行中输入"git clone"，然后输入一个空格，再右击，在弹出的快捷菜单中选择"粘贴"命令，粘贴仓库地址后按回车键，即可安装自定义节点，如图 1-37 所示。

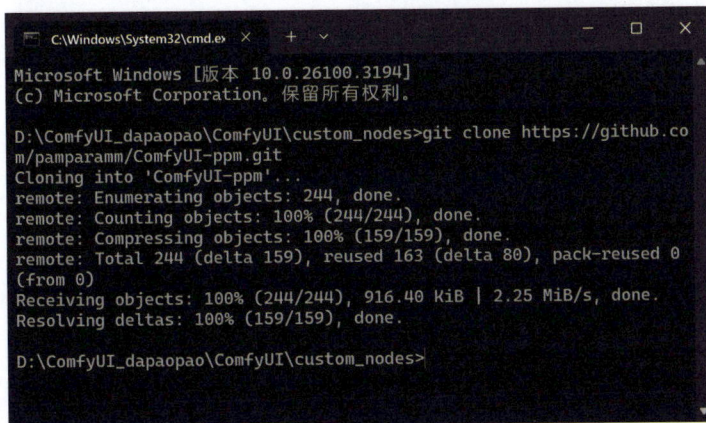

图 1-37

我们还可以在绘世启动器中单击左侧的"版本管理"按钮，然后单击窗口上方的"安装新扩展"按钮，通过显示出来的列表或者用搜索节点名称的方式安装自定义节点，如图 1-38 所示。单击窗口上方的"扩展"按钮会显示所有已安装的自定义节点，在这里可以卸载或者批量更新所有自定义节点。

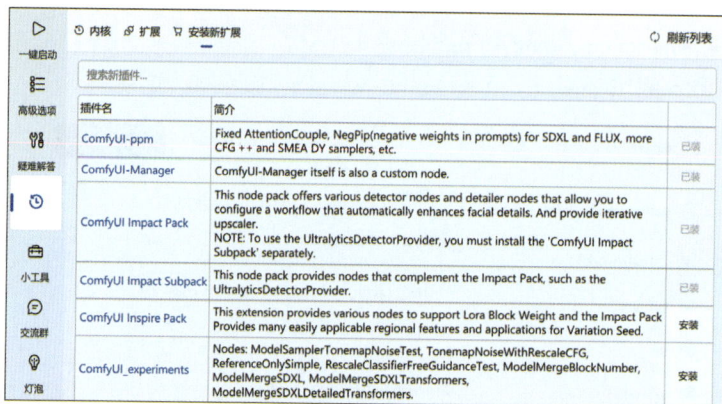

图 1-38

> **提示**　如果有的自定义节点显示为"非 Git 安装"，则无法进行更新，因为这个自定义节点是用第二种方法下载压缩包后手动安装的。

如果使用浏览器可以登录 GitHub，但在 ComfyUI 中无法通过管理器安装自定义节点，那么可以在绘世启动器中单击侧边栏中的"设置"按钮，展开"代理设置"，关闭所有的选项开关。接下来，开启代理设置下方的 4 个镜像和加速开关，如图 1-39 所示。

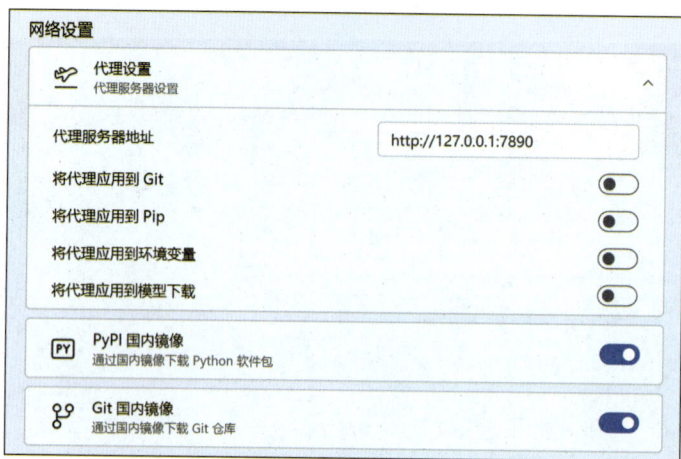

图 1-39

在导入别人分享的工作流时，如果出现边框显示为红色的节点，则说明 ComfyUI 中缺少自定义节点，如图 1-40 所示。

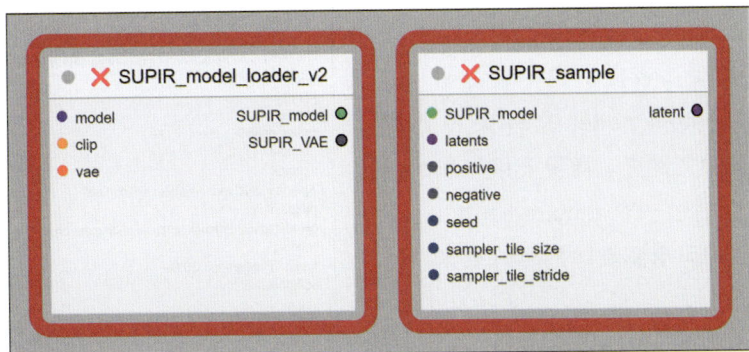

图 1-40

此时，在 ComfyUI 中打开管理器，单击"安装缺失节点"按钮，就能看到需要安装的自定义节点，如图 1-41 所示。

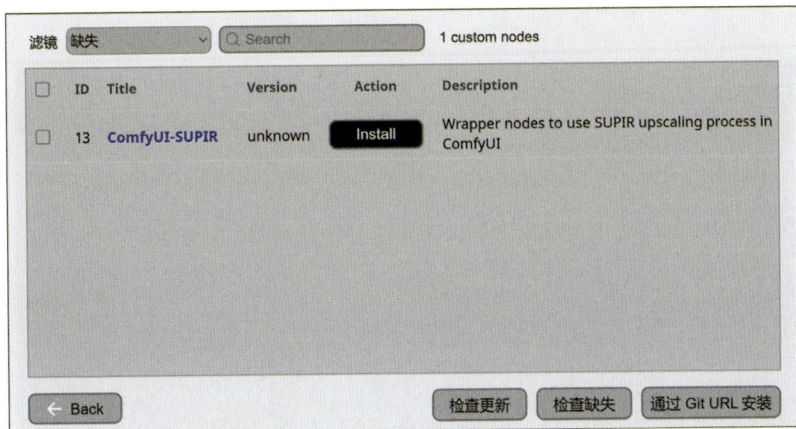

图 1-41

1.6 解决报错和网络问题

有时，明明已经安装好了自定义节点，但在 ComfyUI 中却搜索不到对应的节点，或者在运行节点时弹出报错提示。出现报错的原因主要有 3 个，分别是依赖问题、模型问题和版本问题。

1 解决依赖问题

有些自定义节点需要安装很多依赖程序才能正常运行，我们可以登录自定义节点的 GitHub 地址，查看作者提供的安装说明，或者在 ComfyUI\custom_nodes 文件夹中找到自定义节点所在的文件夹。需要安装依赖的自定义节点通常会提供一个 requirements.txt 文件，打开该文件即可看到具体的依赖要求，如图 1-42 所示。

对于许多用户来说，手动安装这些依赖可能比较困难。最好的解决办法是下载 bilibili 用户"灵仙儿和二狗子"开发的图狗启动器。首

```
cmake
fairscale>=0.4.4
git+https://github.com/WASasquatch/img2texture.git
git+https://github.com/WASasquatch/cstr
gitpython
imageio
joblib
matplotlib
numba
numpy
opencv-python-headless[ffmpeg]
pilgram
git+https://github.com/WASasquatch/ffmpy.git
rembg
scikit-image>=0.20.0
scikit-learn
scipy
timm>=0.4.12
tqdm
transformers
```

图 1-42

先，运行图狗启动器，单击左侧列表中的"设置"选项，选择 ComfyUI、Python 和模型的安装路径后，单击右下角的"保存设置"按钮，如图 1-43 所示。

图 1-43

接下来，在左侧列表中选择"插件管理 / 插件安装"选项，删除有问题的自定义节点后重新安装。如果新安装的自定义节点需要特定的依赖文件，安装过程中会提示是否安装对应的环境包。如果用户无法登录 GitHub 网站，可以把窗口下方的 GitHub 网址复制到页面上方的文本框中，把网址中的"github.com"修改成"kkgithub.com"，这样就可以通过镜像网站安装自定义节点，如图 1-44 所示。

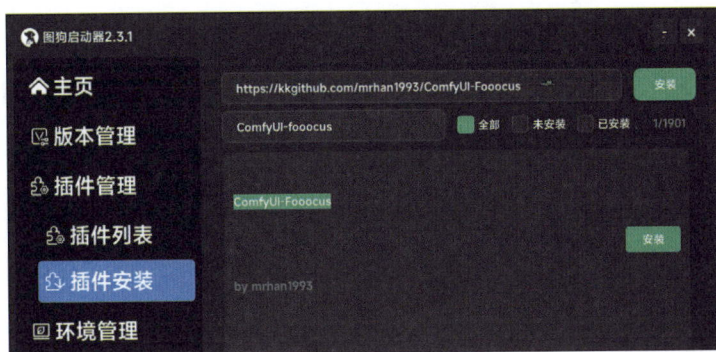

图 1-44

另一种解决方法是在左侧列表中选择"环境管理"选项，然后单击"功能一"中的"选择文件"按钮，在弹出的窗口中选择自定义节点安装根目录下的 requirements.txt 文件，接着单击"开始安装"按钮，如图 1-45 所示。无法连接外网的用户可以在窗口最上方的"选择镜像源"中选择国内的网站。

图 1-45

2 解决模型问题

节点报错的第二个主要原因是缺少模型文件。如果缺少的是大模型、LoRA 模型或者 VAE 模型等比较常用的模型，则在报错提示或 ComfyUI 的日志窗口中可以看到缺失的文件名称，如图 1-46 所示。我们只需到 liblib 等网站中搜索并下载缺失的模型。

如果缺少的是自定义节点的依赖模型，且控制台中找不到模型名称，则需要打开自定义节点的 GitHub 地址查看说明。GitHub 中给出的模型下载链接基本上来自 huggingface，如果用户无法打开网页，可以把下载链接中的"huggingface.co"替换成"hf-mirror.com"，如图 1-47 所示。

图 1-46

图 1-47

3 解决版本问题

节点报错的另外一种情况是原本可以正常运行的自定义节点，在重新启动 ComfyUI 后开始报错。如果是更新 ComfyUI 后出现这种情况，可以尝试先更新自定义节点。如果仍然无法解决问题，可以在绘世启动器中降低 ComfyUI 的内核版本，如图 1-48 所示。

图 1-48

如果是自定义节点之间发生了依赖冲突，绘世启动器在启动 ComfyUI 时会出现提示。此时，我们只能在管理器中暂时禁用一个自定义节点，等待这个自定义节点的后续更新。更多的时候，忽略依赖冲突提示并不会影响自定义节点的正常运用。如果更新了某个自定义节点后出现报错，可以在管理器中单击"Switch Ver"按钮，把自定义节点降级到更新前的版本，如图 1-49 所示。

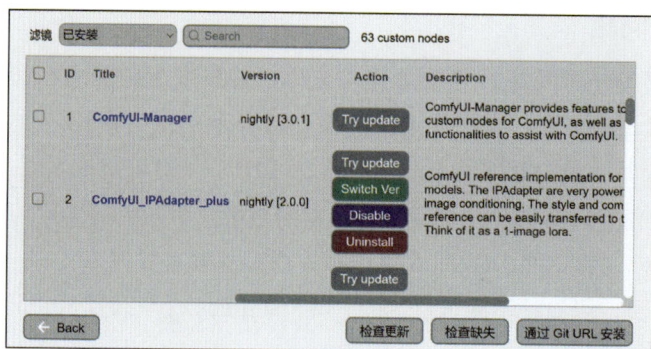

图 1-49

Flux 文生图工作流

AI 摄影与创意设计：
Stable Diffusion-ComfyUI

Flux 是黑森林实验室推出的图像生成模型，标志着 AI 绘画进入了新的阶段。它被公认为目前图像质量最高、语义理解能力最强的大模型之一。随着量化版和微调模型的不断推出，以及官方 Flux Tools 的发布，Flux 模型在显存占用、生成速度和配套生态等方面也得到了极大提升。

在本章中，我们将搭建最基础的 Flux 文生图工作流，在动手实践中逐步理解工作流的运行原理和搭建思路。同时，我们还将学习一些优化和整理工作流的技巧，以及常用参数选项的作用和取值范围。只有打好这些基本功，才能理解他人制作的工作流，进而根据具体需要改进或创建新的工作流。

▣ 2.1 基础文生图工作流

完成工作流	附赠素材/工作流/02文生图/Flux-基础文生图.json

在搭建工作流的过程中，虽然创建节点的顺序并不固定，但大多数用户习惯按照工作流的运行顺序，从模型加载节点开始创建。Flux 工作流至少需要加载 Checkpoint、CLIP 和 VAE 三种类型的模型。

Flux 模型有多种版本，用户需要根据下载的版本选择对应的大模型加载器。如果下载的是 flux1-NF4 或 flux1-ComfyOrg-dev 版的模型，则需要搜索并添加 "Checkpoint 加载器（简易）" 节点。如果下载的是 GGUF 版的模型，则需要搜索并添加 "Unet Loader(GGUF)" 节点。其他版本的 Flux 模型都通过 "UNET 加载器" 节点进行加载，如图 2-1 所示。

提示 通常情况下，用户只需根据显存大小下载相应版本的 Flux 模型。不同版本的模型对显存的要求在上一章中已有详细介绍，本书以最常用的 flux1-dve-fp8 模型为例。

图 2-1

flux1-NF4 和 flux1-ComfyOrg-dev 版的模型已集成 CLIP 和 VAE 模型，因此只需使用一个节点即可加载所有模型。其他版本的 Flux 模型则需要搜索并添加"双 CLIP 加载器"节点和"VAE 加载器"节点。

接下来，在"UNET 加载器"节点中选择 flux1-dev-fp8 模型。在"双 CLIP 加载器"节点中分别选择 clip_l 和 t5xxl 模型，并在"类型"菜单中选择 flux。继续在"VAE 加载器"节点中选择 ae 模型，如图 2-2 所示。

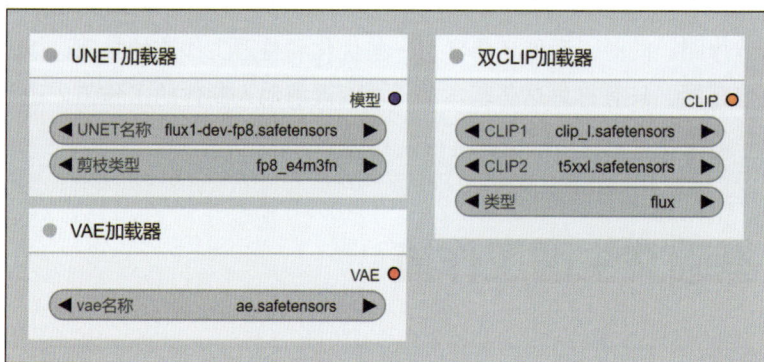

图 2-2

提示 如果使用的是 fp16 版的 flux1-dve 模型，则可以在"UNET 加载器"节点的"剪枝类型"菜单中选择 fp8_e4m3fn，以降低显存占用并提高生成速度。

接下来，从"双 CLIP 加载器"节点的输出端口拖出连线，创建"CLIP 文本编码器"节点。因为所有的 Flux 模型不支持反向提示词，所以只需创建一个"CLIP 文本编码器"节点。接着，搜索并添加"Flux Sampler Parameters"节点，把"CLIP 文本编码器"节点的输出端口连接到新建的节点上，如图 2-3 所示。

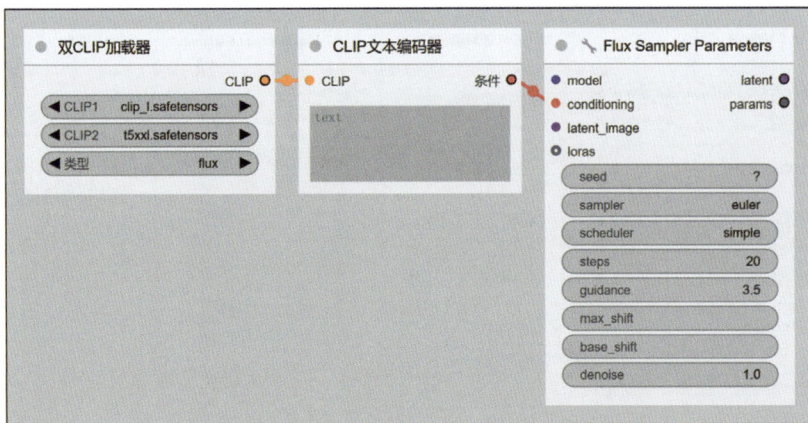

图 2-3

> **提示**
>
> "Flux Sampler Parameters" 节点是专为 Flux 模型开发的采样器。使用该采样器不仅可以少创建很多节点，让工作流更便捷，还可以直接生成 XY 图表，便于对不同参数的生成结果进行测试和比较。

从 "Flux Sampler Parameters" 节点的 latent_image 输入端口拖出连线，松开鼠标后，在弹出的菜单中创建 "空 Latent" 节点。然后，把 "UNET 加载器" 节点的输出端口连接到 "Flux Sampler Parameters" 节点的 Model 输入端口，如图 2-4 所示。

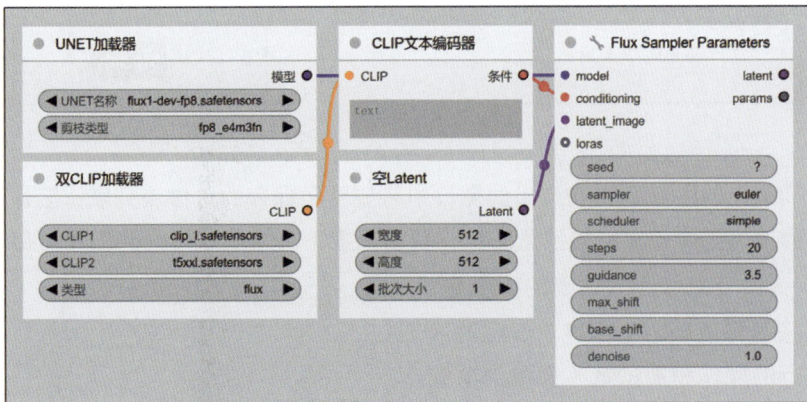

图 2-4

接下来，从 "Flux Sampler Parameters" 节点的 latent 输出端口拖出连线，创建 "VAE 解码" 节点。从 "VAE 解码" 节点的 "图像" 输出端口拖出连线，创建 "保存图像" 节点。把 "VAE 加载器" 的输出端口连接到 "VAE 解码" 节点，Flux 文生图工作流便创建完成了，如图 2-5 所示。

27

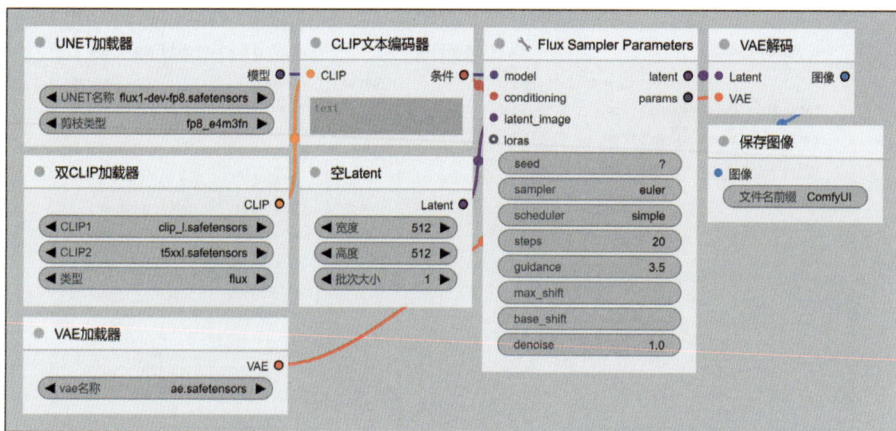

图 2-5

单击菜单栏上的"工作流"按钮，执行"保存"命令。在弹出的窗口中输入工作流的名称后单击"确定"按钮。接着，单击侧边栏上的🗁按钮，即可查看保存的工作流，如图 2-6 所示。

我们也可以通过单击页面右上角工具条上的🖫按钮来保存工作流，如图 2-7 所示。

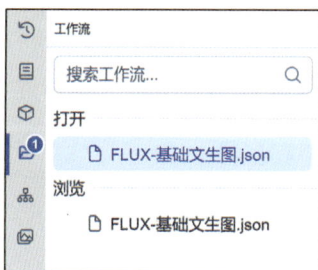

图 2-6

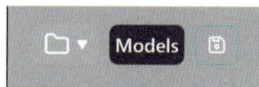

图 2-7

单击工具条上的🗁按钮，在弹出的窗口中将显示已保存的工作流列表。工作流生成的最后一张图片会成为工作流文件的预览图。在默认设置下，从此处打开的工作流每隔 3 秒会自动保存一次。单击工作流列表右侧的⋮按钮，继续单击🔒按钮可以锁定工作流，以后对这个工作流进行的操作和测试就不会被自动保存，如图 2-8 所示。我们也可以单击🗐按钮复制工作流，或单击↗按钮在新建页面中打开工作流。

图 2-8

2.2 采样器参数详解

Flux 基础文生图工作流已创建完成，我们需要了解各种参数，特别是采样器中的设置参数，以便工作流生成高质量的图像。

首先，在"CLIP 文本编码器"节点中输入提示词，然后在"空 Latent"节点中设置生成尺寸。在"Flux Sampler Parameters"节点中，seed 中的"?"代表随机生成种子。我们可以输入一个数字来固定种子，如图 2-9 所示。

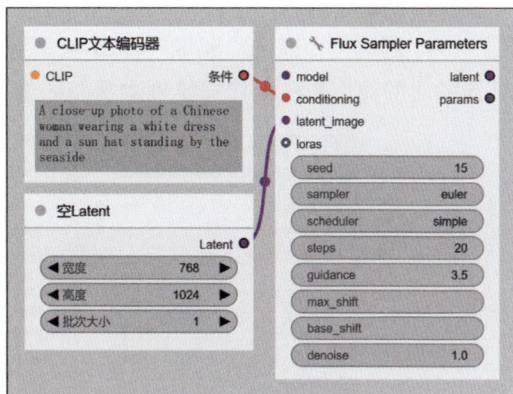

图 2-9

> **提示** 随机种子的作用有两个，一是确定生成结果的外观，二是确保生成结果可以重现。大模型中包含了海量图像特征，种子则是每个图像特征的唯一编码。

按快捷键 Ctrl+Enter 运行工作流，生成的图像能够很好地复现提示词的描述，且画面的真实感也很强，但略微有些模糊。在"Flux Sampler Parameters"节点中将 steps 参数设置为 30 后，再次运行工作流，生成的图像会变得更加清晰，但是人物的衣服、帽子等细节也发生了一定的变化，如图 2-10 所示。

steps=20   steps=30

图 2-10

采样器的作用是逐步去除图像上的噪波，直至得到清晰的图像。steps 参数用于控制去噪的次数。理论上，去除噪波的次数越多，生成的图像就越清晰。为了测试 steps 参数的实际效果，我们将简化工作流。

从"Flux Sampler Parameters"节点的 params 端口拖出连线，创建"Polt 参数"节点。把"VAE 解码"节点的"图像"输出端口连接到新建的"Plot 参数"节点，再把"Polt 参数"节点的"图像"输出端口连接到"保存图像"节点，如图 2-11 所示。

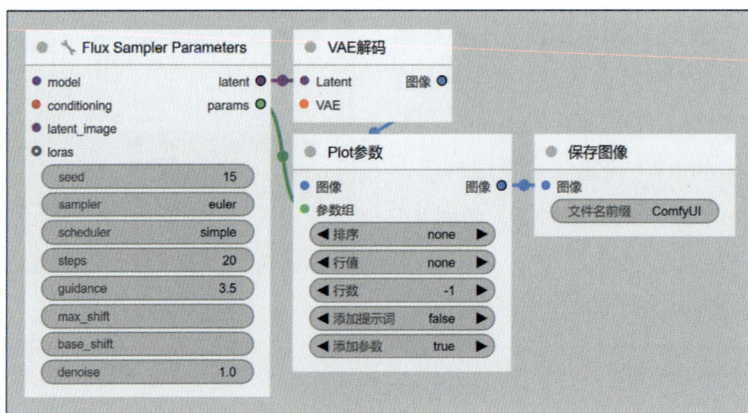

图 2-11

在"Flux Sampler Parameters"节点的 steps 字段中输入"15,20,30,40"，让采样器生成 4 幅不同采样步数的图像。在"Polt 参数"节点中，将"行数"设置为 4，让生成的图像沿水平方向排列；然后，在"添加数"菜单中选择 changes only，以便在生成结果下方显示步数值，如图 2-12 所示。

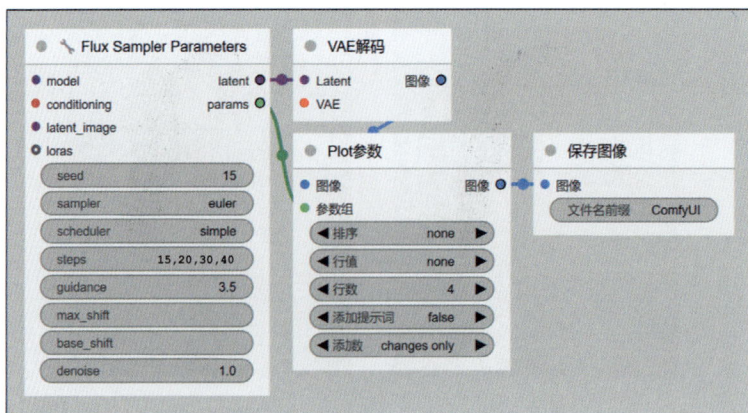

图 2-12

> **提示** 在 steps 中输入字符串时，请务必使用英文标点符号。当需要生成多张测试图片时，可以使用更简洁的表达方式。例如，输入"5…10+1"，表示从第 5 步到第 10 步，每步生成一张图片，共生成 6 张图片；输入"5…20+5"表示从第 5 步到第 20 步，每 5 步生成一张图片，共生成 4 张图片。

运行工作流后观察生成结果会发现：当采样步数达到 20 时，人物轮廓已经基本成型；当采样步数达到 30 时，图像清晰度更高，但整体画面变化不大；当采样步数达到 40 时，会增加耳环、面部阴影等细节，同时面部可能出现一定程度的变形，如图 2-13 所示。

| steps=15 | steps=20 | steps=30 | steps=40 |

图 2-13

这些现象说明 Flux 模型采用了分层收敛的机制。在 20 步之前，图像会完成第一次收敛，得到基本令人满意的效果。当采样步数超过 30 后，图像可能再次发生变化：有时会向着好的方面发展，如增加一些细节或对某些细节进行修正；有时新增的细节会让面部、手部等区域变形、失真。

此外，采样步数越多，图像生成所需的时间也越长。为避免第二次收敛产生完全不可控的细节，同时兼顾图像生成的效率，在大多数情况下，把采样步数设置为 20~30 是一个相对稳妥的选择。

在"Flux Sampler Parameters"节点中，guidance 参数用于设置图像生成过程的控制级别，主要影响生成图像的真实感和细节。接下来我们把 steps 参数设置成 25，然后在 guidance 参数中输入"2.5,3,3.5,4"。再次运行工作流后，生成的图像如图 2-14 所示。

可以看到，guidance 参数的值越小，画面对比度越低。当 guidance 参数值为 3 时，人物的姿势还会发生变化。当 guidance 参数值为 4 时，角色脸上会出现 40 步采样时才有的阴影细节和局部变形。通常情况下，guidance 参数值会被设置为 3 或默认的 3.5，以适配大多数场景。

| guidance=2.5 | guidance=3 | guidance=3.5 | guidance=4 |

图 2-14

为了获得更偏向电影风格或更接近真实拍摄质感的图像效果，可以尝试把 guidance 参数值设置为 2 左右。当 guidance 参数值高于 3.5 时，虽然会增加细节和图像对比度，但也容易带来"塑料感"。

在"Flux Sampler Parameters"节点中，sampler 参数用于去除噪声的采样算法。收敛性是评价采样算法的重要指标。所谓收敛，指的是当采样步数达到一定程度后，继续增加步数也不会进一步提高画面质量。由于采样器的算法不同，收敛所需的步数也各异，部分采样器甚至无法实现画面收敛。除了个别微调模型外，绝大多数 Flux 模型都是基于 euler 采样器训练的，因此通常无须特别纠结采样器的选择。

同样在"Flux Sampler Parameters"节点中，scheduler 参数用于控制每一步采样中去除的噪波比例。如图 2-15 所示，不同调度器的生成结果存在差异：normal、sgm_uniform 和 simple 的生成结果几乎相同；bate 的生成结果会有轻微改变；ddim_uniform 会生成截然不同的结果；其余的调度器则只能生成模糊的图像。

当生成图像的宽高比不为 1 时，可以通过"Flux Sampler Parameters"节点中的 max_shift 和 base_shift 参数微调画面细节。max_shift 参数的取值范围一般为 1~1.5，默认值为1.15。如图 2-16 所示，较低的 max_shift 值容易生成模糊的图像，数值越高生成的图像越清晰锐利，并增强细节表现。

base_shift 参数的默认值为 0.5。从图 2-17 中可见，该参数对图像细节的影响较小，仅在特定场景下才需使用这个参数对画面进行微调。

| normal | sgm_uniform | simple | bate |

| ddim_uniform | ays | exponential | karras |

图 2-15

| max_shift=0.5 | max_shift=1 | max_shift=1.5 | max_shift=2 |

图 2-16

base_shift=0.5　　base_shift=1　　base_shift=1.5　　base_shift=2

图 2-17

> **提示** 当生成图像的宽高比为 1 时，base_shift 参数不会产生效果，只有 max_shift 参数起作用。

▦ 2.3　扩展基础工作流

完成工作流	附赠素材/工作流/02文生图/Flux-扩展文生图.json

　　本节将对基础的文生图工作流进行扩展，使其具备更多功能。同时，还将介绍如何利用节点组功能把多个节点"封装"在一起。这不仅便于集中管理参数设置，也有助于减少工作流的混乱程度。

　　值得注意的是，Flux 模型不支持反向提示词。如果按照其他大模型的工作方式，添加"K 采样器"和两个"CLIP 文本编码器"节点，那么即便输入了负面提示词，不仅不会发挥作用，反而会降低图像生成的速度。当希望避免某些元素出现在画面中时，有两种推荐做法：一种是优化正面提示词，例如不希望人物面部出现胡须，可以使用"光滑的脸"之类的正面描述；另一种是安装能提供负面提示词效果的节点。

　　打开前面搭建的"Flux- 基础文生图"工作流，在画布的空白处双击，搜索并添加"CLIP NegPip"节点。把"UNET 加载器"和"双 CLIP 加载器"节点的输出端口连接到新添加的节点，然后把"CLIP NegPip"节点的输出端口连接到"CLIP 文本编码器"和"Flux Sampler Parameters"节点，如图 2-18 所示。

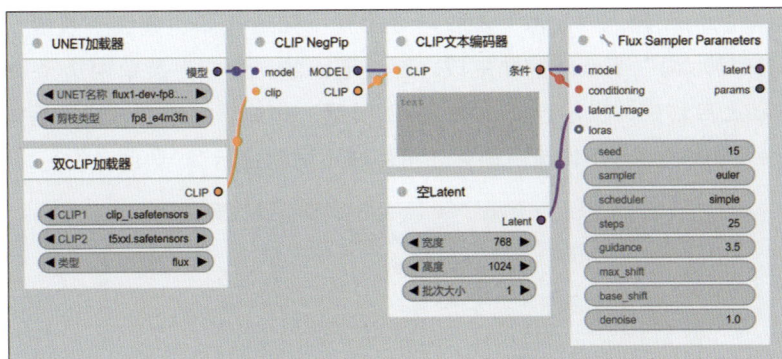

图 2-18

负面提示词采用负号权重写法（*:-2），在正向提示词中嵌入负号，例如想生成一个女孩的照片，但希望去除"项链"，可以在"CLIP 文本编辑器"节点中写入"A photo of a girl,(necklace:-2)"，如图 2-19 所示。

对于不擅长英文的用户，可以右击"CLIP 文本编码器"节点，选择"转换为输入 /Convert text to input"命令，把原本的文本输入框转换为一个输入端口。接下来，搜索并添加"中文提示词"节点，并把新建节点输出端口连接到"CLIP 文本编码器"节点的"文本"输入端口，如图 2-20 所示。

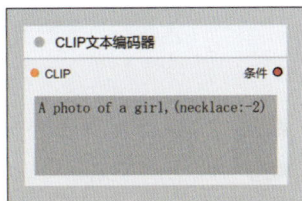

图 2-19

现在我们可以直接用中文或中英文混合方式编写提示词。如果需要查看中文提示词的翻译结果，可以从"中文提示词"节点的"提示词"输出端口拖出连线，创建"展示文本"节点，用于实时显示翻译结果，如图 2-21 所示。

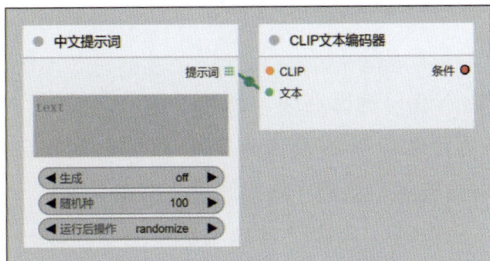

图 2-20

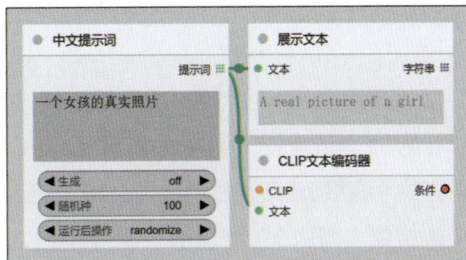

图 2-21

> **提示** 提示词输入框中的文本较小，略微缩小画布就看不清楚。此时，可单击侧边栏下方的 ⚙ 按钮打开"设置"窗口，在左侧的列表中选择 Failfast，然后利用"文本区域的字体大小"参数来设置文本尺寸。

很多时候，我们在输入"1girl"之后，可能就不知道该如何继续扩展提示词。此时，可以通过"中文提示词"节点来辅助生成。在该节点的"生成"菜单中选择 on，系统会在"1girl"的基础上自动扩写提示词，如图 2-22 所示。此外，如果在"运行后操作"菜单中选择 randomize，则每次运行工作流后都会随机生成不同的提示词，帮助激发更多创意与变化。

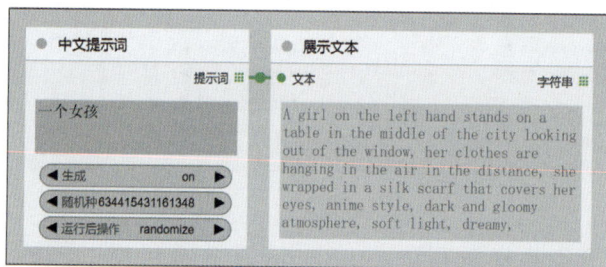

图 2-22

提示 在调整采样器参数或进行高清放大操作时，务必在"运行后操作"菜单中选择 fixed；否则，每次运行工作流时，生成的结果都会发生变化，无法保持一致。

接下来，删除原有的"Flux Sampler Parameters"节点，然后搜索并添加"自定义采样器（高级）"节点，并将该节点连接到"空 Latent"和"VAE 解码"节点之间，如图 2-23 所示。

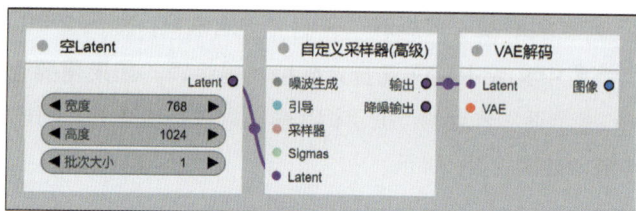

图 2-23

从"自定义采样器（高级）"节点的 Sigmas 输入端口拖出连线，创建"基础调度器"节点，在它的"调度器"菜单中选择 simple，并将"步数"参数设置为 25。然后，从"自定义采样器（高级）"节点的"噪波生成"输入端口拖出连线，创建"随机噪波"节点。再从"自定义采样器（高级）"节点的"引导"输入端口拖出连线，创建"基础引导"节点。继续搜索并添加"Flux 引导"节点，并将它连接到"CLIP 文本编辑器"和"基础引导"节点之间，如图 2-24 所示。

接下来，搜索并添加"Lying Sigma Sampler"节点，连接到"自定义采样器（高级）"节点的"采样器"输入端口。继续创建"K 采样器选择"节点，并连接到"Lying Sigma Sampler"节点，如图 2-25 所示。

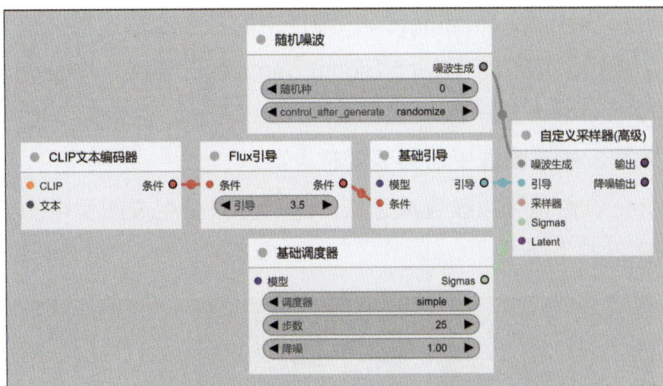

图 2-24

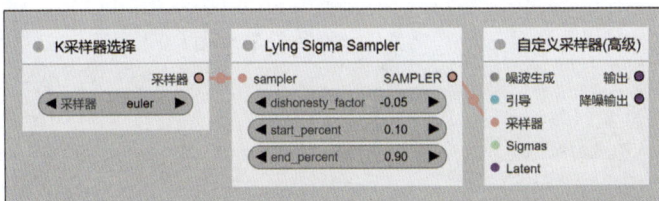

图 2-25

最后，把"CLIP NegPip"节点的"MODEL"输出端口连接到"基础调度器"和"基础引导"节点。至此，整个工作流构建完成，如图 2-26 所示。

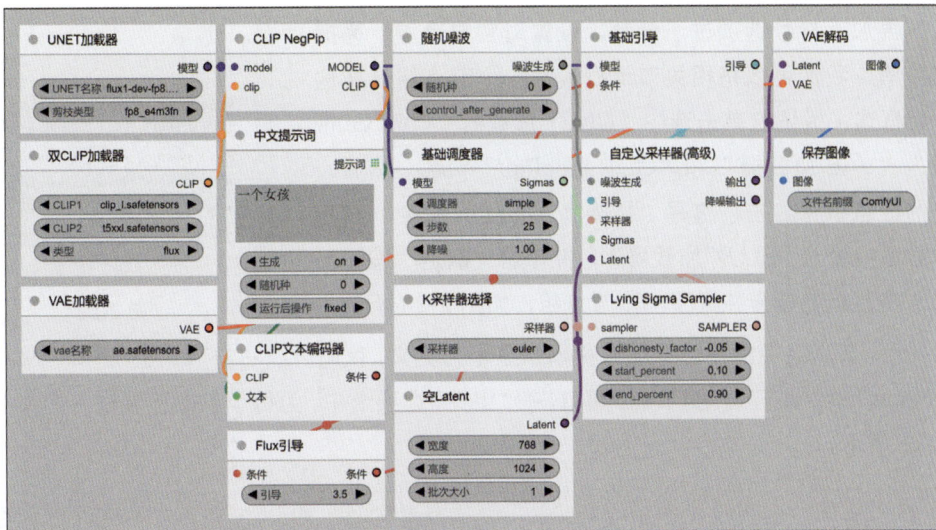

图 2-26

之所以把原"Flux Sampler Parameters"节点中的各个参数选项拆分为单独的节点，是为了添加可以调整生成结果细节的"Lying Sigma Sampler"节点。"Lying Sigma Sampler"节点中的 dishonesty_factor 参数一般设置在 0 和 -0.1 之间，数值为 0 时节点不发生作用；值越小（即负值越大），生成图像中的细节就越丰富。

dishonesty_factor 参数也可以设置成正值，这时会减少生成图像中的细节，同时增强背景的模糊程度，如图 2-27 所示。

dishonesty_factor=-0.05　　dishonesty_factor=0　　dishonesty_factor=0.03

图 2-27

由于工作流中的节点数量较多，当前的工作流看起来比较混乱，再加上参数选项过于分散，设置时容易遗漏。为提高管理效率，我们可以将相关节点打包为一个节点组：按住 Ctrl 键后框选，或依次单击选中"UNET 加载器""双 CLIP 加载器""VAE 加载器"和"CLIP NegPip"节点。然后，在画布的任意位置右击，选择"转换为节点组"命令。在弹出的对话框中输入"FLUX 加载器"，并单击"确定"按钮，选中的 4 个节点就被合并成了一个节点组，如图 2-28 所示。

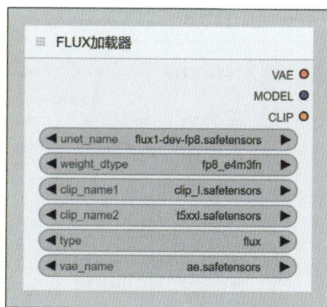

图 2-28

合并后，节点组中的参数选项名称默认显示为英文。我们可以右击节点组，选择"Manage Group Node"命令以打开"组节点"窗口，在"组件"选项卡中，为每个参数选项输入中文名称，如图 2-29 所示。

> **提示**　在"组件"选项卡中取消"Visible"复选框的勾选，可以在节点组中隐藏不需要修改的参数选项。

在"组节点"窗口的左侧列表中，可以切换到不同的节点。按住 ⋮ 按钮后上下拖曳，可以调整参数选项的顺序。在"输入"选项卡中，可以修改输入端口的名称；在"输出"选项卡中，可以修改输出端口的名称。全部设置完成后，单击窗口右下角的"保存"按钮，如图 2-30 所示。

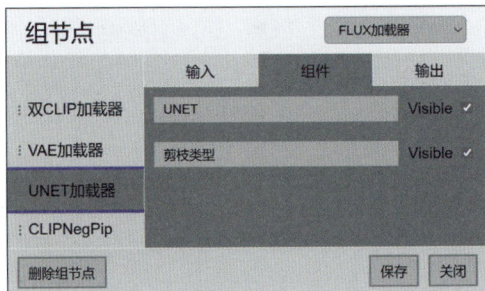

图 2-29

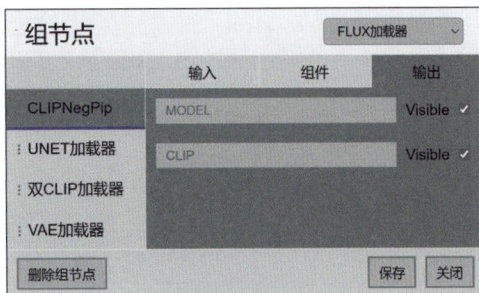

图 2-30

在节点库的"group nodes>workflow"中，可以看到已创建的节点组，但在新建工作流后，这个菜单将消失。若希望在其他工作流中调用该菜单，需右击节点组，选择"Save As Component"命令。在弹出的窗口的"Prefix"文本框中输入前缀，然后单击"保存"按钮，如图 2-31 所示。

接下来，展开侧边栏的"节点库"面板，在"group nodes>workflow"中，我们将看到在任意工作流中创建的节点组，如图 2-32 所示。

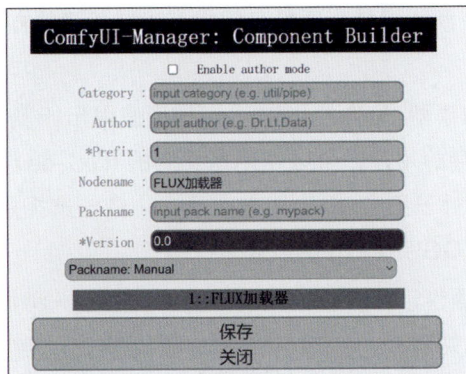

图 2-31

图 2-32

使用相同的方法把"中文提示词"和"CLIP 文本编码器"节点合并为一个组节点，并将与采样器相关的节点也合并到一起。这样，工作流将被合并为 5 个节点组，既让界面看起来更加简洁，又能有效避免设置过程中遗漏参数，如图 2-33 所示。

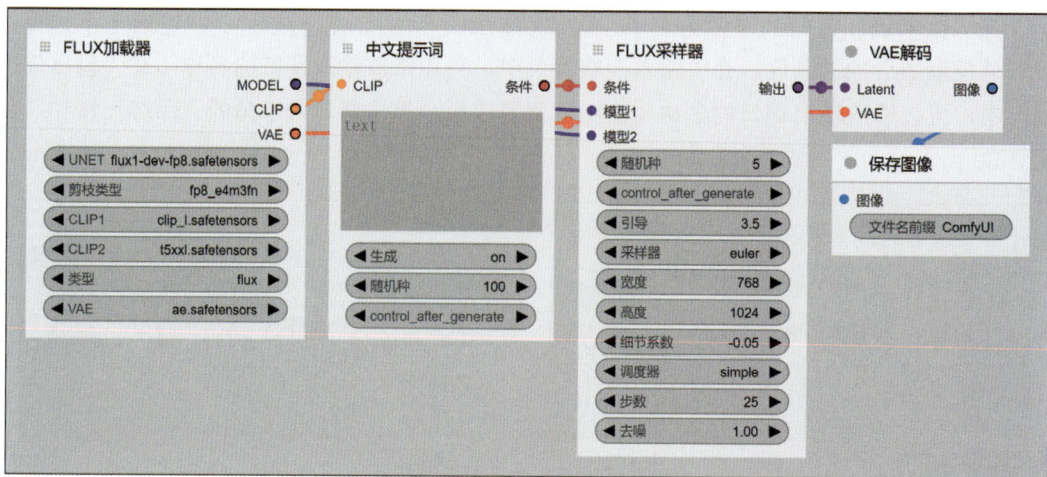

图 2-33

2.4 工作流加速方案

完成工作流	附赠素材/工作流/02文生图/Flux-文生图加速.json

　　Flux 模型的生成质量不言而喻，用过之后就很难割舍，但较高的显存要求和较慢的生成速度，常常让很多用户感到困扰。本节将探讨一些既能保持高质量又能提高生成速度的方案，帮助只有小显存的用户体验高质量的 Flux 模型。

　　要想流畅运行Flux模型，首先需要选择合适的模型。官方的flux1-dev模型使用fp16精度，需要 24GB 显存才能正常运行。对于有 12GB 显存的用户，可以使用量化版的 flux1-dev-fp8模型，这可以支持绝大多数的工作流正常运行。对于只有 8GB 显存的用户，最佳选择是下载 GGUF-dev-Q6 模型，然后通过 "Unet Loader(GGUF)" 节点加载。

　　接下来是生成速度的问题，目前，Flux 模型提供了 4 种较常用的加速方式。第一种加速方式很简单，打开 "Flux- 基础文生图" 工作流，只需在 "UNET 加载器" 节点的 "剪枝类型" 菜单中选择 "fp8_e4m3fn_fast"，即可提高 40% 左右的生成速度，如图 2-34 所示。不过，这种加速方式有一些限制：首先，必须使用 flux1-dev-fp8 模型；其次，用户必须使用 NVIDIA 的 40 系列或 50 系列的显卡。

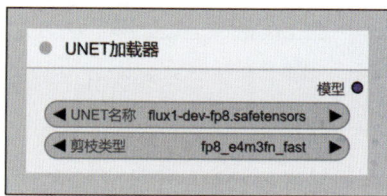

图 2-34

> **提示** 对于NVIDIA 30系列及以下的显卡，在使用 flux1-dev-fp8 模型时，在"UNET 加载器"节点的"剪枝类型"菜单中选择"fp8_e4m3fn"，也能提升 10% 左右的生成速度。

第二种加速方式是使用 flux1-schnell 模型。在"UNET 加载器"节点中加载 flux1-schnell 模型，并在"Flux Sampler Parameters"节点中将 steps 参数设置为 4。运行工作流后，可以在很短的时间内得到清晰的生成结果。

与使用 flux1-dev 模型进行 20 步采样相比，虽然 flux1-schnell 模型生成的结果比较锐利，AI 风格较重，人物形象也会发生较大变化（见图 2-35），但生成速度可以提高约 5 倍。

> **提示** flux1-dev 和 flux1-schnell 都是开源模型，但 flux1-dev 模型的生成结果不能用于商业用途，而 flux1-schnell 模型的生成结果则可以。

flux1-dev 20 步　　　　flux1-schnell 4 步

图 2-35

我们还可以将 steps 参数增加到 6 或 8，进一步提升生成结果中的细节，如图 2-36 所示。

steps=4　　　　　　steps=8

图 2-36

第三种方法是使用 LoRA 加速模型。从"Flux Sampler Parameters"节点的 loras 端口拖出连线，创建"Flux 参数 LoRA"节点，然后加载 Flux.1-Turbo-Alpha 模型，并在"UNET加载器"节点中加载 flux1-dev-fp8 模型，在"Flux Sampler Parameters"节点中设置 steps 参数为 8，如图 2-37 所示。

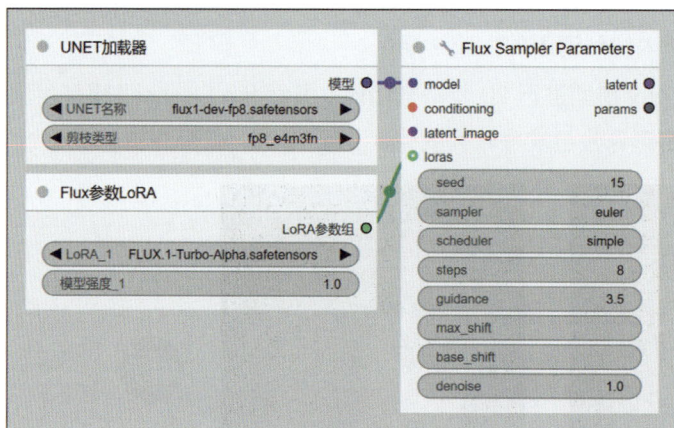

图 2-37

> **提示**　在小显存的计算机上生成图像时，一旦显存被占满，系统会自动使用内存进行弥补，这会大幅降低生成速度。如果计算机上同时运行了 Photoshop 等图像处理和剪辑软件，退出这些软件可以释放更多的显存资源，从而恢复正常的生成速度。

再次运行工作流，使用 LoRA 加速模型后至少可以提高 2.5 倍的生成速度。虽然与 flux1-schnell 模型相比，其生成速度略慢一些，但生成结果更接近 flux1-dev 模型，如图 2-38 所示。

flux1-dev　　　　　　加速 LoRA　　　　　　flux1-schnell

图 2-38

除了 FLUX.1-Turbo-Alpha 加速模型外，常用的 LoRA 加速模型还包括 Hyper-flux1- dev-8steps 和 F.1Dev4step。这 3 种加速模型的对比效果如图 2-39 所示。

FLUX.1-Turbo-Alpha   Hyper-flux1-dev-8steps   F.1Dev4step

图 2-39

提示 F.1Dev4step 模型虽然只需 4 步即可生成清晰的图像，但把步数设置为 6 可以获得最佳质量。在使用 Hyper-flux1-dev-8steps 模型时，需要在"Flux 参数 LoRA"节点中把"模型强度 _1"参数设置为 0.13。

第四种方法是使用 TeaCache 和 WaveSpeed 等加速节点。这两个加速节点使用的技术非常相似，都是在采样过程中缓存部分数据进行对比，如果数据变化小于设定好的阈值，就会跳过采样。这两种加速节点只需安装一种即可。相比之下，WaveSpeed 的加速效果更为显著，而且加速前后的构图基本不会发生变化，特别适合开启加速节点后通过"抽卡"方式，不断用不同的随机种子生成图像，直接获得满意效果，而后关闭加速节点，重新运行工作流，从而获得质量更高的生成结果。这里的"抽卡"指的是在生成图像的过程中，通过某种随机化或概率性机制来选择或生成特定的视觉元素或风格。

WaveSpeed 的使用方法是：在工作流中搜索并添加"Apply First Block Cache"节点，把节点连接到"UNET 加载器"和"Flux Sampler Parameters"节点之间，如图 2-40 所示。

在"Apply First Block Cache"节点中，residual_diff_threshold 参数的值越高，加速效果越明显。例如，把该参数的值设置为 0.06，可以将生成速度提升约 10%；设置为 0.12，可以将生成速度提升约 40%。虽然加速后会有一定的质量损失，但与加速 LoRA 相比，这种损失几乎可以忽略不计。使用 residual_diff_threshold 参数加速前后的对比效果如图 2-41 所示。

> **提示** 添加"Apply First Block Cache"节点后，因为需要缓存数据，所以第一次生成图像的速度会变慢。只有在第二次运行工作流后，才会体验到加速效果。

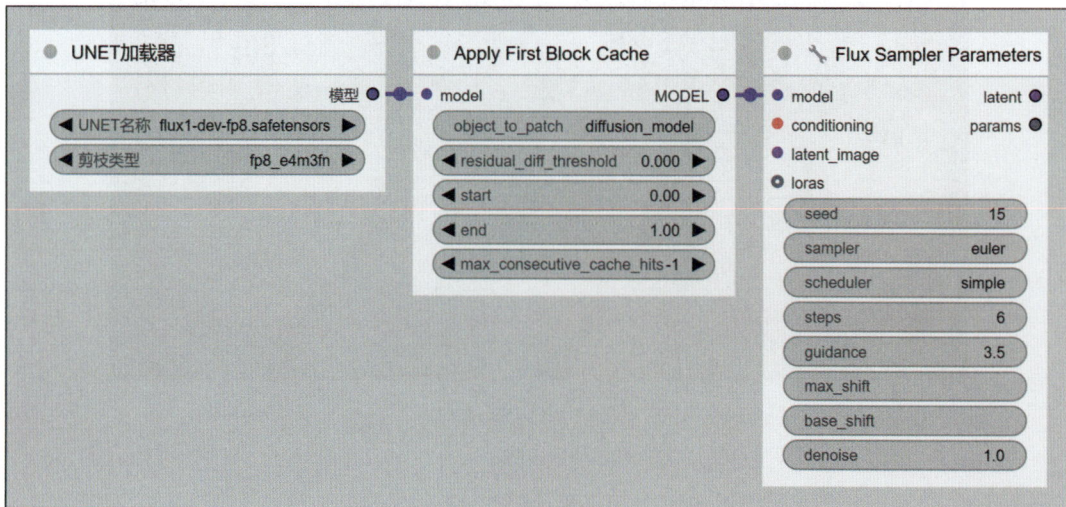

UNET加载器
模型
UNET名称 flux1-dev-fp8.safetensors
剪枝类型 fp8_e4m3fn

Apply First Block Cache
model   MODEL
object_to_patch   diffusion_model
residual_diff_threshold   0.000
start   0.00
end   1.00
max_consecutive_cache_hits -1

Flux Sampler Parameters
model   latent
conditioning   params
latent_image
loras
seed   15
sampler   euler
scheduler   simple
steps   6
guidance   3.5
max_shift
base_shift
denoise   1.0

图 2-40

　　长时间运行工作流后，如果生成速度变得越来越慢，可以单击菜单栏上的 🎧 按钮卸载显存中的模型，再单击 🎧 按钮卸载模型和节点缓存。在运行较长时间的工作流时，我们可以搜索添加"清理 GPU 占用"节点，然后将其连接到第一个"VAE 解码"节点之后，如图 2-42 所示，这样在生成图像后就会立即释放显存，以免影响后续节点的运行。

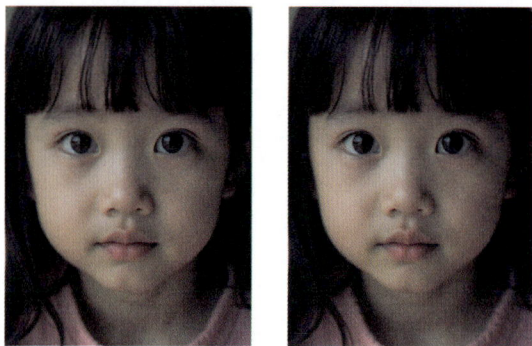

加速前　　　　　　加速后

图 2-41

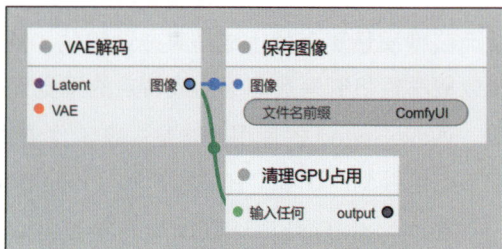

VAE解码
Latent   图像
VAE

保存图像
图像
文件名前缀   ComfyUI

清理GPU占用
输入任何   output

图 2-42

2.5 高清放大工作流

完成工作流	附赠素材/工作流/02文生图/Flux-高清放大.json

Flux 模型基于 1024×1024 像素的图片进行训练。虽然 Flux 模型对生成尺寸的比例具有较高的宽容度，但大多数情况下，我们仍然会把 1024×1024 像素作为生成尺寸的宽高基础，这样可以有效避免画面中出现不可预测的变形或其他错误。如果对图像比例有特殊要求，完全可以在生成图像后通过 Photoshop 等图像处理软件进行裁剪。当需要得到更大尺寸的图像时，最有效率的出图流程是先在 1024×1024 像素的基础上抽卡生成图像，得到满意的效果后，锁定随机种子，然后利用工作流中的高清修复模块进行二次放大。

进行二次放大的方法有多种，第一种是把生成结果发送回潜空间，在采样器里重新计算一遍。打开前面搭建的"Flux- 基础文生图"工作流，为了加快测试速度，搜索并添加"Apply First Block Cache"节点，把 residual_diff_threshold 参数设置为 0.1，然后把节点连接到"UNET 加载器"和"Flux Sampler Parameters"节点之间，如图 2-43 所示。

输入提示词后运行工作流，生成结果如图 2-44 所示。

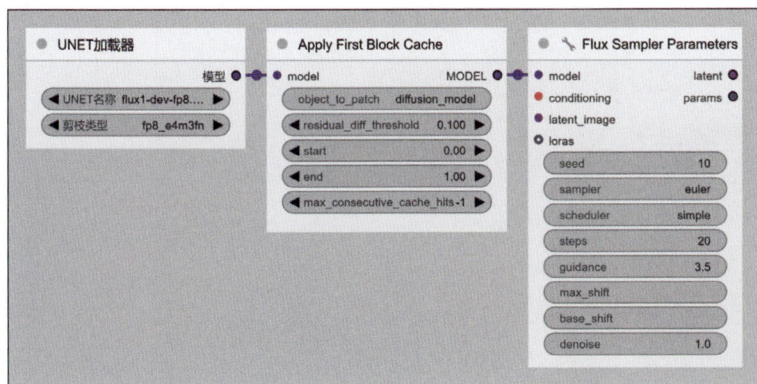

图 2-43

图 2-44

接下来，搜索并添加"Latent 按系数缩放"节点，然后复制"Flux Sampler Parameters"节点。把"Latent 按系数缩放"节点连接到两个"Flux Sampler Parameters"节点之间。在复制的"Flux Sampler Parameters"节点中，将 steps 参数设置为 10，denoise 参数设置为 0.4，如图 2-45 所示。

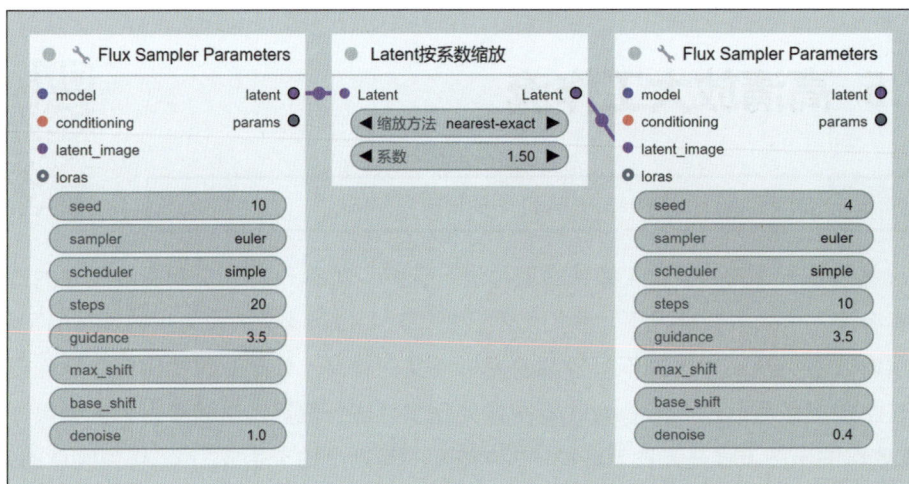

图 2-45

　　然后，从第二个"Flux Sampler Parameters"节点的 latent 输出端口拖出连线，创建"VAE 解码"节点。继续搜索并添加"图像对比"节点，把新建节点的"图像 _B"输入端口连接到"VAE 解码"节点，如图 2-46 所示。

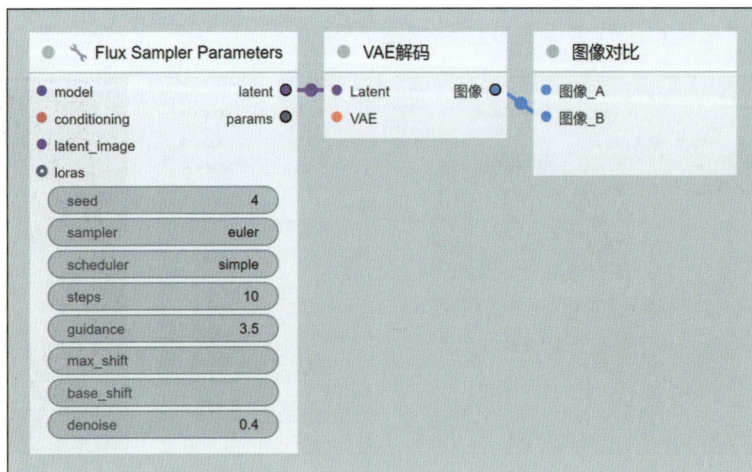

图 2-46

　　接着，把"Apply First Block Cache"和"CLIP 文本编码器"节点的输出端口连接到第二个"Flux Sampler Parameters"节点。把"VAE 加载器"节点的输出端口连接到第二个"VAE 解码"节点，再把第一个"VAE 解码"节点的输出端口连接到"图像对比"节点的"图像 _A"输入端口。

现在运行工作流，二次采样放大的生成结果会产生一定的变化，眼睛、头发和皮肤纹理变得更加清晰，与此同时，嘴部、眼角等细节也变得更加合理，如图 2-47 所示。

第二个采样器中的 denoise 参数决定了生成结果的变化程度。 在 第 二 个 "Flux Sampler Parameters" 节 点 的 denoise 参数中输入 "0.5,0.7,0.9" 后运行工作流。 生成结果如图 2-48

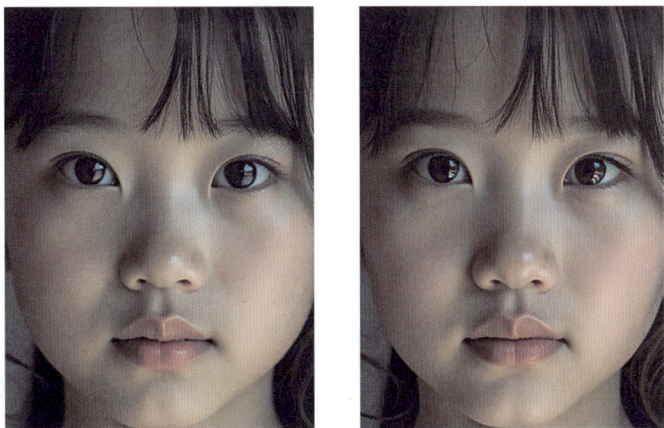

二次放大前　　　　　　二次放大后

图 2-47

所示。从生成结果看，denoise 参数的值越小，二次采样后的图像变化就越小，当它的数值超过 0.9 时，整个画面的内容会被彻底重绘。

denoise:0.5　　　　　　denoise:0.7　　　　　　denoise:0.9

图 2-48

利用二次采样进行高清放大有两个缺点：一是放大后的生成结果会发生一定变化，有时可以修复细节，但有时可能会增加不必要的细节，因此需要反复调整 denoise 参数和种子值；第二个缺点是二次采样的生成速度较慢，且放大倍数有限，放大倍数越高，所需的显存容量越大。

当需要进一步放大生成结果的尺寸时，可以搜索并添加"图像通过模型放大"节点，把该节点的"图像"输入端口连接到第二个"VAE解码"节点。继续从"图像通过模型放大"节点的"放大模型"输入端口拖出连线，创建"放大模型加载器"节点，然后把"图像对比"节点的"图像_B"输入端口连接到"图像通过模型放大"节点的输出端口，如图2-49所示。

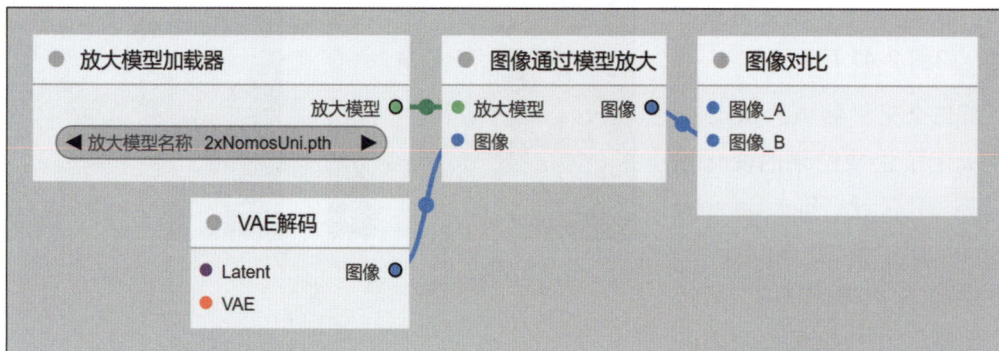

图 2-49

在"放大模型加载器"节点中选择一种放大模型后运行工作流。完成放大后，在"图像对比"节点上沿着水平方向左右移动光标，即可查看放大前后的对比效果，如图2-50所示。这种放大方式的计算速度非常快，而且基本上不会改变生成结果，只会让细节变得更加清晰和锐利，特别适合放大真实照片和抽卡效果良好的图像，且不需要任何改变的生成结果。

> **提示** "放大模型名称"中的"2x"表示该模型能把图像的尺寸放大2倍，"4x"表示放大4倍。

我们还可以利用自定义节点修复和放大生成结果。同类的自定义节点有很多，这里以最常用的 Ultimate SD Upscale 为例。框选所有二次采样和图像放大节点，按快捷键 Ctrl+B 忽略选中的节点，让这些节点在工作流运行时不参与计算，如图2-51所示。

图 2-50

搜索并添加"SD放大"和"图像对比"节点，把"SD放大"节点连接到"VAE解码"和"图像对比"节点之间，如图2-52所示。

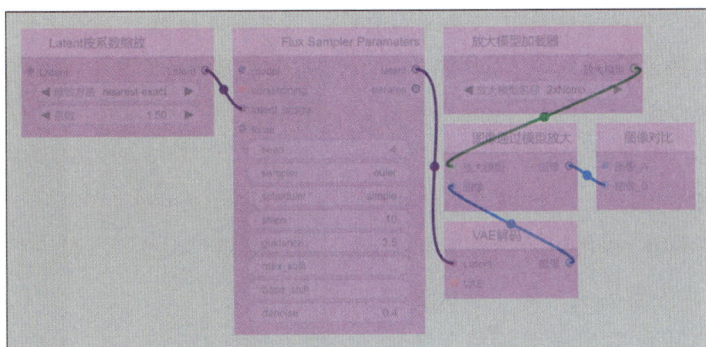

图 2-51

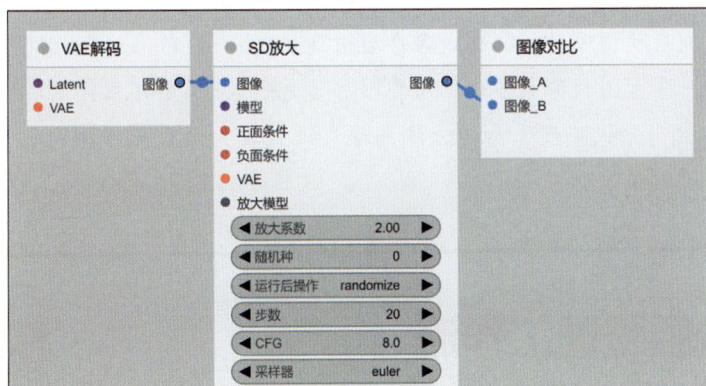

图 2-52

从"SD 放大"节点的"负面条件"端口拖出连线，创建"CLIP 文本编码器"节点，然后把"CLIP 文本编码器"节点的输出端口连接到"SD 放大"节点的"正面条件"输入端口。继续从"SD 放大"节点的"放大模型"输入端口拖出连线，创建"放大模型加载器"节点，根据需要选择 2x 或 4x 的放大模型，如图 2-53 所示。

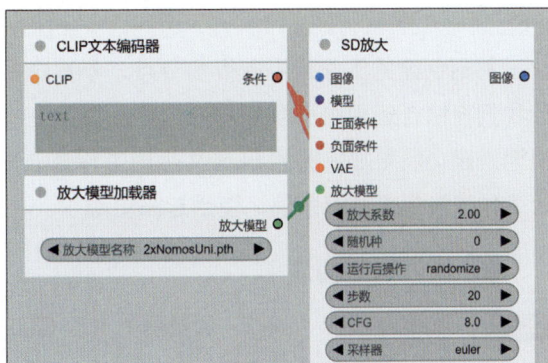

图 2-53

接下来，把"Apply First Block Cache""VAE 解码"和"VAE 加载器"节点的输出端口连接到"SD 放大"节点，把"双 CLIP 加载器"节点的输出端口连接到新创建的"CLIP 文本编码器"节点。

在"SD放大"节点里按照放大模型的倍数设置"放大系数",依次把"步数"参数设置为10,CFG参数设置为1,"采样器"参数设置为exponential,然后把"降噪"参数设置为0.75左右,不超过0.8即可。如果想修复原图中不合理的细节,可以把"调度器"设置为beta,把"降噪"参数设置为0.3左右。

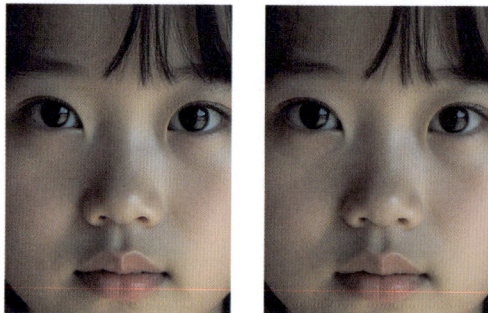

无论使用哪种设置方式,除了放大速度比较慢以外,SD放大的质量都明显优于前面介绍的两种高清放大方法,如图2-54所示。

图 2-54

> **提示** 为了防止大尺寸图像的采样造成显存溢出,Ultimate SD Upscale使用了分块采样技术,也就是把一张大图裁剪成多张小尺寸图片后逐个采样,全部采样完毕后拼合到一起。我们可以把"分块宽度"和"分块高度"设置成和生成尺寸相同的768×1024,减少拼合接缝的数量。

▦ 2.6 分组整理工作流

完成工作流	附赠素材/工作流/02文生图/Flux-优化文生图.json

前面创建的工作流中有很多节点,参数选项很分散,密集的连线看起来也比较混乱。本节我们将综合运用前面学习过的内容,按照工作流的工作原理和运行顺序,一个模块一个模块地搭建功能更加完善的Flux文生图工作流,然后利用全局节点和节点框功能整理工作流,让工作流看起来更有条理,使用起来更顺手。

1 加载模型模块

步骤 **01** 搜索并添加"UNET加载器""双CLIP加载器"和"VAE加载器"节点,分别载入Flux的3种基础模型。继续搜索并添加"强力LoRA加载器"节点,把"UNET加载器"和"双CLIP加载器"节点的输出端口连接到"强力LoRA加载器"节点。

步骤 **02** 在"强力LoRA加载器"节点中单击"Add Lora"按钮,添加"FLUX.1-Turbo-Alpha"模型。再次单击"Add Lora"按钮,可以添加更多模型,如图2-55所示。

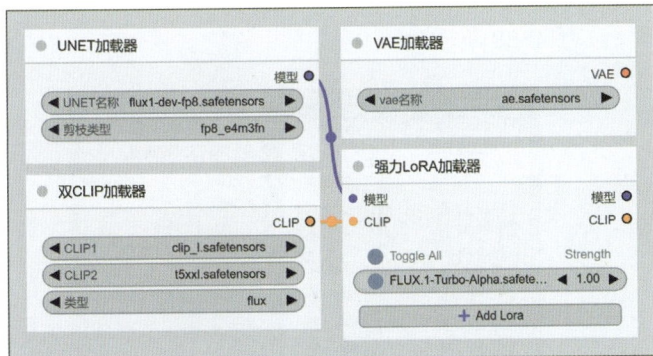

图 2-55

提示 在"强力 LoRA 加载器"节点上单击模型名称左侧的圆点，可以单独开启或关闭该模型。单击"Toggle All"左侧的圆点可以关闭所有模型。在显示模型名称的下拉菜单上右击，可以弹出调整模型顺序和删除列表的菜单。

步骤 03 选中所有节点后按快捷键 Ctrl+G 创建分组框，双击分组框的名称，将其重新命名为"加载模型"，如图 2-56 所示。

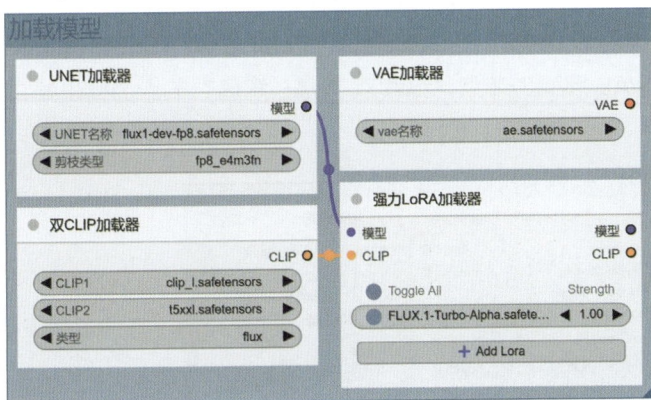

图 2-56

提示 拖动分组框，分组框中的所有节点就会一起移动。拖动分组框右下角的三角形，可以调整分组框的大小。在分组框上右击，在弹出的"编辑框"菜单中提供了修改分组框的颜色、字体大小等选项。

2 加速生成和提示词模块

步骤 01 搜索并添加 "Apply First Block Cache" 节点，把 residual_diff_threshold 参数设置为 0.12。选中节点后按快捷键 Ctrl+G 创建分组框，并把分组框命名为"加速生成"，如图 2-57 所示。

步骤 02 搜索并添加 "CLIP 文本编码器" 节点，在节点上右击，选择执行"转换为输入 / Convert text to input"命令，将文本输入框转换为输入端口。继续创建"中文提示词"节点，在"运行后操作"菜单中选择 fixed，然后把输出端口连接到"CLIP 文本编码器"节点。

步骤 03 选中"CLIP 文本编码器"和"中文提示词"节点后，按快捷键 Ctrl+G 创建分组框，并把分组框命名为"提示词"，如图 2-58 所示。

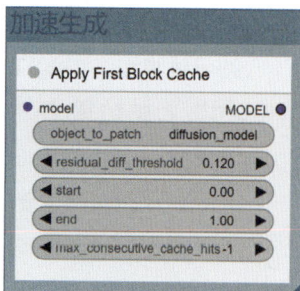

图 2-57

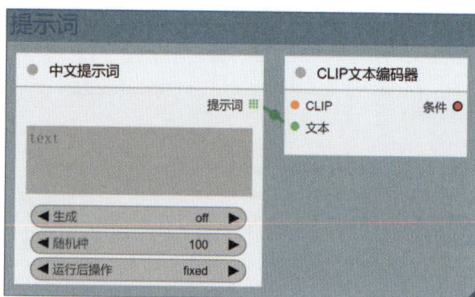

图 2-58

3 采样输出模块

步骤 01 搜索并添加"Flux Sampler Parameters"节点，从新建节点的 latent_image 输入端口拖出连线，创建"空 Latent"节点。从"Flux Sampler Parameters"节点的 latent 输出端口拖出连线，创建"VAE 解码"节点。继续从"VAE 解码"节点的输出端口拖出连线，创建"保存图像"节点，如图 2-59 所示。

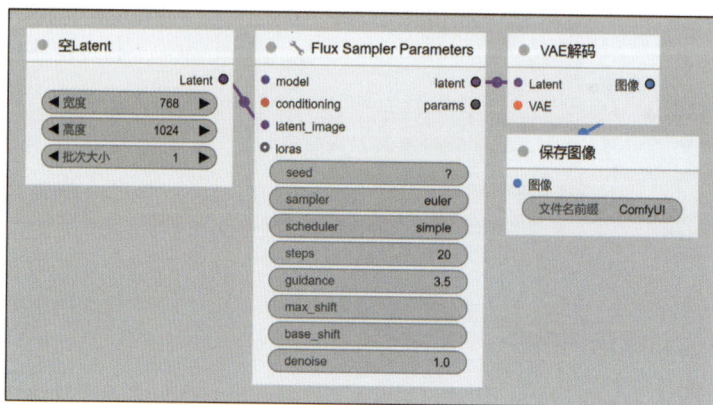

图 2-59

步骤 02 "Flux Sampler Parameters"节点有很多优点，但也有一个缺点，那就是每次抽卡时都需要手动输入种子值。我们可以创建 Seed 和"数字到文本"节点，把两个节点的"数字"端口连接起来。在"Flux Sampler Parameters"节点上右击，执行"转换为输入/Convert seed to input"命令，把 seed 参数转换为输入端口，然后把 seed 端口连接到"数字到文本"节点。

步骤 **03** 选中所有节点后按快捷键 Ctrl+G 创建分组框，并把分组框命名为"采样输出"，如图 2-60 所示。

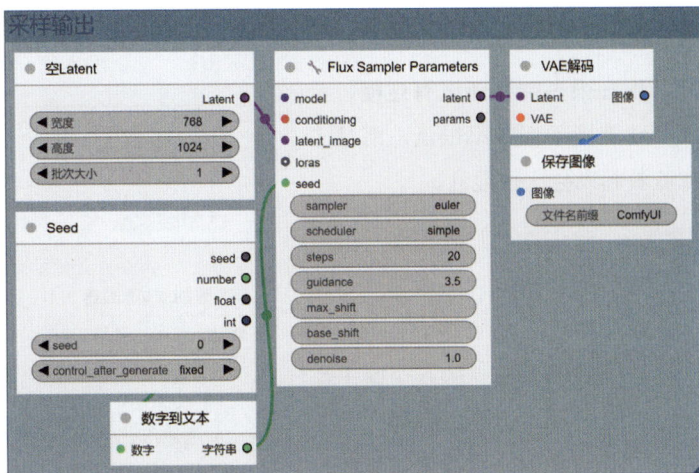

图 2-60

4 高清放大模型

步骤 **01** 搜索并添加"SD 放大""图像对比"和"保存图像"节点，把"图像对比"和"保存图像"节点连接到"SD 放大"节点的输出端口。

步骤 **02** 接下来创建"CLIP 文本编码器"节点，并将其连接到"SD 放大"节点的"正面条件"和"负面条件"端口。继续创建"放大模型加载器"节点，并将其连接到"SD 放大"节点。选中所有节点后按快捷键 Ctrl+G 创建分组框，并把分组框命名为"高清放大"，如图 2-61 所示。

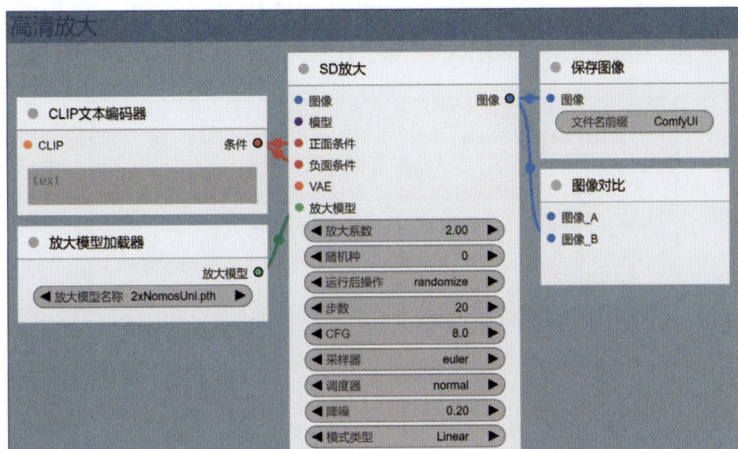

图 2-61

5 远程连线

现在很多端口还没有连接，全部手动连接不但效率很低，而且工作流看起来会比较混乱。

步骤01 我们在"加载模型"分组框中创建"全局输入3"节点，把"强力 LoRA 加载器"节点的两个输出端口和"VAE 加载器"节点的输出端口连接到"全局输入3"节点，如图2-62所示。

图 2-62

步骤02 现在，工作流中所有未连接的"模型""CLIP"和"VAE"输入端口都变成了加粗的高亮显示，表示这些端口都已经通过"全局输入 3"节点远程连接。

> **提示** 在画布的空白处右击，执行"显示全局输入连线"命令，可以看到动态的远程连线效果。

步骤03 现在的连线有一些问题，因为"加速生成"分组框中的"Apply First Block Cache"节点并没有发挥作用。解决方法是创建"全局输入 ?"节点，在节点的 group_regex 中输入"采样输出"，然后连接到"Apply First Block Cache"节点，如图2-63 所示。这样就能让"Apply First Block Cache"节点只远程连接"采样输出"分组框中的节点。

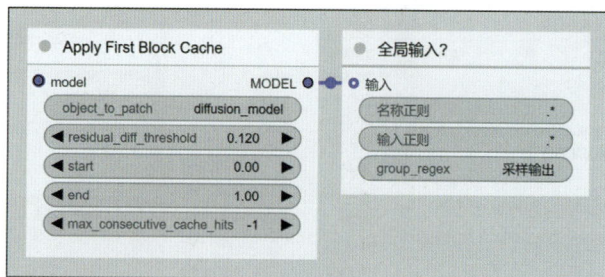

图 2-63

步骤04 继续创建两个"全局输入"节点，分别连接到"提示词"分组框的"CLIP 文本编码器"节点和"采样输出"分组框的"VAE 解码"节点，工作流就搭建完成了。

步骤 **05** "加载模型"和"高清放大"这两个分组框中的节点是大多数 Flux 工作流都要用到的，为了方便以后的操作，我们可以框选"加载模型"分组框以及其中的所有节点，在画布的空白处右击，执行"存储选中为模板"命令，然后在弹出的窗口中输入"加载 Flux 模型"。

步骤 **06** 继续为"高清放大"分组框中的所有节点创建节点预设，把预设名称设置为"SD 放大"。现在我们在任意工作流的画布空白处右击，在"节点预设"菜单中就能快速创建这些节点，如图 2-64 所示。

图 2-64

6 运用工作流

最后我们了解一下这个工作流的运用方法。

步骤 **01** 首先单击侧边栏下方的 ⚙ 按钮打开"设置"窗口，在窗口右侧的"组件控制模式"菜单中选择"之前"，如图 2-65 所示。

步骤 **02** 把光标移到"加速生成"分组框上，单击分组框右上角的 ●→ 按钮，可以忽略该分组框中的所有节点，如图 2-66 所示。

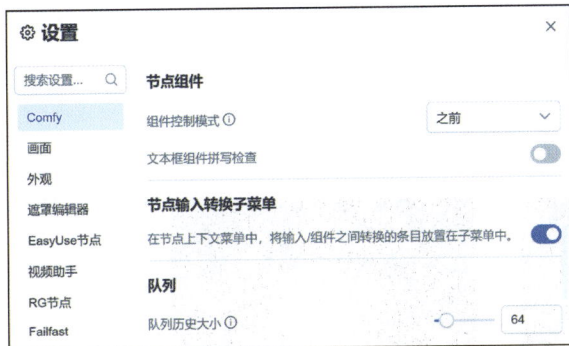

图 2-65

图 2-66

> **提示** 如果分组框上没出现按钮，可以在画布的空白处右击，选择"RG 节点 / 设置（RG 节点）"命令。在打开的窗口中勾选"Show fast toggles in Group Headers"复选框。

步骤 **03** 我们也可以创建"忽略多框"节点，单击节点中的圆形按钮以忽略或开启分组框，如图 2-67 所示。

步骤 **04** 在侧边栏上单击 ⛏ 按钮展开"管理节点组"窗口，在这里不但可以忽略整个分组框，还能快速忽略分组框中的某个节点，如图 2-68 所示。

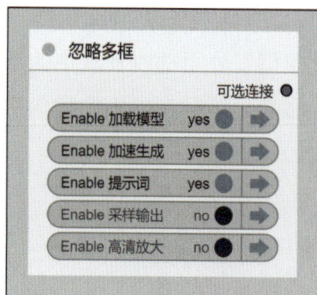

图 2-67

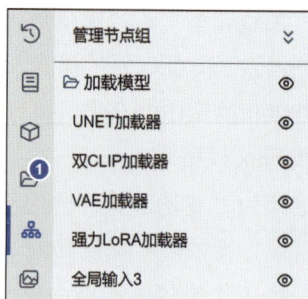

图 2-68

步骤 05 我们先忽略"高清放大"分组框,在"Flux Sampler Parameters"节点中设置 steps 参数为 8,在"Seed"节点的 control_before_generate 菜单中选择 randomize。接下来就可以输入提示词,然后运行工作流,用最快的生成速度开始抽卡,得到基本满意的画面后,在"Seed"节点的 control_after_generate 菜单中选择 fixed,把随机种子固定住。

步骤 06 如果想得到更高质量的图像,可以在"强力 LoRA 加载器"节点中关闭加速 LoRA,在"Flux Sampler Parameters"节点中把 steps 参数设置为 20 后重新生成图像。最后开启"高清放大"分组框,再次运行工作流开始进行高清放大。

步骤 07 要想获得最高画质,我们还可以忽略"加速生成"分组框,在"Flux Sampler Parameters"节点中把 steps 参数设置为 25。最高画质的生成时间大概是加速生成的 2.5 倍,生成结果的对比效果如图 2-69 所示。

最快速度　　　　　　　　　最高画质

图 2-69

AI 摄影与创意设计：
Stable Diffusion-ComfyUI

第3章 Chapter

图生图和局部重绘

图生图和局部重绘都是在文生图的基础上演化出来的功能。在文生图工作流中，我们利用文字作为输入条件，让 AI 输出符合文字描述的图像。然而，有时我们很难通过文字精确表达出自己构想的画面，特别是那些只能通过视觉感官体验到的氛围和艺术表现力。这导致用户需要花费大量时间反复抽卡，同时还要反复调整提示词才能获得符合预期的效果。

既然文字承载的信息量有限，我们可以换个思路，将图片和文字共同作为输入条件，让 AI 直接读取图片中的构图、色调、光影等信息，并将其转换为特征向量，映射到生成结果上。这样，能够最大限度地实现稳定出图。

3.1 基础图生图流程

完成工作流	附赠素材/工作流/03图生图/Flux-基础图生图.json
参考图素材	附赠素材/参考图/03-01.png

上一章在介绍高清放大工作流时提到过 3 种方法，其中一种是把第一次采样的生成结果发送到另一个采样器中进行二次采样。图生图工作流使用的正是这种思路，只不过它把第一次采样的图像生成过程简化为直接输入一张图像。打开前面搭建的"Flux- 基础文生图"工作流，只需对这个工作流稍加修改，就能将其转换为图生图工作流。

步骤 01　在画布的空白处双击，搜索并添加"加载图像"节点，单击节点上的"upload"按钮，上传一张图像作为参考图。继续搜索并添加"限制图像区域"节点，这个节点的作用是重新设定载入图像的大小，以免载入尺寸过大的图像导致显存溢出，同时该节点也决定了生成结果的尺寸，如图 3-1 所示。

步骤 02 从"限制图像区域"节点的输出端口拖出连线，创建"VAE 编码"节点，通过这个节点把参考图发送到采样器中。继续搜索并添加"全局输入 3"节点，把"限制图像区域"和"VAE 编码"节点的输出端口连接到"全局输入 3"节点。

步骤 03 接下来框选"加载图像""限制图像区域""VAE 编码"和"全局输入 3"节点，按快捷键 Ctrl+G 创建分组框，并命名为"加载图像"，如图 3-2 所示。

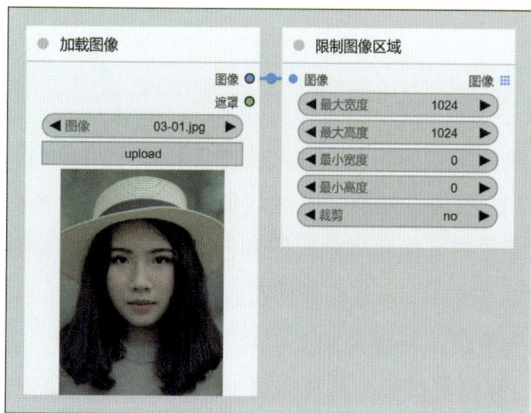

图 3-1

图 3-2

步骤 04 断开"UNET 加载器""双 CLIP 加载器"和"VAE 加载器"节点上的输出连线，然后搜索并添加"强力 LoRA 加载器"节点，把新建的节点连接到"UNET 加载器"和"双 CLIP 加载器"节点的输出端口。继续创建"全局输入 3"节点，把"强力 LoRA 加载器"节点的两个输出端口和"VAE 加载器"节点的输出端口都连接到"全局输入 3"节点。

步骤 05 框选"UNET 加载器""双 CLIP 加载器""VAE 加载器""强力 LoRA 加载器"和"全局输入 3"节点，按快捷键 Ctrl+G 创建分组框，并命名为"加载模型"，如图 3-3 所示。

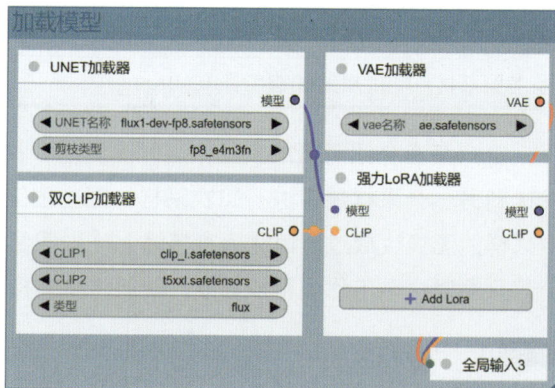

图 3-3

步骤 06 断开"CLIP 文本编码器"节点输出端口的连线，然后在该节点上右击，选择"转换为输入/Convert text to input"命令，将文本输入框转换为输入端口。创建"中文提示词"节点，将其输出端口连接到"CLIP 文本编码器"节点。继续创建"全局输入"节点，将其连接到"CLIP 文本编码器"节点。选中"CLIP 文本编码器"和"全局输入"节点，按快捷键 Ctrl+G 创建分组框，并命名为"提示词"，如图 3-4 所示。

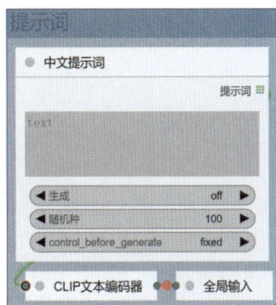

图 3-4

步骤 07 删除"空 Latent"节点后搜索并添加"全局输入？"节点，在新建节点的 group_regex 中输入"高清放大"，然后将该节点连接到"VAE 解码"节点。接下来选中"Flux Sampler Parameters""VAE 解码""全局输入？"和"保存图像"节点，按快捷键 Ctrl+G 创建分组框，并命名为"采样输出"，如图 3-5 所示。

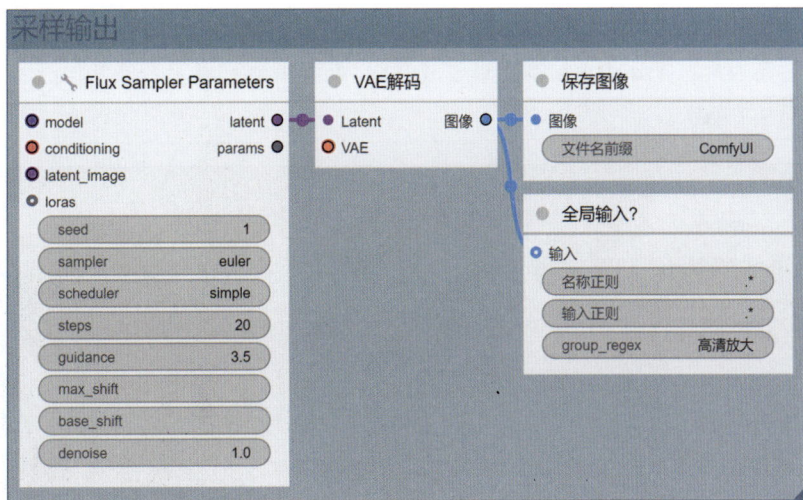

图 3-5

步骤 08 在画布的空白处右击，选择"节点预设/SD 放大"命令。选中所有预设节点后按快捷键 Ctrl+G 创建分组框，并命名为"高清放大"，如图 3-6 所示。最后搜索并添加"忽略多框"节点，完成基础图生图工作流的创建。

步骤 09 为了加快测试速度，我们在"强力 LoRA 加载器"节点中加载 FLUX.1-Turbo-Alpha 模型，在"Flux Sampler Parameters"节点中把 steps 参数设置为 8。在"忽略多框"节点上忽略"高清放大"分组框。

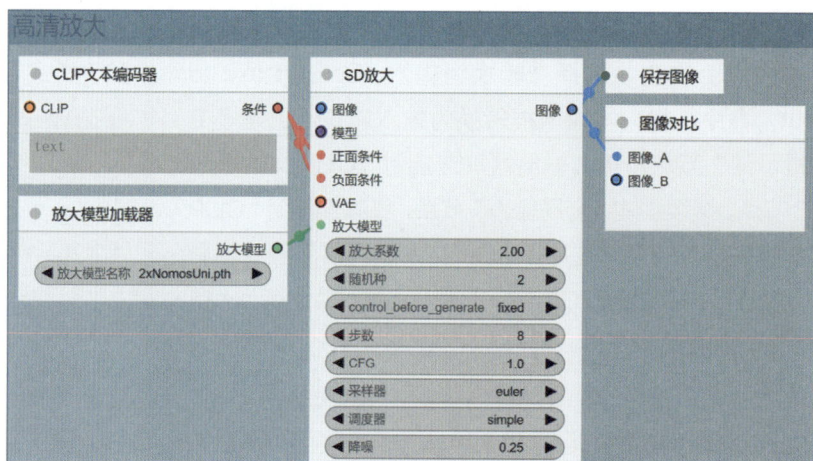

图 3-6

步骤⑩ 不输入提示词时运行工作流，只能得到和参考图没有关联的生成结果。对于图生图工作流来说，"Flux Sampler Parameters"节点中的 denoise 参数是影响生成结果的最主要因素。把 denoise 参数修改成 0.5，就会得到和参考图非常接近的生成结果，如图 3-7 所示。

参考图像　　　　　　　　　denoise=1　　　　　　　　　denoise=0.5

图 3-7

步骤⑪ 在 denoise 参数中输入"0.7,0.8,0.85"后运行工作流，生成结果如图 3-8 所示。从测试结果上看，把 denoise 参数设置在 0.8 和 0.85 之间，既能让生成结果在参考图的基础上产生一定的变化，又不会偏离参考图太多。

denoise=0.7   denoise=0.8   denoise=0.85

图 3-8

提示 一旦 denoise 参数超过 0.85，就会得到和参考图完全无关的生成结果。

步骤 ⑫ 图生图工作流主要用于画风
迁移，在图生图工作流中，
提示词仍然起着非常重要
的 作 用。 在 "Flux Sampler
Parameters" 节 点 中 把
denoise 参数设置为 0.8，把
guidance 参数设置为 6，然后
在 "中文提示词" 节点中输入
画风提示词。再次运行工作流，
真人照片将被转画成手绘风格
的卡通图像，如图 3-9 所示。

图 3-9

步骤 ⑬ 若想得到特定的画风，我们还可以在 "强力 LoRA 加载器" 节点中添加想要的风格
LoRA 模型。输入对应的画风提示词后运行工作流开始抽卡，得到满意的效果后，开
启 "高清放大" 分组框，在 "SD 放大" 节点中把 "步数" 设置为 4，然后单击分组
框右上角的 ▶ 按钮运行分组框，即可获得高清大图，如图 3-10 所示。

图 3-10

3.2 ControlNet 工作流

完成工作流	附赠素材/工作流/03图生图/Flux-ControlNet.json
参考图素材	附赠素材/参考图/03-01.png~03-04.png

　　上一节创建的基本图生图工作流存在一些难以解决的问题，因为受到重绘幅度的限制，很难生成既符合参考图中的形象，又具有强烈画风的结果。本节我们将分别利用 Flux Tools 和 ControlNet-Union-pro 模型搭建两个工作流，以便让生成结果更加可控。

1 Flux Tools 工作流

步骤 01　打开上一节搭建的 "Flux- 基础图生图" 工作流，在 "提示词" 分组框中删除 "全局输入" 节点，然后把分组框重新命名为 ControlNet。接下来搜索并添加 "InstructPixToPix 条件" 节点，把 "CLIP 文本编码器" 节点的输出端口连接到 "InstructPixToPix 条件" 节点的 "正面条件" 输入端口，如图 3-11 所示。

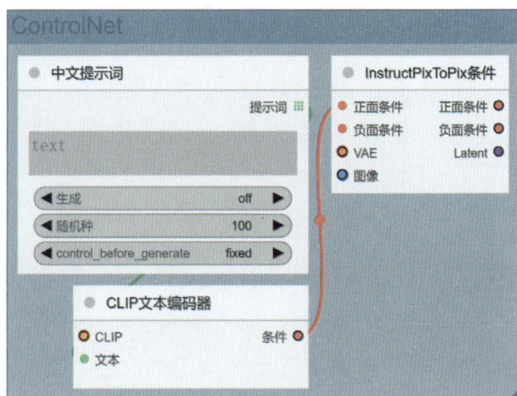

图 3-11

步骤 02 从"InstructPixToPix 条件"节点的"负面条件"输入端口拖出连线，创建
"CLIP 文本编码器"节点。因为这个节点不需要输入提示词，我们可以把它折
叠起来。搜索并添加"Aux 集成预处理器"节点，在"预处理器"菜单中选择
CannyEdgePreprocessor，如图 3-12 所示。

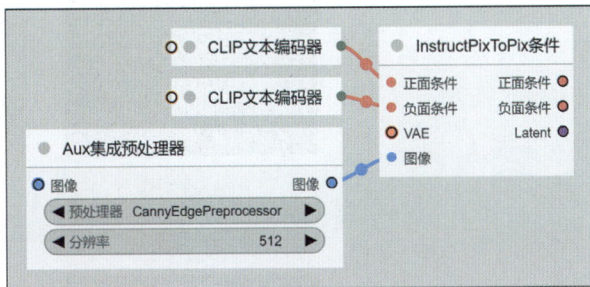

图 3-12

步骤 03 从"Aux 集成预处理器"节点的"图像"
输出端口拖出连线，创建"预览图像"
节点。继续搜索并添加"全局输入"
节点，把"InstructPixToPix"节点的
"正面条件"输出端口连接到新建的
节点，如图 3-13 所示。这样，工作流
就完成了改造。

步骤 04 要想让这个工作流正确运行，首
先需要在"UNET 加载器"节点中
加载 flux1-canny-dev 模型；然后在
"Flux Sampler Parameters"节点中把
guidance 参数设置为 30，denoise 参数
设置为 1；最后在"中文提示词"节点
中输入风格提示词，如图 3-14 所示。

图 3-13

提示 flux1-canny-dev 模型也有 GGUF 版本，
显存不足的用户可以下载量化版的模
型，然后在"Unet Loader(GGUF)"节
点中加载。

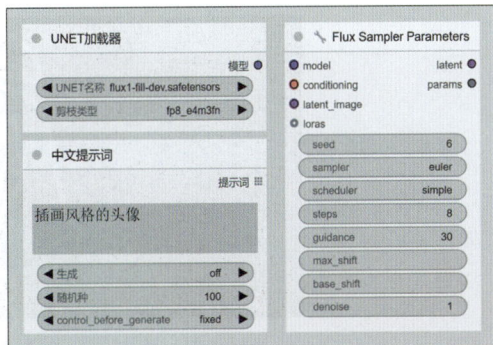

图 3-14

步骤 05 运行工作流,"Aux 集成预处理器"首先会把参考图处理成黑白的线框图,然后在线框图的引导下生成图像,如图 3-15 所示。

预处理图像　　　　生成结果

图 3-15

步骤 06 在生成结果中,参考图的构图和人物轮廓在预处理图像的引导下几乎没有发生变化,但整个人物和背景都被重新绘制了一遍。现在的问题是,我们输入的画风提示词并没有体现出来。

步骤 07 在"Aux 集成预处理器"节点提供的预处理器中,名称中带"线"和"涂鸦"的预处理器都可以使用。我们选择了HEDPreprocessor 并重新运行工作流。可以看到,这次预处理图像上的线条变得更粗也更模糊,生成结果中实现了提示词描述的画风,如图 3-16 所示。

图 3-16

步骤 08 预处理图像上的线条越细、越密集,对生成结果的控制就越强,生成的图像也就越接近参考图,这主要用于进行真实风格的转绘。预处理图像上的线条越粗、越稀疏,留给提示词的发挥空间就越大,如图 3-17 所示。

AnyLine 预处理器　　　伪涂鸦预处理器　　　艺术线预处理器

图 3-17

我们还可以利用"Aux 集成预处理器"节点中的"分辨率"参数控制生成结果。数值越低，生成的预处理图像就越模糊，提示词的发挥空间也就越大；数值越高，生成的预处理图像就越精细，生成结果也就越接近真实风格，如图 3-18 所示。

除了进行人物风格转绘外，利用 Canny 模型还能实现很多特殊效果。例如，我们可以加载一张 Logo 图像，然后在"强力 LoRA 加载器"节点中加载一个毛绒风格的 LoRA 模型，输入描述风格和背景颜色的提示词后运行工作流，就能把 Logo 图像转绘成毛绒效果，如图 3-19 所示。

同样地，上传一张写有文字的图像后，在提示词和 LoRA 模型的配合下，我们可以快速得到各种各样的艺术字效果。

我们还可以上传一张手绘线稿作为参考图，输入描述头发、眼睛、衣服的颜色提示词后，就能实现自动上色效果，如图 3-20 所示。

Canny 模型依靠线条，而 Depth 模型则是通过深度图的方式引导生成结果。我们在"UNET 加载器"节点中选择 flux1-depth-dev 模型，然后在"Aux 集成预处理器"节点的"预处理器"下拉菜单中选择 DepthAnythingPreprocessor，把"分辨率"参数设置为 768，最后在"中文提示词"节点输入描述画风和主体内容的提示词，如图 3-21 所示。

分辨率 =512　　　　分辨率 =1024

图 3-18

图 3-19

图 3-20

图 3-21

> **提示** 深度图是一种描述距离信息和空间结构的灰度图像。在深度图中，颜色越深表示与观察者的距离越远，颜色越浅表示与观察者的距离越近。

重新载入一张参考图后运行工作流，Depth 模型生成的预处理图像和转绘效果如图 3-22 所示。

参考图像　　　　　　　预处理图像　　　　　　　生成结果

图 3-22

我们还可以通过使用 LoRA 模型的方式应用 Canny 和 Depth。在"UNET 加载器"节点中加载 flux1-dev-fp8 模型；在"强力 LoRA 加载器"节点中单击"Add Lora"按钮，添加 flux1-depth-dev-lora 模型，如图 3-23 所示。

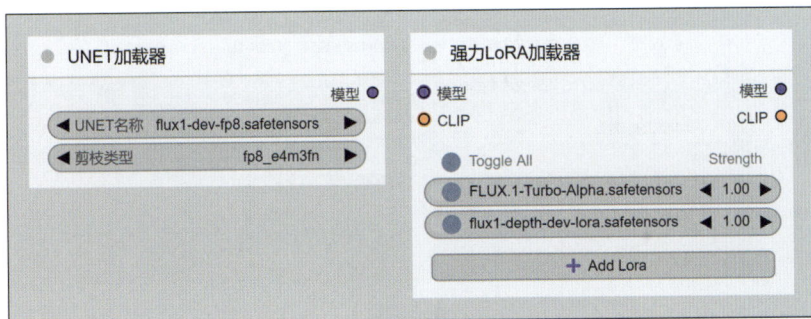

图 3-23

与使用大模型相比，虽然 LoRA 模型的质量有一定程度的下降，但同样可以实现很好的控制效果，如图 3-24 所示。LoRA 模型有两个优点，一是可以与不同风格的大模型搭配使用；二是可以节省 40GB 左右的磁盘空间。

图 3-24

2 ControlNet-Union 工作流

Flux Tools 中的 Canny 和 Depth 是迄今为止效果最好的 ControlNet 模型，但这两个模型不能控制强度，无法让 AI 在参考图的基础上进行一定程度的自由发挥。此外，Flux Tools 只提供了 Canny 和 Depth 模型，若要使用 SDXL 时代常用的 openposer、Tile 等模型，就只能使用 ControlNet-Union 或 ControlNet-Union-pro 模型。

步骤 **01** 复制 ControlNet 分组框以及其中的所有节点，然后忽略复制前的 ControlNet 分组框。删除 "InstructPixToPix 条件" 节点后，搜索并添加 "ControlNet 应用（旧版高级）" 节点，把两个 "CLIP 文本编码器" 节点和 "Aux 集成预处理器" 节点连接到新建的节点，并把 "ControlNet 应用（旧版高级）" 节点的输出端口连接到 "全局输入" 节点上，如图 3-25 所示。

步骤 **02** 从 "ControlNet 应用（旧版高级）" 节点的 ControlNet 输入端口拖出连线，创建 "ControlNet 加载器" 节点，在该节点中加载 ControlNet-Union 模型，如图 3-26 所示。

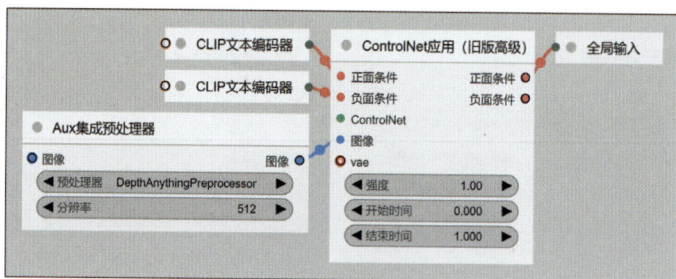

图 3-25

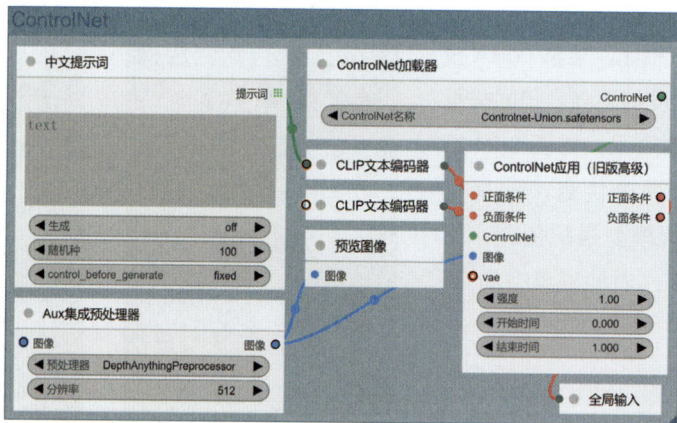

图 3-26

步骤 03 在"UNET 加载器"节点中加载 flux1-dev-fp8 模型；在"Aux 集成预处理器"节点中选择 CannyEdgePreprocessor，把"分辨率"参数设置为 512；在"Flux Sampler Parameters"节点中把 guidance 参数设置为 3.5；最后在"强力 LoRA 加载器"节点中移除 flux1-depth-dev-lora 模型，如图 3-27 所示。

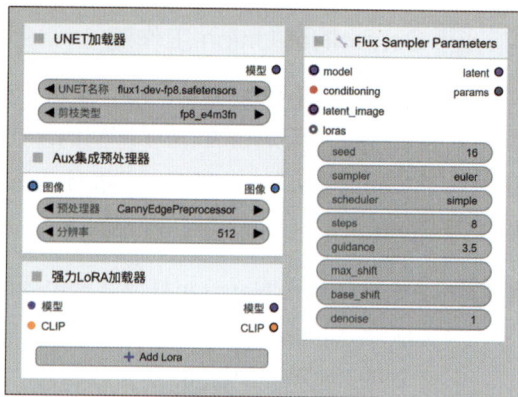

图 3-27

步骤 04 运行工作流，转绘效果比 Flux Tools 中的 Canny 模型差很多。在"ControlNet 应用（旧版高级）"节点中将"结束时间"参数设置为 0.4，再次运行工作流，生成结果的质量就会提高，如图 3-28 所示。

结束时间 =1　　　　　　　　　　结束时间 =0.4

图 3-28

步骤 05 "结束时间"参数用于控制采样步数进行到百分之多少时停止控制，其值越小，AI
的发挥空间就越大。"开始时间"参数决定了采样步数进行到百分之多少时开始产
生影响。"强度"参数用于控制预处理图像对生成结果的影响程度，同样其值越小，
AI 的发挥空间就越大，生成结果也越偏向提示词，如图 3-29 所示。

强度 =0.8　　　　　　　强度 =0.6　　　　　　　强度 =0.4

图 3-29

提示 因为生成结果在采样的前几步就能决定画面的基本构图，后面的步骤几乎全部用于
生成细节，所以即使把"结束时间"参数设置得很高，也只能让生成结果的细节发
生一些变化；而"开始时间"参数即使设置得非常低，也会对画面的整体风格产生
很大影响。

ControlNet Union 不仅把 7 种模型集成在一起，还能根据选择的预处理器自动切换适合的模型。我们只需在"Aux 集成预处理器"节点中选择名称中带有"线"和"涂鸦"的预处理器，就能像 Flux Tools 中的 Canny 模型那样，根据轮廓线信息引导生成结果。

在"Aux 集成预处理器"节点中选择 DWPreprocessor，该预处理器会把参考图中的人物转换成骨骼图，然后引导采样器生成具有相同动作的角色，如图 3-30 所示。

图 3-30

在"Aux 集成预处理器"节点中选择 TilePreprocessor，这个预处理器会对参考图进行模糊处理，进而忽略掉参考图上的一些细节，并在提示词的引导下重新生成新的细节。这样，不但能让模糊的照片变得清晰，修复生成结果中的细节，还能实现更换元素、转换风格等效果，如图 3-31 所示。

图 3-31

3.3 Fill 局部重绘流程

完成工作流	附赠素材/工作流/03图生图/Flux-Fill局部重绘.json
参考图素材	附赠素材/参考图/03-01.png、03-05.png~03-07.png

图生图会把参考图全部重画一遍，而局部重绘只重画参考图上的部分区域，这样不但可以修复生成结果中的错误，还能像图像处理软件那样实现给照片上的人物更换服装、背景等效果。支持 Flux 的局部重绘方法很多，本节将利用 Flux Tools 中的 flux1-fill-dev 模型搭建局部重绘工作流。

步骤 01 打开上一节搭建的 Flux-ControlNet 工作流，删除一个 ControlNet 分组框后把另一个 ControlNet 分组框重命名为"局部重绘"，并在分组框中删除"中文提示词"和"CLIP 文本编码器"以外的节点，如图 3-32 所示。

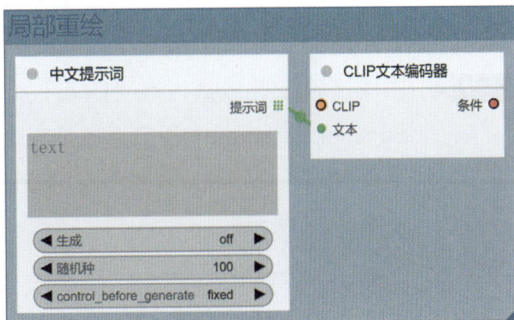

图 3-32

步骤 02 搜索并添加"内补模型条件"节点，然后把"正面条件"输入端口连接到"CLIP 文本编码器"节点。继续从"负面条件"端口拖出连线，创建"CLIP 文本编码器"节点。搜索并添加"全局输入 3"节点，把"内补模型条件"节点的"正面条件"和 Latent 输出端口连接到新建的节点，如图 3-33 所示。

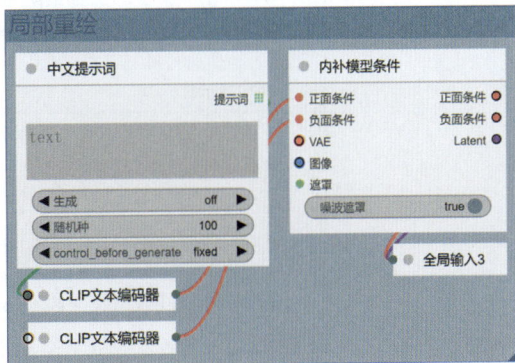

图 3-33

步骤 03 在"加载图像"分组框中加载参考图，然后删除"VAE 编码"节点。把"加载图像"节点的"遮罩"输出端口连接到"全局输入 3"节点，如图 3-34 所示。

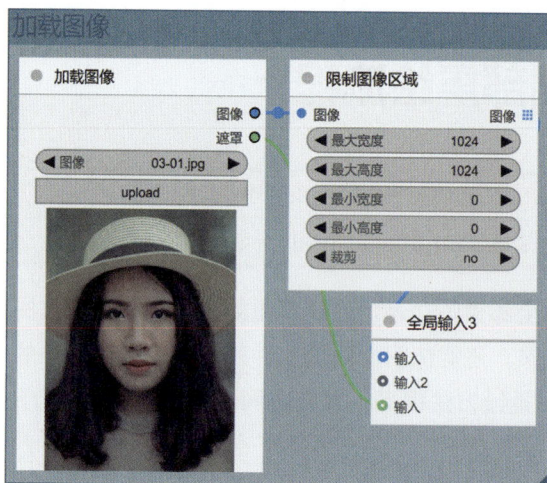

图 3-34

步骤 04 工作流改造完成后，在"UNET 加载器"节点中选择 flux1-fill-dev 模型，在"Flux Sampler Parameters"节点中把 guidance 参数设置为 30。接下来，在"中文提示词"节点中输入提示词，例如想让参考图中的人物戴上眼镜，直接输入"眼镜"即可，如图 3-35 所示。

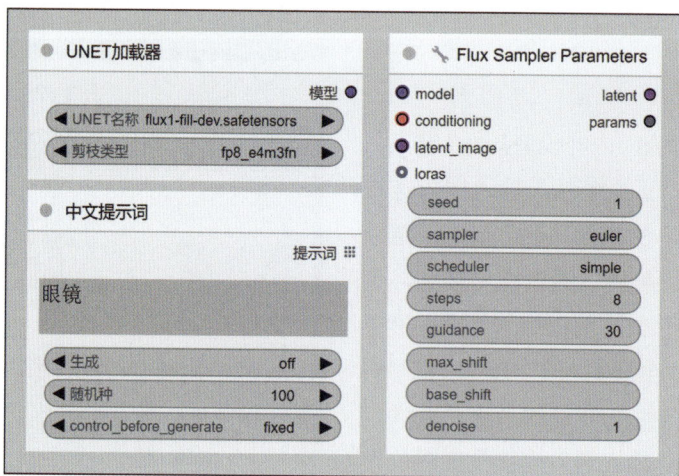

图 3-35

步骤 05 在"加载图像"节点上右击，执行"在遮罩编辑器中打开"命令。在打开的窗口中拖动右侧的 Thickness 滑块调整笔刷大小，然后在参考图上画出需要重绘的遮罩区域，绘制完成后单击上方的 Save 按钮保存遮罩，如图 3-36 所示。

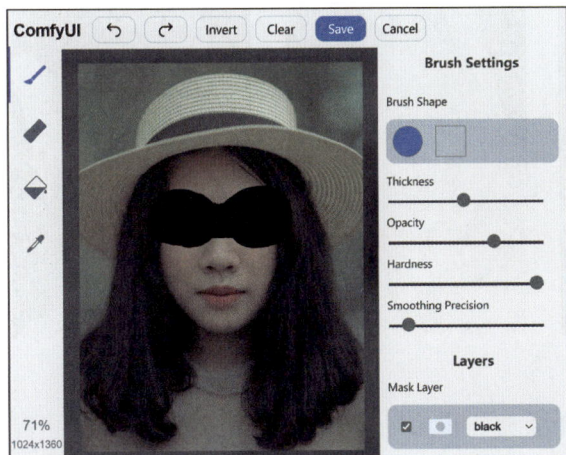

图 3-36

> **提示** 如果运行工作流后没有产生重绘效果，说明遮罩的尺寸太小，只要在遮罩编辑器中把遮罩区域画得大一些就可以解决。

步骤 06 运行工作流，参考图中的人物就被戴上了眼镜，遮罩区域以外的部分丝毫不受影响，如图 3-37 所示。

图 3-37

步骤 07 使用文生图工作流生成图像时，如果生成结果的个别区域出现错误，我们可以在这个工作流的"加载图像"节点中上传生成结果，然后在"加载图像"节点上右击，执行"在遮罩编辑器中打开"命令，用画笔图上有问题的区域。在图 3-38 所示的生成结果中，男性人物的两只手都有问题，我们可以只给其中一只手画上遮罩，然后在提示词里输入"男人的手"，运行工作流多抽几张卡，就能得到正确的手部。

步骤 08 得到满意的修复效果后，在"保存图像"节点上右击，选择"发送到工作流／当前工作流"命令，然后在"加载图像"节点中画上另一只手的遮罩。我们可以继续抽卡修复手部，也可以在提示词里输入"裙子"，直接将其抹除。修复结果如图 3-39 所示。

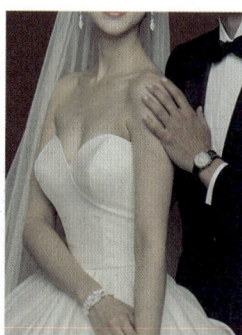

图 3-38   图 3-39

步骤 09 接下来，我们还可以利用语义分割功能进一步加强这个工作流，让绘制遮罩的过程
变得更加简单和精确。在"局部重绘"分组框中搜索并添加"BiRefNet Ultra V2"
节点，从新建节点的"BiRefNet 模型"输入端口拖出连线，创建"LayerMask:Load
BiRefNet Model V2(Advance)"节点，如图 3-40 所示。

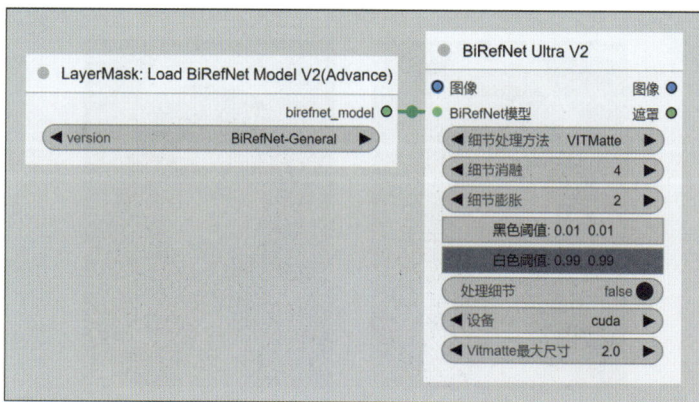

图 3-40

> **提示** 语义分割的原理是给图像中的每个像素都分配一个语义标签，以指示它属于哪个类
> 型的物体。这样我们就可以通过颜色、文本等形式把图像中的人物、服装、汽车等
> 对象分割并提取出来。

步骤 10 搜索并添加"遮罩模糊生长"节点，"扩展"参数设置为 10，"模糊半径"参数设
置为 5，然后将该节点连接到"BiRefNet Ultra V2"节点的"遮罩"输出端口。继续
搜索并添加"遮罩预览"节点，将其连接到"遮罩模糊生长"节点的"遮罩"输出端口。

步骤 11 现在运行工作流，"BiRefNet Ultra V2"节点就能自动把参考图上的主体对象提取成遮罩，然后通过"遮罩模糊生长"节点增加遮罩的轮廓尺寸，并让遮罩的边缘变得模糊，如图 3-41 所示。

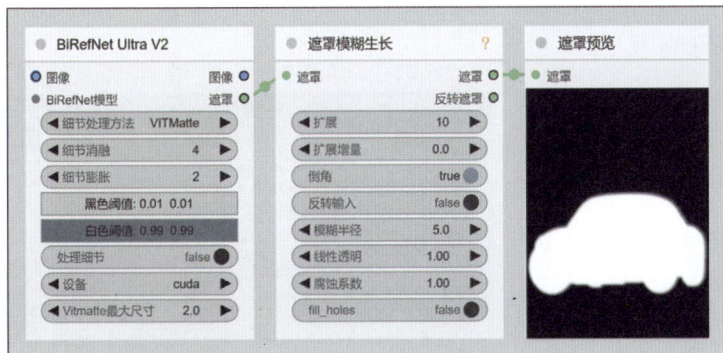

图 3-41

> **提示** 按住 Shift 键后从端口拖出连线，可以在搜索窗口中只显示该端口可连接的节点。

步骤 ⑫ 创建"全局输入？"节点，在其 group_regex 中输入"局部重绘"，然后将该节点连接到"遮罩模糊生长"节点的"遮罩"输出端口。框选"LayerMask: Load BiRefNet Model V2(Advance)""BiRefNet Ultra V2""遮罩模糊生长"和"全局输入？"节点，按快捷键 Ctrl+G 创建分组框，并命名为"提示反推"，如图 3-42 所示。

步骤 ⑬ 在"加载图像"节点中加载一张汽车的参考图，在"中文提示词"节点中输入"红色汽车"。运行工作流，参考图中的蓝色汽车就被重绘成红色汽车，如图 3-43 所示。

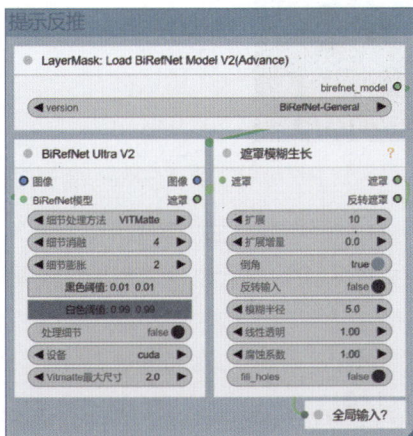

图 3-42

参考图像   重绘结果

图 3-43

步骤 14 现在使用的是 flux1-fill-dev 模型，该模型无法正常生成图像，因此我们需要对"高清放大"分组框中的节点进行一些改造。搜索并添加"UNET 加载器"节点，加载 flux1-dev-fp8 模型；继续搜索并添加"LoRA 加载器（仅模型）"节点，加载 flux1-Turbo-alpha 模型。

步骤 15 接下来，把"LoRA 加载器（仅模型）"节点连接到"UNET 加载器"和"SD 放大"节点之间。改造完成的"高清放大"分组框如图 3-44 所示。

步骤 16 在"SD 放大"节点中把"降噪"参数设置为 0.35，"步数"参数为 4 后运行工作流，这样

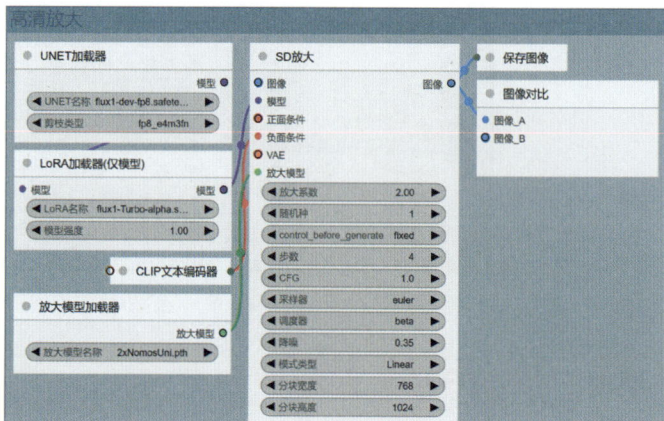

图 3-44

就能在放大图像的同时清除局部重绘后可能留下的痕迹，并修复生成结果中错误和模糊的细节，如图 3-45 所示。

图 3-45

步骤 17 这个工作流还可以用来重绘背景。我们更换一张人物的参考图，在"遮罩模糊生长"节点中把"反转输入"设置为 true，然后在"中文提示词"节点中输入想要的背景提示词。运行工作流，重绘的背景效果如图 3-46 所示。

步骤 18 我们在"遮罩模糊生长"节点中把"反转输入"设置为 false，并将"扩展"参数设置为 5，然后在"中文提示词"节点中输入"湖水"。再次运行工作流，多抽几次卡后还可以擦除参考图中的人物，如图 3-47 所示。

参考图像　　　　　　　　重绘结果

图 3-46　　　　　　　　　　　　　　　　　图 3-47

3.4　阿里妈妈局部重绘

完成工作流	附赠素材/工作流/03图生图/Flux-阿里妈妈局部重绘.json
参考图素材	附赠素材/参考图/03-07.png、03-08.png

上一节搭建的工作流虽然可以实现多种局部重绘功能，但重绘区域的精度有所下降，生成结果不够精细。本节将使用阿里妈妈的局部重绘模型搭建工作流。这个工作流不但可以实现上一个工作流的所有功能，还能得到更加逼真的重绘效果。

步骤 **01** 打开上一节搭建的工作流，在"加载图像"分组框中加载参考图后，用"全局输入"节点替换"全局输入 3"节点，并把该节点连接到"限制图像区域"节点的输出端口，如图 3-48 所示。

步骤 **02** 在"局部重绘"分组框中删除"遮罩模糊生长""内补模型条件"和"全局输入 3"节点。搜索并添加"局部重绘（缩放）"节点，然后将其"遮罩"输入端口连接到"BiRefNet Ultra V2"节点。

图 3-48

步骤 03 继续创建"局部重绘(裁剪)"节点,在"模式"菜单中选择forced size,把"遮罩模糊"
参数设置为 64,把"图像"和"遮罩"输入端口连接到"局部重绘(缩放)"节点上
如图 3-49 所示。

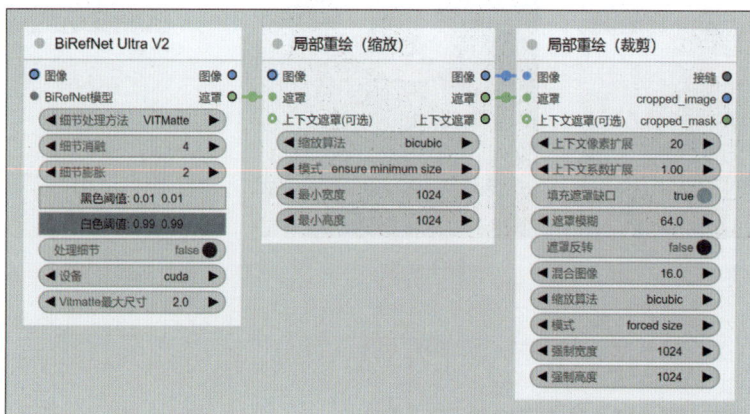

图 3-49

步骤 04 搜索并添加"ControlNet 应用_阿里妈妈局部重绘"节点,把两个"CLIP 文本编码
器"节点分别连接到新建节点的"正面条件"和"负面条件"输入端口。继续创建"全
局提示词"节点,并将其连接到"ControlNet 应用_阿里妈妈局部重绘"节点的输
出端口,如图 3-50 所示。

图 3-50

步骤 05 接下来,从"ControlNet 应用_阿里妈妈局部重绘"节点的 ControlNet 输入端口拖
出连线,创建"ControlNet 加载器"节点,加载 ontrolnet-Inpainting 模型。继续把"局
部重绘(裁剪)"节点的 cropped_image 和 cropped_mask 输出端口连接到"ControlNet
应用_阿里妈妈局部重绘"节点,如图 3-51 所示。

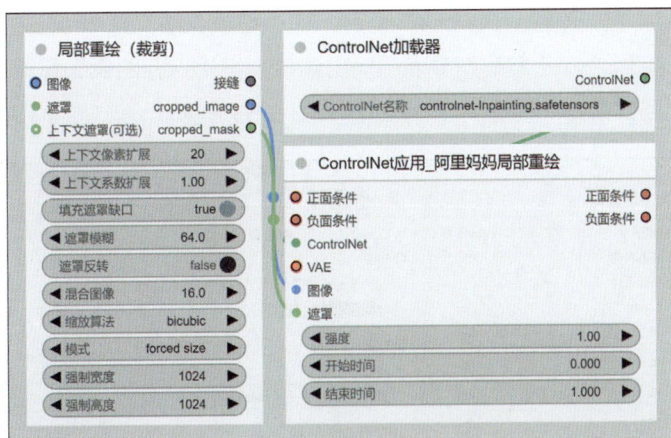

图 3-51

步骤 06 最后创建"全局输入"节点，并将其连接到"局部重绘（裁剪）"节点的"接缝"输出端口，完成"局部重绘"分组框的改造，如图 3-52 所示。

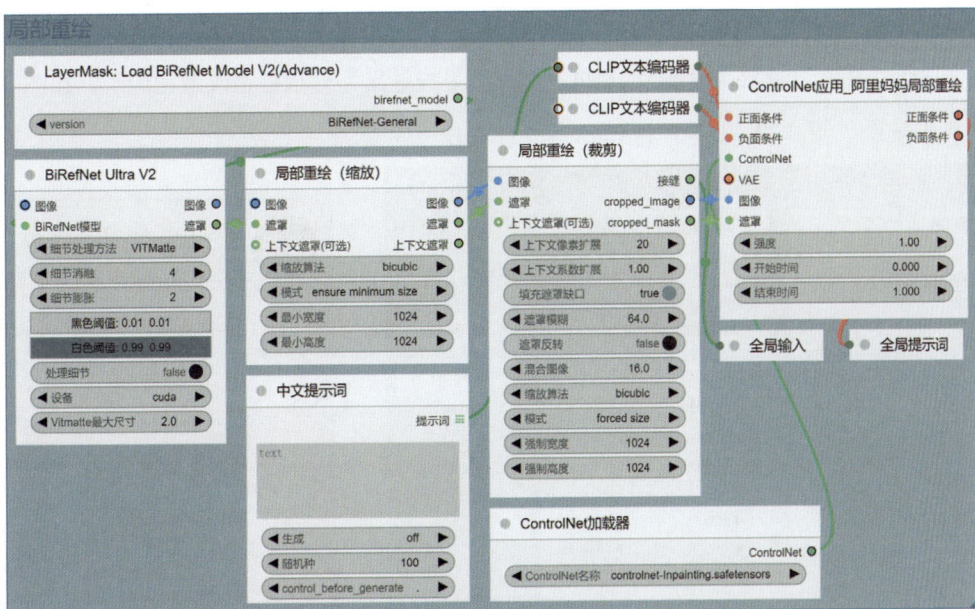

图 3-52

步骤 07 在"采样输出"分组框中删除"Flux Sampler Parameters"节点，然后创建"K 采样器"节点，依次把"步数"参数设置为 8，把 CFG 参数设置为 1，把"调度器"参数设置为 simple。把"K 采样器"节点的输出端口连接到"VAE 解码"节点。

步骤 08 搜索并添加"局部重绘（接缝）"节点，在"缩放算法"菜单中选择 bilinear，然后将该节点连接到"VAE 解码"节点的输出端口。把"保存图像"和"全局输入?"节点连接到"局部重绘（接缝）"节点上，如图 3-53 所示。

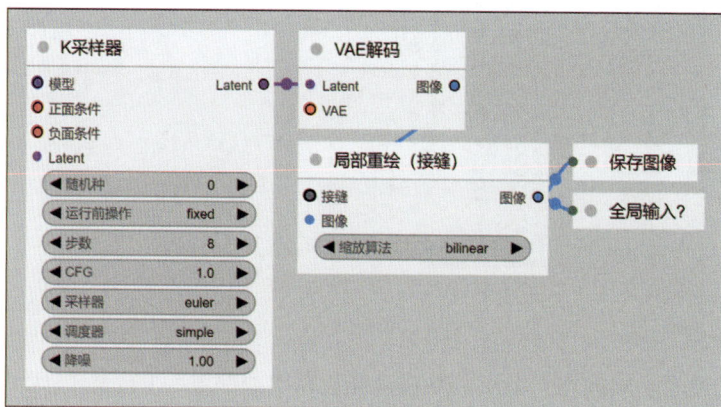

图 3-53

步骤 09 从"K 采样器"节点的 Latent 输入端口拖出连线，创建"空 Latent"节点，把"宽度"和"高度"参数均设置为 1024，这样"采样输出"分组框也改造完成了，如图 3-54 所示。

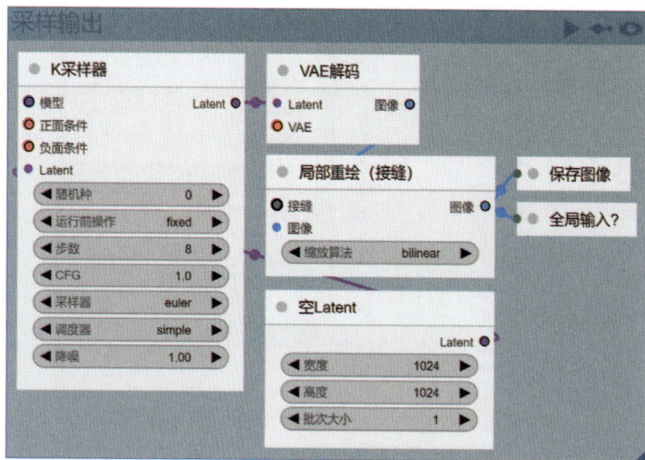

图 3-54

> **提示** "局部重绘（裁剪）"节点能把遮罩区域的图像提取出来，在采样过程中只重绘提取出来的区域，然后通过"局部重绘（接缝）"节点把生成结果拼接回参考图上，所以重绘范围以外的区域不会发生变化。

步骤 10 在"高清放大"分组框中删除"UNET 加载器"和"LoRA 加载器（仅模型）"节点，从"SD 放大"节点的"正面条件"端口拖出连线，创建"CLIP 文本编码器"节点。。在"SD 放大"节点中把"降噪"参数设置为 0.25，如图 3-55 所示。

图 3-55

步骤 ⑪ 工作流创建完成后，在"加载模型"分组框的"UNET加载器"节点中选择 flux1-dev-fp8 模型，在"中文提示词"节点中输入"汉堡包"。在"局部重绘"分组框的"ControlNet应用_阿里妈妈局部重绘"节点中把"强度"和"结束时间"参数均设置为 0.6。

步骤 ⑫ 运行工作流，重绘的效果如图 3-56 所示。可以看到，这个工作流的重绘质量非常高，背景区域不会改变，而且基本看不到接缝。

步骤 ⑬ 如果想让汉堡大一些，可以在"局部重绘"分组框中搜索并添加"遮罩扩张"节点，把"反转遮罩"设置为 false。把新建的节点连接到"局部重绘（裁剪）"和"ControlNet应用_阿里妈妈局部重绘"节点之间，然后利用"遮罩扩张"节点中的"扩张"参数控制遮罩的尺寸，遮罩的尺寸越大，重绘的汉堡也就越大，如图 3-57 所示。

参考图像　　　　　　重绘结果　　　　　　扩张 =30　　　　　　扩张 =70

图 3-56　　　　　　　　　　　　　　图 3-57

步骤 ⑭ 在"加载图像"节点中更换一张参考图。利用这个工作流更换背景时,我们最好创建一个"遮罩反转"节点,并将新建的节点连接到"BiRefNet Ultra V2"和"局部重绘(缩放)"节点之间,而不是在"局部重绘(裁剪)"节点中开启"遮罩反转"。

步骤 ⑮ 输出想要的背景提示词后运行工作流,更换背景的结果如图 3-58 所示。从生成结果上看,阿里妈妈的背景重绘的质量比 flux1-fill-dev 模型高很多,而且更具变化性。

参考图像　　　　　　　　　　重绘背景

图 3-58

步骤 ⑯ 当 "ControlNet 应用 _ 阿里妈妈局部重绘"节点中的"强度"参数为 0.4 时,重绘区域和参考图的交界处会出现明显的融合痕迹;而当"强度"参数为 0.8 时,容易出现过拟合的现象。大多数情况下,该数值设置为 0.6 左右,可以得到比较理想的效果,如图 3-59 所示。

强度 =0.4　　　　　　　　强度 =0.6　　　　　　　　强度 =0.8

图 3-59

3.5 外绘扩图工作流

完成工作流	附赠素材/工作流/03图生图/Flux-Fill外绘扩图.json
参考图素材	附赠素材/参考图/03-09.png

Flux Tools 中的 Fill 模型不但可以用来进行局部重绘，还能扩展参考图的幅面大小，并填充和参考图一致的内容。

步骤01 打开"Flux-Fill 局部重绘"工作流，删除"提示反推"分组框以及其中的所有节点；把"局部重绘"分组框重命名为"外绘扩图"，然后删除该分组框中的"中文提示词"节点。创建"外补画板"节点，并把新建节点的"图像"和"遮罩"输出端口连接到"内补模型条件"节点，如图 3-60 所示。

步骤02 接下来创建反推提示词节点，它会自动根据参考图生成提示词。在"CLIP 文本编码器"节点上右击，在弹出的快捷菜单中选择"转换为输入/Convert text to input"命令，将文本输入框转换为输入端口。搜索并添加"Joy Caption Two"节点，在 caption_length 菜单中选择 short。

步骤03 从新建节点的 joy_two_pipeline 输入端口拖出连线，创建"Joy Caption Two Load"节点。把"Joy Caption Two"节点的输出端口连接到"CLIP 文本编码器"节点，如图 3-61 所示。

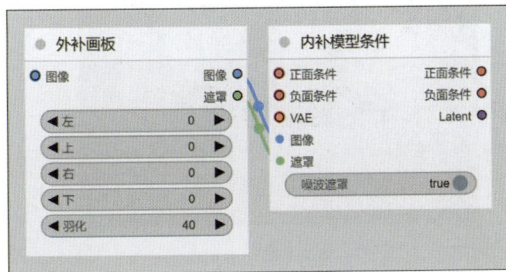

图 3-60

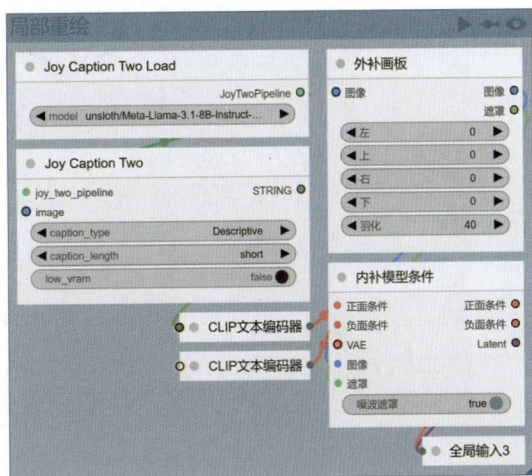

图 3-61

步骤04 加载需要扩展的参考图，确认"UNET 加载器"中加载的是 flux1-fill-dve 模型，把"Flux Sampler Parameters"节点中的 guidance 参数设置为 30。在"外补画板"中把"左"和"右"参数设置为 200 后运行工作流，便可根据参考图四周的画面特征生成与其相符的新内容，从而实现扩展画布的效果，如图 3-62 所示。

图 3-62

提示 如果需要扩展的幅面尺寸很大，我们最好先沿着参考图的宽度或高度方向进行一次扩图，然后扩展另外一个方向。这样既能降低一次性生成大尺寸图像给显存带来的压力，减少像素密度下降造成的画面模糊，又能提高出图的稳定性，避免出现画框、门窗框等元素。

步骤05 在"保存图像"节点上右击，选择"发送到工作流/当前工作流"命令，把生成结果发送到"加载图像"节点。在"外补画板"中把"左"和"右"参数设置为 0，把"上"和"下"参数设置为 200 后，再次运行工作流，效果如图 3-63 所示。

参考图像   扩图结果

图 3-63

🏁 3.6 Redux 工作流

完成工作流	附赠素材/工作流/03图生图/Flux-Redux.json
参考图素材	附赠素材/参考图/03-10.png~03-13.png

作为 Flux Tools 中的一员，Redux 是一个基于 Flux 基础模型的图像变化生成适配器。简单来说，它的作用和后面要讲的 IPAdapter 差不多，都是把输入的图像作为参考，得到画风、形象和构图类似的生成结果。

步骤 01 打开"Flux- 基础图生图"工作流，把"提示词"分组框命名为 Redux，接下来搜索并添加"StyleModelApplySimple"节点，把新建节点的 conditioning 输入端口连接到"CLIP 文本编码器"节点上，如图 3-64 所示。

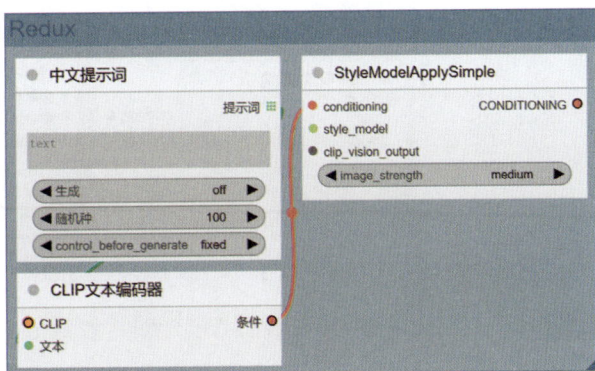

图 3-64

步骤 02 从"StyleModelApplySimple"节点的 style_model 输入端口拖出连线，创建"风格模型加载器"节点，加载 flux1-redux-dev 模型。继续从 clip_vision_output 输入端口拖出连线，创建"CLIP 视觉编码"节点，如图 3-65 所示。

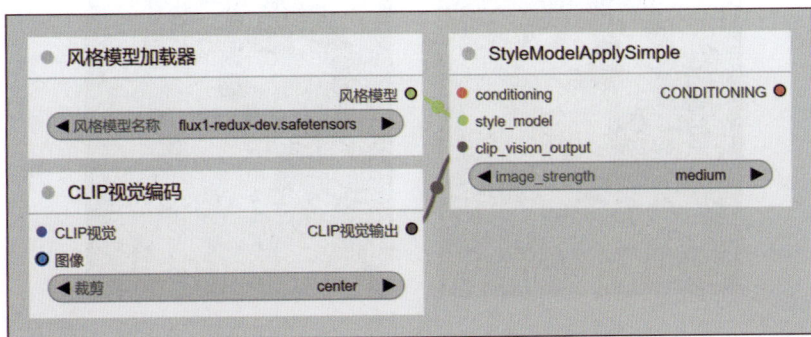

图 3-65

步骤 **03** 从"CLIP 视觉编码"节点的"CLIP 视觉"输入端口拖出连线,创建"CLIP 视觉加载器"节点。把"全局输入"节点连接到"StyleModelApplySimple"节点,完成分组框的改造,如图 3-66 所示。

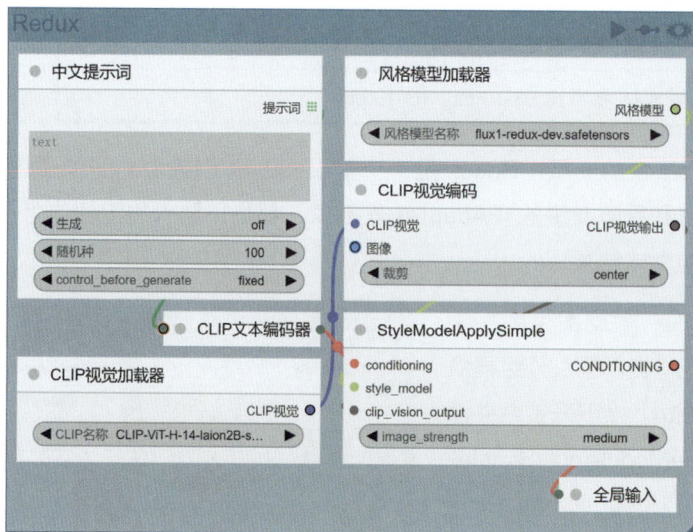

图 3-66

步骤 **04** 在"CLIP 视觉加载器"节点中加载 sigclip_vision_patch14_384 模型;在"Flux Sampler Parameters"节点中把 guidance 参数设置为 3.5,把 denoise 参数设置为 1。现在运行工作流,就能得到和参考图非常接近的生成结果,如图 3-67 所示。

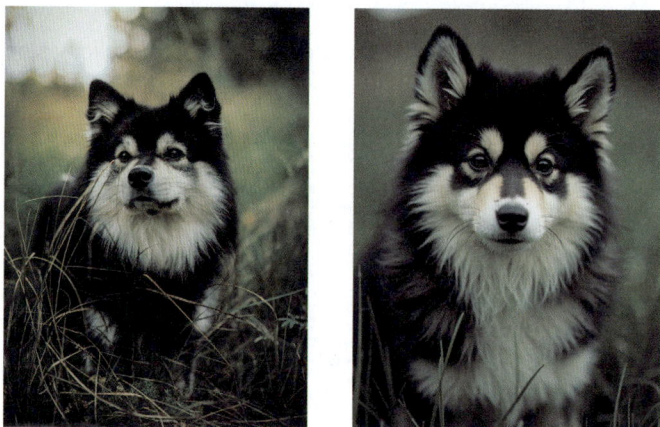

参考图像　　　　　　　　　生成结果

图 3-67

步骤 **05**　Redux 的原理是把参考图上的画面内容转换成提示词。我们在"中文提示词"节点中输入提示词 Illustration，在"StyleModelApplySimple"节点的 image_strength 菜单中选择不同的强度后分别生成图像。可以看到，控制强度越高，生成结果越接近参考图；控制强度越弱，提示词的画风越强烈，但参考图中的狗、草地和构图方式仍然可以保持很高的一致性，如图 3-68 所示。

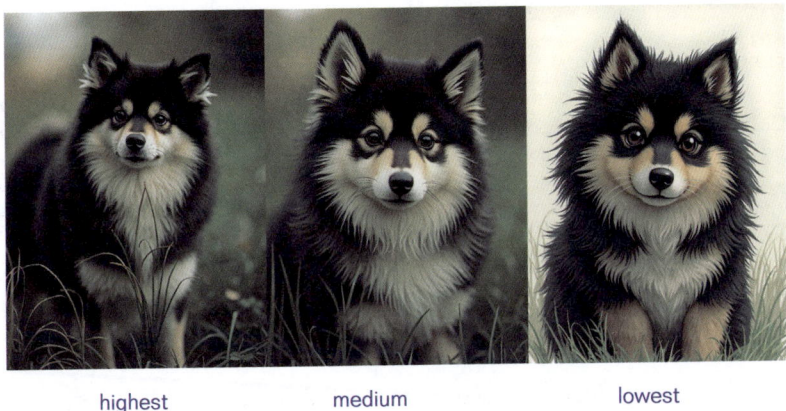

highest　　　　　　　medium　　　　　　　lowest

图 3-68

　　Flux-Redux-dev 模型的应用范围非常广，在不断的开发之下，衍生出来很多用法和自定义节点，我们只要稍微改造当前的工作流，就能利用多张参考图共同控制生成结果。

步骤 **06**　复制 Redux 分组框以及其中的所有节点。忽略复制前的分组框，接着在复制的分组框中删除"CLIP 视觉编码"和"StyleModelApplySimple"节点，接着搜索并添加"ReduxAdvanced"节点。把"风格模型加载器""CLIP 视觉加载器"和"CLIP 文本编码器"节点的输出端口分别连接到新建的节点，如图 3-69 所示。

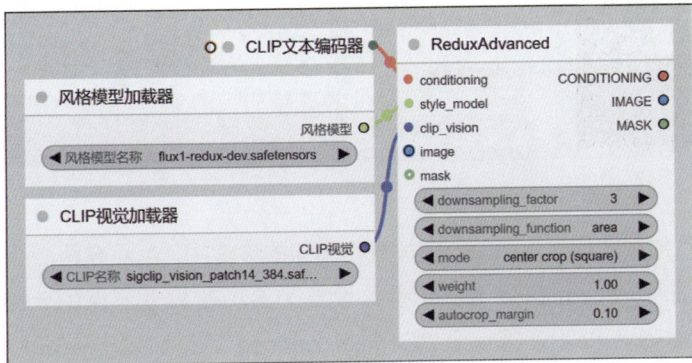

图 3-69

步骤 07　接下来，复制"ReduxAdvanced"节点，把"ReduxAdvanced""风格模型加载器"和"CLIP 视觉加载器"节点的输出端口分别连接到复制的节点。把"全局输入"节点连接到复制的节点，如图 3-70 所示。

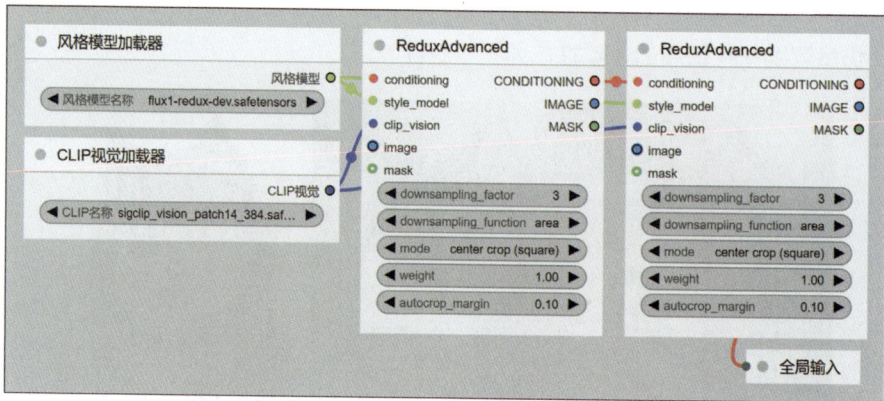

图 3-70

步骤 08　从第一个"ReduxAdvanced"节点的 image 输入端口拖出连线，创建"加载图像"节点。修改完成的分组框如图 3-71 所示。

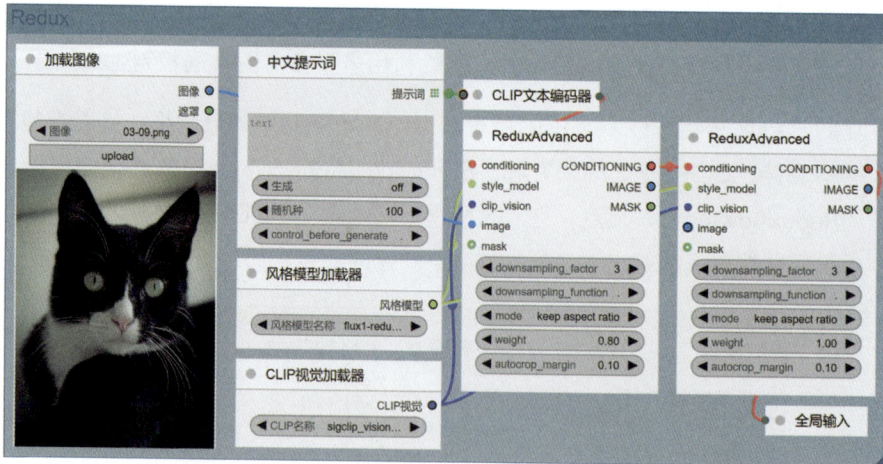

图 3-71

步骤 09　在两个"加载图像"节点中分别加载狗和猫的参考图，然后在两个"ReduxAdvanced"节点中把 downsampling_factor 参数设置为 3，在两个节点的 mode 菜单中都选择keep aspect ratio。在第一个"ReduxAdvanced"节点中把 weight 参数设置为 0.8。运行工作流，两个参考图上的特征就能融合到一起，如图 3-72 所示。

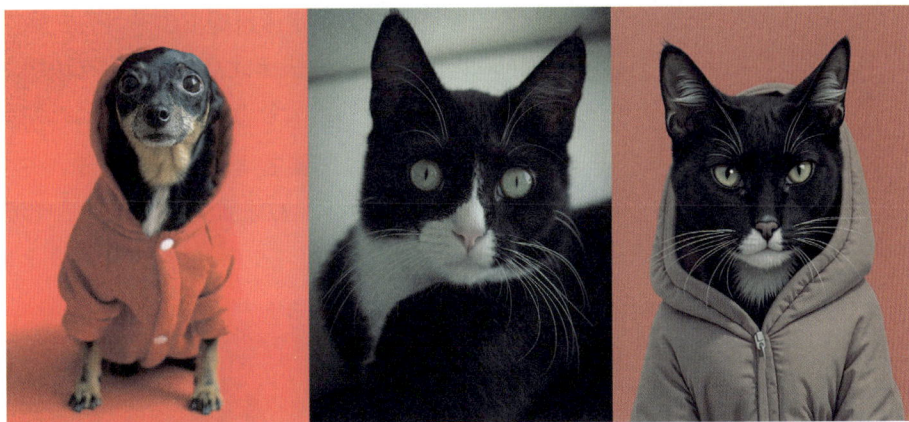

参考图 1　　　　　　　　参考图 2　　　　　　　　生成结果

图 3-72

提示 downsampling_factor 参数对应着"StyleModelApplySimple"节点中的 image_strength 参数。数值 1 对应 highest，数值 5 对应 lowest，6~9 则是更低的控制强度。

步骤10 如果想要得到更加可控的融合效果，可以在第二个"加载图像"节点上右击，选择"在遮罩编辑器中打开"命令。把猫的面部涂上遮罩，遮罩区域是保留的参考区域。把第二个"加载图像"节点的"遮罩"输出端口连接到第一个"ReduxAdvanced"节点。在"CLIP 文本编码器"节点中输入 illustration，再次运行工作流，参考图中的狗就被替换成了猫，如图 3-73 所示。

遮罩区域　　　　　　　　生成结果

图 3-73

步骤⑪ 使用一张参考图时，还可以通过遮罩把图像中的特定形象提取出来。选中第二个"加载图像"和第一个"ReduxAdvanced"节点后，按快捷键 Ctrl+B 忽略节点。把第一个"加载图像"节点的"遮罩"输出端口连接到第二个"ReduxAdvanced"节点。

步骤⑫ 更换参考图像后，打开遮罩编辑器，画出想要提取的人物遮罩。在第二个"ReduxAdvanced"节点把 downsampling_factor 参数设置为 1 后运行工作流，效果如图 3-74 所示。

参考图像   遮罩区域   生成结果

图 3-74

3.7 IPAdapter 流程

完成工作流	附赠素材/工作流/03图生图/Flux-IPAdapter.json
参考图素材	附赠素材/参考图/03-14.png~03-16.png

IPAdapter 和 ControlNet 是 Stable Diffusion 最重要的两个自定义节点，它们的出现让 Stable Diffusion 从完全随机的玩具变成了实用可控的生产力工具。IPAdapter 的作用和上一节的 Redux 一样，其最主要的功能是风格参考。相较而言，Redux 的控制力更强，更适合在电商领域进行服装、商品等对象的外观转移；而 IPAdapter 的控制力更加灵活，更适合艺术形式和艺术风格的迁移。

步骤① 打开"02 文生图 /Flux- 优化文生图"工作流，删除"加速生成"分组框中的所有节点，然后把分组框重命名为 IPAdapter。在该分组框中搜索并添加"Apply IPAdapter Flux Model"节点，从新建节点的 ipadapter_flux 输入端口拖出连线，创建"Load IPAdapter Flux Model"节点。

步骤 02 继续搜索并添加"全局输入？"节点，在其 group_regex 中输入"采样输出"，把新建的节点连接到"Apply IPAdapter Flux Model"节点的输出端口，如图 3-75 所示。

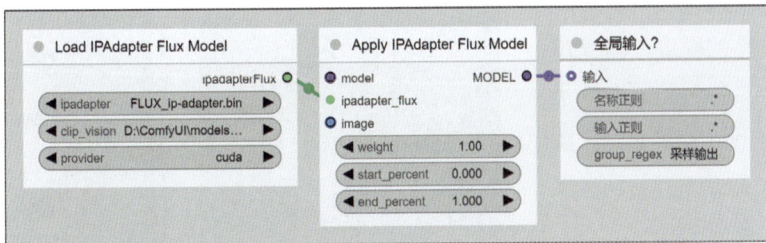

图 3-75

步骤 03 创建"限制图像区域"节点，并将其连接到"Apply IPAdapter Flux Model"节点的 image 输入端口。继续创建"加载图像"节点，载入参考图后将其连接到"限制图像区域"节点，工作流就创建完成了，如图 3-76 所示。

图 3-76

从 IPAdapter 模块在工作流中的位置可以看出，IPAdapter 其实就是在大模型中插入一个额外的神经网络，其用法和作用都类似于 LoRA 模型。加载一张参考图后，在"UNET 加载器"节点中加载大模型，各种版本的 Flux 模型和基于 Flux 的微调模型均可使用，LoRA 加速模型也可以正常添加。

利用提示词输入自己想要的画面内容，运行工作流，就能得到和参考图的画风一致的生成结果，如图 3-77 所示。

"Apply IPAdapter Flux Model" 节点中的 weight 参数决定了风格迁移的程度，其值越低，对参考图的影响也就越低。weight 参数不同数值的对比效果如图 3-78 所示。

参考图像　　　　　　　生成结果

图 3-77

weight:0.4　　　　　　weight:0.6　　　　　　weight:0.8

图 3-78

步骤 04 IPAdapter 也可以使用两张或更多的参考图共同控制生成结果。复制一个 "Apply IPAdapter Flux Model" 节点，然后把两个 "Apply IPAdapter Flux Model" 节点的 model 端口连接起来，把 "Load IPAdapter Flux Model" 节点连接到复制的节点。继续从复制节点的 image 输入端口拖出连线，创建 "加载图像" 节点，如图 3-79 所示。

> **提示** "Apply IPAdapter Flux Model" 节点中的 start_percent 和 end_percent 参数用于微调 IPAdapter 模型的参考程度。

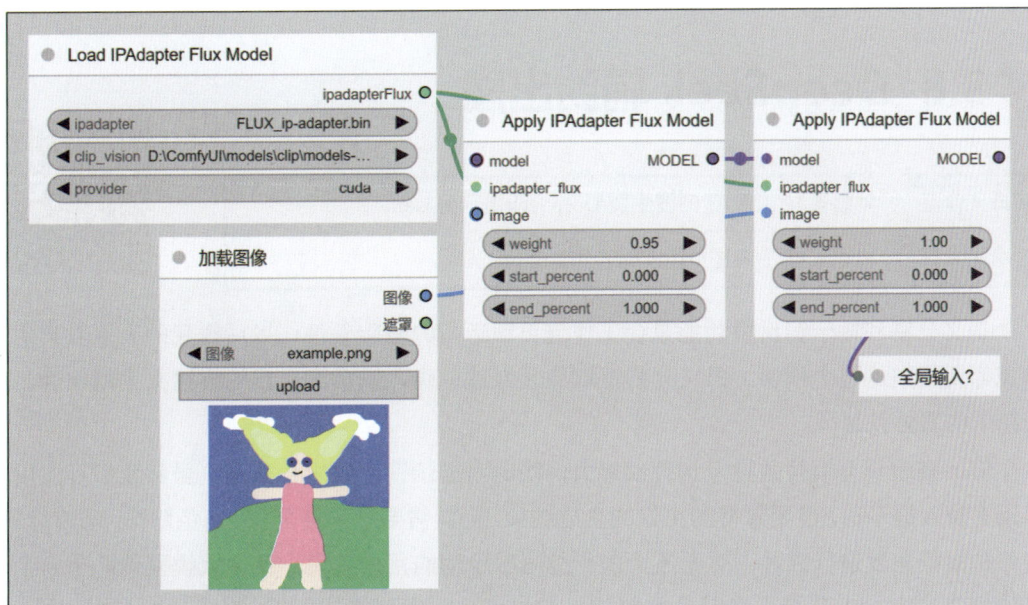

图 3-79

步骤 05 在两个"加载图像"节点中分别载入一张参考图,在第一个"Apply IPAdapter Flux Model"节点中把 weight 参数设置为 0.95。用提示词描述想要的生成结果后运行工作流,两张参考图的特征和风格就会融合到一起,如图 3-80 所示。

参考图 1   参考图 2   生成结果

图 3-80

3.8 DeepSeek 辅助出图

完成工作流	附赠素材/工作流/03图生图/DeepSeek提示词.json
参考图素材	附赠素材/参考图/03-09.png、03-10.png

语义分割和提示词反推功能是让工作流自动运行的基础条件，以后搭建的大多数实用工作流都要用到这两个模块。语义分割抠取的区域越精确，提示词反推的描述文字越准确，生成结果的质量就越高。

Flux 模型具有很强的提示词理解能力，同时对提示词的要求也很高。虽然我们可以用自然语言输入提示词，但要想得到更好的生成结果，仍然需要从风格画质、角色服饰、环境背景、镜头构图等角度进行描述。对于不太擅长编写提示词的用户来说，使用大模型辅助是一个很好的解决方案。本节将把当前非常热门的 DeepSeek 模型集成到 ComfyUI 中，利用这个模型反推和扩写提示词。

步骤 01 打开"02 文生图/FLUX-优化文生图"工作流，在"中文提示词"节点上右击，在弹出的快捷菜单中选择"转换为输入/Convert text to input"命令，将文本输入框转换为输入端口。搜索并添加"Janus Image Understanding"节点，把新建节点的输出端口连接到"中文提示词"节点上，如图 3-81 所示。

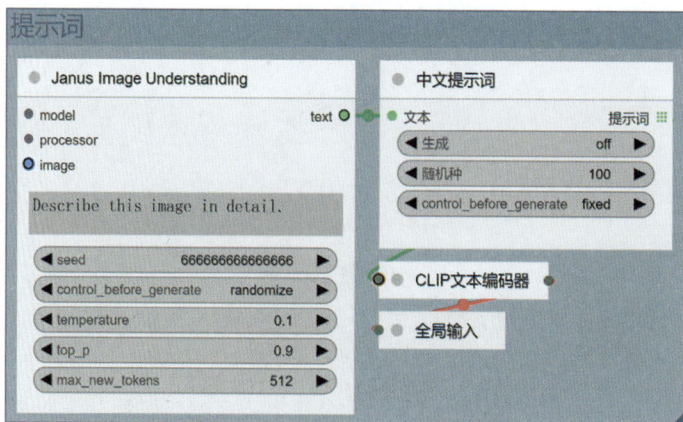

图 3-81

步骤 02 从"Janus Image Understanding"节点的 model 输入端口拖出连线，创建"Janus

Model Loader"节点，然后把这两个节点的processor端口连接起来。接下来从"Janus Image Understanding"节点的 image 输入端口拖连线，创建"加载图像"节点，然后载入参考图，如图 3-82 所示。

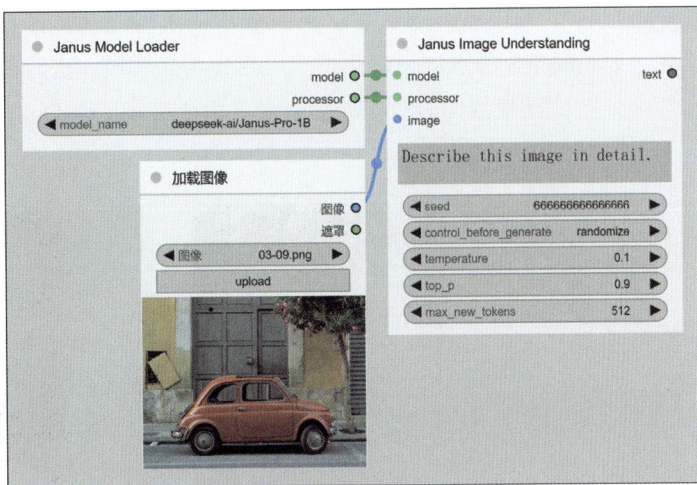

图 3-82

提示 在"Janus Model Loader"节点的 model_name 菜单中可以选择 deepseek-ai/Janus-pro-1B 和 deepseek-ai/Janus-pro-7B 两个模型，其中 7B 模型的质量更高，但需要占用大量显存资源。对于反推提示词和提示词润色来说，使用 1B 模型足以满足需求。

步骤03 这样工作流就改造完成了。我们先测试一下反推提示词的质量，忽略"采样输出"和"高清放大"分组框，创建"展示文本"节点后将其连接到"Janus Image Understanding"节点的输出端口，运行工作流就能看到反推出来的文本。

步骤04 在"Janus Image Understanding"节点的文本框中，默认已经写好了提示语，如果想用中文查看结果，可以在提示语后面加上"用中文输出"，如图 3-83 所示。

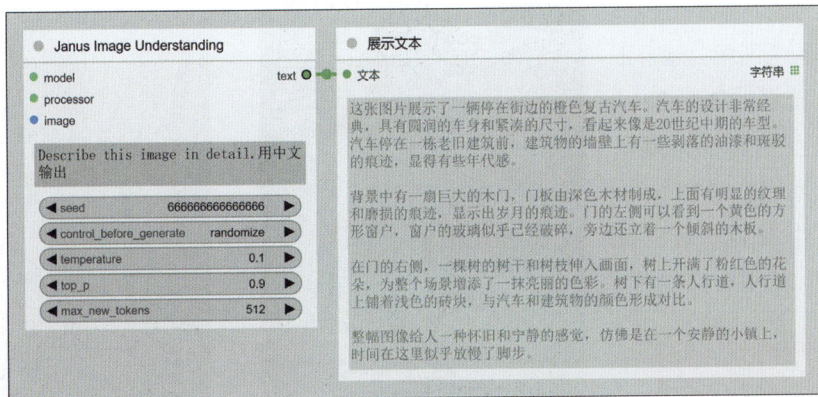

图 3-83

步骤05 接下来，我们用反推出来的提示词生成图像。开启"采样输出"分组框，在"空Latent"节点中设置生成尺寸后运行工作流，生成结果如图 3-84 所示。可以看到，生成结果的内容与参考图一致，由此可以证明 DeepSeek 的反推能力和 Flux 模型的理解能力。

参考图像　　　　　　　　　　　　　　　　　　　生成结果

图 3-84

步骤06 除了反推提示词以外，DeepSeek 模型还可以扩写和润色提示词。比如我们想画一个跳舞的女孩，可以在"Janus Image Understanding"节点中输入以下提示语：

根据我输入的 AI 绘画提示词进行专业润色和扩写，用英文输出结果，从人物形象、人物动作、环境、整体色调进行描述，描写非常详细，只输出结果，以下是我的 AI 绘画提示词：一个跳舞的女孩。

步骤07 为了避免参考图产生干扰，我们上传一幅纯色图像。运行工作流后，DeepSeek 模型就会根据要求替我们扩写提示词，并生成高质量的图像，如图 3-85 所示。

图 3-85

步骤 08 当前的工作流还可以继续优化。搜索并添加"SDXLPreview 风格化提示词"和"文本联结"节点，在"文本联结"节点的"分隔符"中输入英文逗号，然后把 text1 输入端口连接到"SDXLPreview 风格化提示词"节点的"正面条件"输出端口。把"文本联结"节点的"字符串"输出端口连接到"CLIP 文本编码器"节点，如图 3-86 所示。

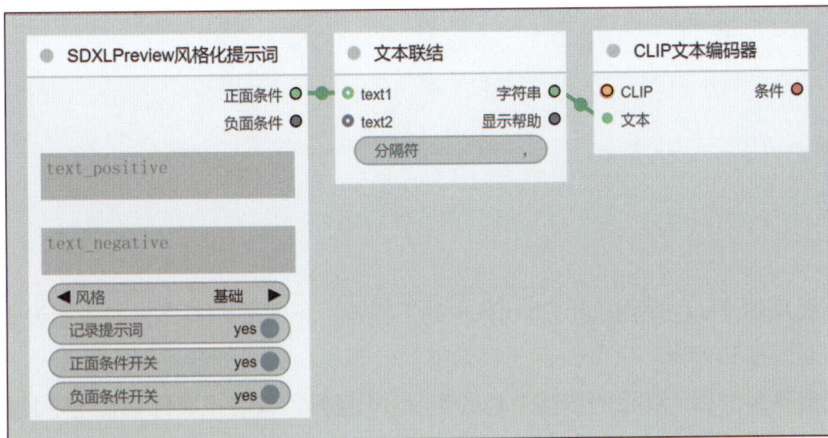

图 3-86

步骤 09 把"Janus Image Understanding"节点的输出端口连接到"文本联结"节点的"text2"输入端口。现在，我们只需在"SDXLPreview 风格化提示词"节点的"风格"菜单中选择一种艺术形式或者风格，就能轻松生成不同风格的图像，如图 3-87 所示。

图 3-87

第 **4** 章

Chapter

AI 摄影工作流

AI 摄影与创意设计：
Stable Diffusion-ComfyUI

使用高画质的 Flux 模型配合 ComfyUI 的工作流，不需要购买昂贵的摄影设备、准备服装灯光、布置影棚和外景，只需一台显存足够的计算机，就能源源不断地批量生产影楼级别的照片。相信不久之后，真正的影楼中也会出现 AI 摄影，或者把实际拍摄与 AI 摄影结合起来的服务项目。在本章中，我们将搭建一系列与人像摄影有关的工作流，利用这些工作流可以实现各种各样的 AI 人像摄影需求。

▓ 4.1 写真模特生产线

完成工作流	附赠素材/工作流/04AI摄影/Flux-写真模特.json
参考图素材	附赠素材/参考图/04-01.png

AI 摄影的第一步是生成分辨率足够且没有瑕疵的模特底图，本例中我们将使用 Flux 模型搭建一个专门用来生成高清人像的工作流。我们首先会搭建常规的 Flux 文生图工作流，在 LoRA 模型的辅助下获取特定服饰的人物形象。然后对工作流进行扩展，添加提示词反推和 Flux Tools 中的 Redux 模型，利用参考图获得稳定的画面构图和角色姿势。最后创建放大效果更好的 TTP 节点组，获得影楼级别的超清图像。

1 加载模型模块

这个工作流需要综合运用前面几章学习过的各种内容，为了检验一下学习效果，我们从零开始搭建。

步骤 01 首先搜索并添加"UNET 加载器""双 CLIP 加载器"和"VAE 加载器"节点，在这 3 个节点载入生成图像所需的基础模型。然后添加"强力 LoRA 加载器"节点，并将其连接到"UNET 加载器"和"双 CLIP 加载器"节点。

步骤 02 假设我们想生成穿汉服的美女的图像，就在模型下载网站挑选一个服饰风格满意并且基于 Flux 的 LoRA 模型。安装好模型后刷新 ComfyUI 页面，在"强力 LoRA 加载器"节点中单击"Add Lora"按钮，添加汉服 LoRA 模型，把 Strength 参数设置为 0.8。再次单击"Add Lora"按钮，添加"F1 手部稳定器"模型，把 Strength 参数设置为 0.5。搜索并添加"全局输入 3"节点，将其连接到"强力 LoRA 加载器"和"VAE 加载器"节点，如图 4-1 所示。

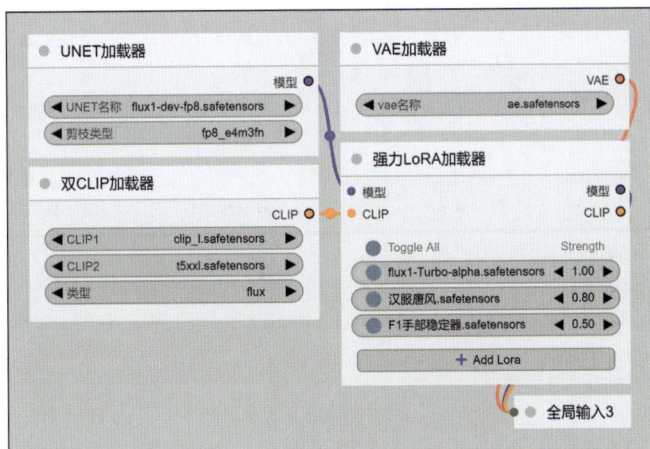

图 4-1

步骤 03 选中所有节点后按快捷键 Ctrl+G 创建分组框，并命名为"加载模型"，如图 4-2 所示。

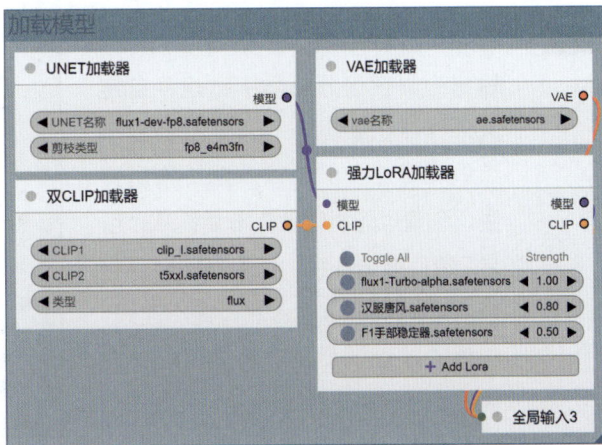

图 4-2

2 提示词模块

新建一个分组框,并命名为"提示词"。在该分组框中创建"CLIP 文本编码器"和"中文提示词"节点。在"CLIP 文本编码器"节点上右击,选择"转换为输入 /Couvert text to input"命令,将文本输入框转换为输入端口,然后连接到"中文提示词"节点。接下来创建"空 Latent"节点,把"宽度"参数设置为 768,把"高度"参数设置为 1024。继续创建"全局输入 3"节点,并将其连接到"CLIP 文本编码器"和"空 Latent"节点的输出端口,如图 4-3 所示。

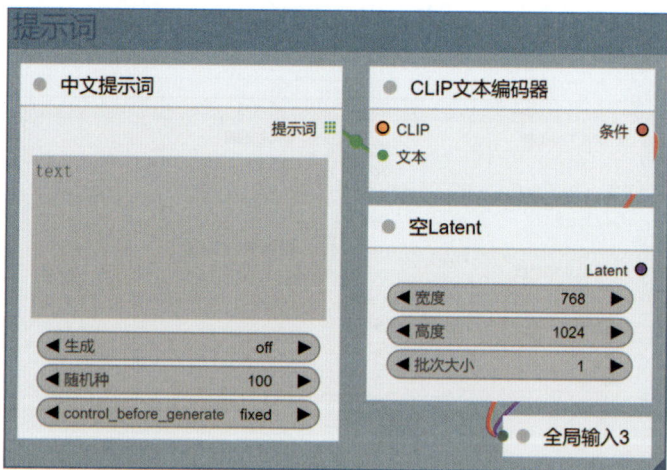

图 4-3

3 采样输出模块

步骤 01 新建一个分组框,并命名为"采样输出"。在该分组框中创建"自定义采样器(高级)"节点,从新建节点的"噪波生成"输入端口拖出连线,创建"随机噪波"节点;从"引导"端口拖出连线,创建"基础引导"节点。从 Sigmas 输入端口拖出连线,创建"基础调度器"节点,在"调度器"菜单中选择 simple,设置"步数"为 8,如图 4-4 所示。

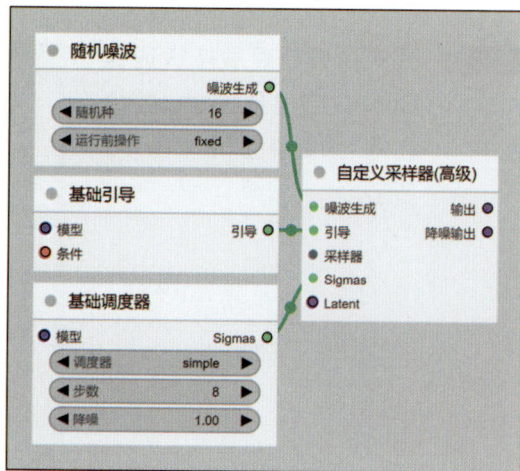

图 4-4

步骤 02 从"自定义采样器（高级）"节点"采样器"输入端口拖出连线，创建"K 采样器选择"节点。搜索并添加"Lying Sigma Sampler"节点，把 dishonesty_factor 参数设置为 0，然后把该节点连接到"K 采样器选择"和"自定义采样器（高级）"节点之间。从"自定义采样器（高级）"节点的"输出"端口拖出连线，创建"VAE 解码"节点。继续创建"保存图像"节点，完成采样输出模块节点的创建，如图 4-5 所示。

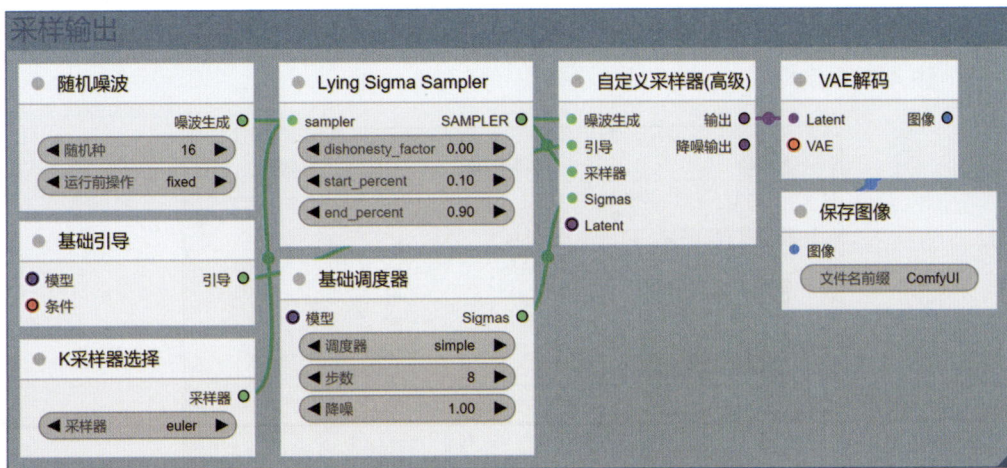

图 4-5

提示 本例之所以使用"自定义采样器（高级）"节点，主要是为了通过"Lying Sigma Sampler"节点微调生成结果的细节。

步骤 03 基础文生图工作流创建完成后，在"中文提示词"节点中输入描述画面内容的提示词和 LoRA 模型的触发词，后运行工作流，生成结果如图 4-6 所示。

图 4-6

4 风格参考模块

现在的生成结果非常依赖用户的提示词编写能力，而且需要大量抽卡才能得到符合预期的效果。要想提高效率，最好的办法是利用一张图像为生成结果提供参考。

步骤 01　新建一个分组框，并命名为"风格参考"。在该分组框中创建"加载图像"节点，上传一张汉服模特的参考图。创建"限制图像区域"节点，然后将其连接到"加载图像"节点。继续创建"VAE编码"节点，将其连接到"限制图像区域"节点，如图 4-7 所示。

图 4-7

步骤 02　接下来创建反推提示词节点组。搜索并添加"Joy Caption Two"节点，在 caption_length 菜单中选择 medium-length，然后将该节点连接到"限制图像区域"节点。从"Joy Caption Two"节点的 joy_two_pipeline 输入端口拖出连线，创建"Joy Caption Two Load"节点，如图 4-8 所示。

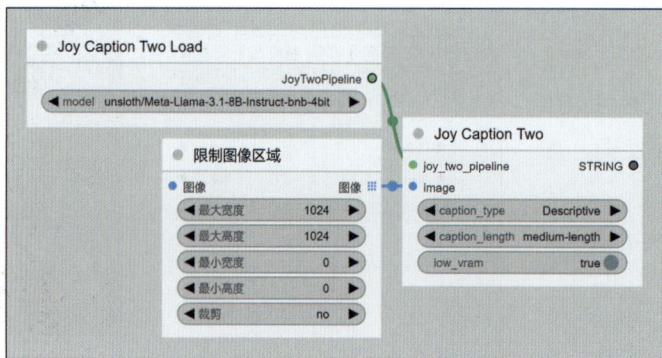

图 4-8

步骤 03 创建"简易字符串"节点，输入 LoRA 模型的触发词。继续创建"文本联结"节点，在"分隔符"中输入英文逗号。然后把"Joy Caption Two"和"简易字符串"节点连接到"文本联结"节点。接下来创建"CLIP 文本编码器"节点，把节点的文本输入框转换成输入端口后，连接到"文本联结"节点的"字符串"输出端口，如图 4-9 所示。

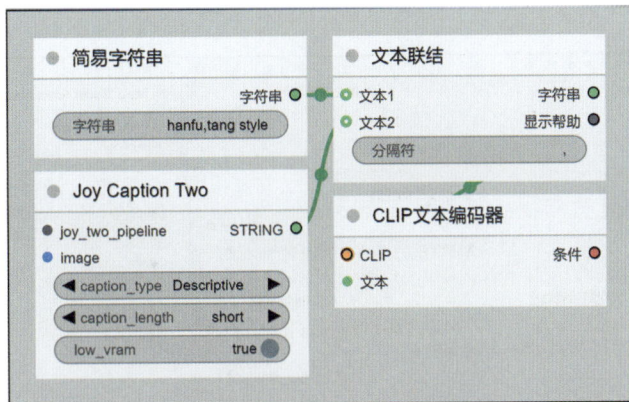

图 4-9

步骤 04 创建"全局输入 3"节点，并将其连接到"CLIP 文本编码器"节点。创建一个"忽略多框"节点，忽略"提示词"分组框。现在运行工作流，在提示词的辅助下，就能得到和参考图比较接近的生成结果，如图 4-10 所示。

参考图像

生成结果

图 4-10

步骤 05 要想让生成结果更加接近参考图，我们还可以利用 Flux Tools 中的 Redux 模型迁移人物形象和画风。搜索并添加"Style Model Advanced Apply"节点，依次把它的 style_weight 参数设置为 0，把 content_weight 参数设置为 0.65，把 structure_weight 参数设置为 0.5，把 texture_weight 参数设置为 0.3。把"CLIP 文本编码器"节点的输出端口连接到新建的节点。

步骤 06 从"Style Model Advanced Apply"节点的 style_model 输入端口拖出连线，创建"风格模型加载器"节点，加载 flux1-redux-dev 模型。从 clip_vision_output 输入端口拖出连线，创建"CLIP 视觉编码"节点。继续从"CLIP 视觉编码"节点的"CLIP 视觉"输入端口创建"CLIP 视觉加载器"节点，加载 sigclip_vision_patch14_384 模型，如图 4-11 所示。

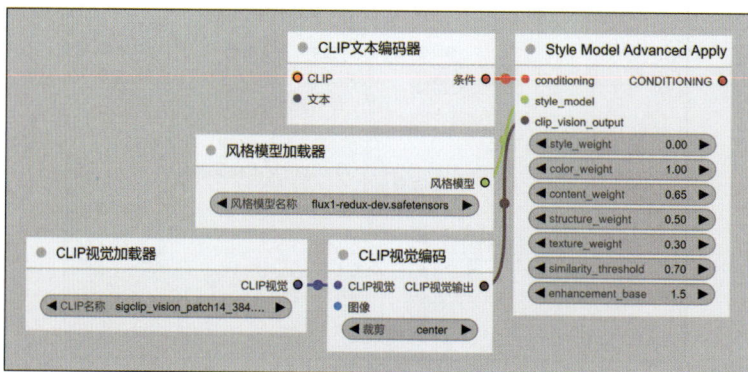

图 4-11

提示 利用"Style Model Advanced Apply"节点中的参数，可以分别控制风格、颜色、内容语义、结构和材质的权重。权重值越高，生成结果越接近参考图；降低权重值可以让 AI 有更大的发挥空间。我们可以根据实际需要灵活调整这几个参数，以获得更接近参考图或更具变化的生成结果。

步骤 07 把"限制图像区域"节点的输出端口连接到"CLIP 视觉编码"节点。创建"全局输入 3"节点，把"VAE 编码"和"Style Model Advanced Apply"节点的输出端口连接到新建的节点，完成风格参考模块的创建，如图 4-12 所示。

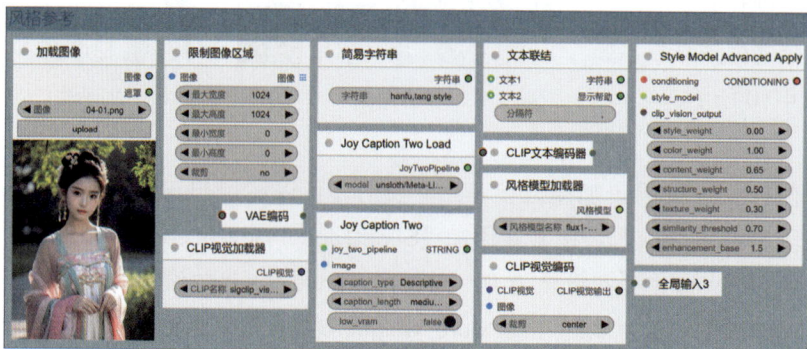

图 4-12

步骤 08 再次运行工作流，就能得到构图、色调、人物形象都与参考图非常接近的生成图像，如图 4-13 所示。

图 4-13

5 TTP 放大模块

当前生成的图像尺寸较小，而且服装上的细节有一些不合理的地方。最后，我们利用 Comfyui_TTP_Toolset 插件提供的节点进行高清放大。这个插件和 SD 放大插件类似，提供了分块放大功能，用户无须担心显存不足的问题，同时还能得到质量更高的放大效果。我们还可以将这个放大模块提取出来，制作成工作流，用于放大低分辨率图像或进行照片修复。

步骤 01 新建一个分组框，并命名为"高清放大"。在分组框中创建"TTP_Image_Tile_Batch"节点，然后右击节点，在"转换为输入"菜单中把 tile_width 和 tile_height 参数都转换成端口。继续创建"TTP_Tile_image_size"节点，把 overlap_rate 参数设置为 0.05 后，把两个节点连接起来，如图 4-14 所示。

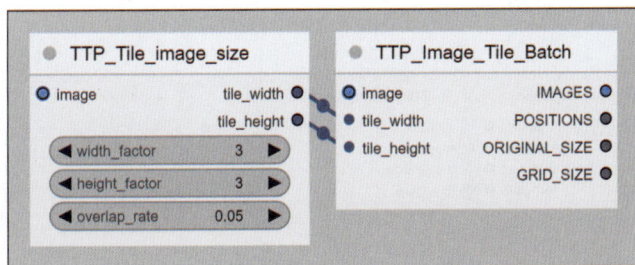

图 4-14

步骤 **02** 接下来,创建"图像通过模型放大"节点,把节点的输出端口连接到"TTP_Tile_image_size"和"TTP_Image_Tile_Batch"节点。从"图像通过模型放大"节点的"放大模型"输入端口拖出连线,创建"放大模型加载器"节点,加载 4xNomos8kDAT 模型。这几个节点会根据"TTP_Tile_image_size"节点中的设置参数,把采样输出分组框中的生成结果分割成 3×3 块,也就是 9 张小图,然后逐块进行放大重绘,如图 4-15 所示。

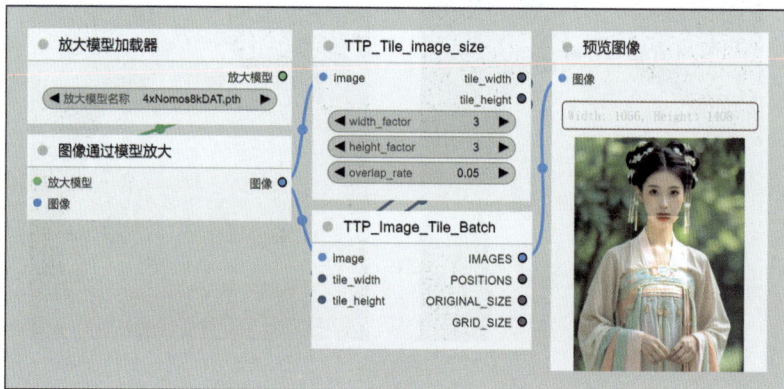

图 4-15

步骤 **03** 创建"TTP_Image_Assy"节点,把 padding 参数设置为 128,把除了 tiles 以外的所有端口全部连接到"TTP_Image_Tile_Batch"节点。继续创建"图像批次到图像列表"节点,并将其连接到"TTP_Image_Tile_Batch"节点的 IMAGES 输出端口。

步骤 **04** 接下来,创建"VAE 编码"和"Flux Sampler Parameters"节点,连接到"图像批次到图像列表"节点的后面。把"Flux Sampler Parameters"节点的 steps 参数设置为 4,把 denoise 参数设置为 0.4,如图 4-16 所示。

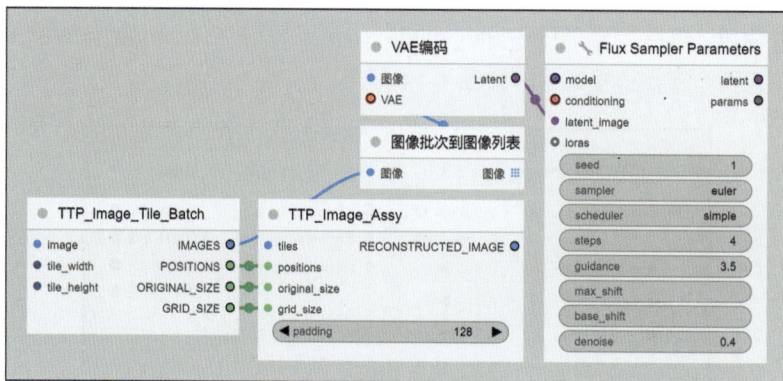

图 4-16

步骤 05 从"Flux Sampler Parameters"节点的conditioning输入端口拖出连线，创建"CLIP文本编码器"节点。继续创建"VAE分块解码"节点，把"分块尺寸"设置为1024后，将其连接到"Flux Sampler Parameters"节点。创建"图像列表到图像批次"节点，连接到"VAE分块解码"节点，如图4-17所示。

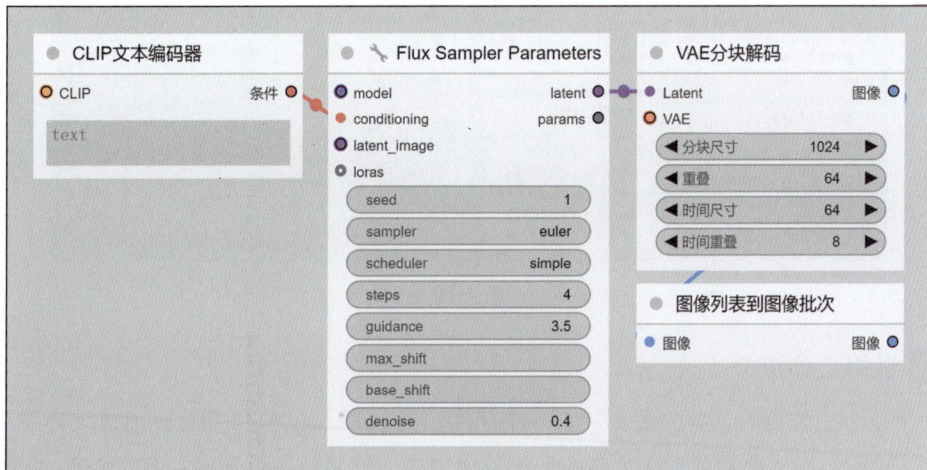

图 4-17

步骤 06 把"图像列表到图像批次"节点的输出端口连接到"TTP_Image_Assy"节点。创建"图像对比"和"保存图像"节点，把这两个节点都连接到"TTP_Image_Assy"节点，如图4-18示。

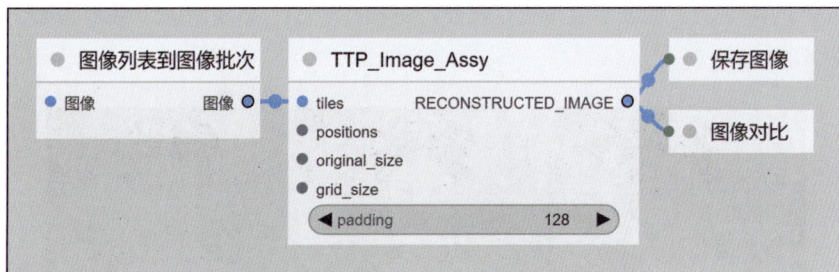

图 4-18

步骤 07 高清放大模块创建完成，如图4-19所示。为了方便在其他工作流中复用这个模块，我们选中分组框中的所有节点，在画布的空白处右击，选择"储存选中为模板"命令。

步骤 08 最后，在"采样输出"分组框中创建"全局输入？"节点，在其group_regex参数中输入"高清放大"，然后将该节点连接到"VAE解码"节点。

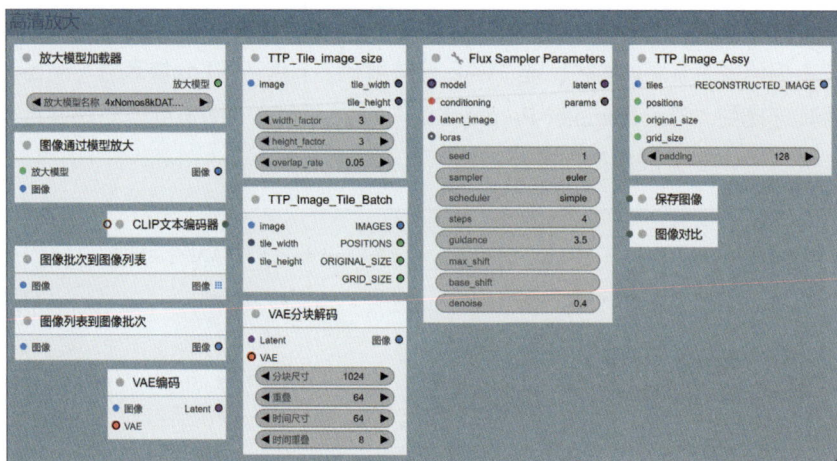

图 4-19

6 运用工作流

使用这个工作流时，首先需要注意一个问题，因为 Flux 模型和 TTP 高清放大对显卡性能的要求比较高，所以在需要生成大量图像的工作流中，很多用户会开启 LoRA 加速。虽然开启 LoRA 加速后，8 步就能得到可用的图像，但采样器的收敛实际上并没有全部完成。我们在"采样输出"分组框的"调度器"节点中把"步数"设置为 10，以更好地平衡画面质量和生成速度。

步骤 01　在"采样输出"分组框的"Lying Sigma Sampler"节点中，把 dishonesty_factor 参数设置为负值，可以提高生成结果的整体清晰度，并增加更多细节。如果需要去掉过多的细节，或者希望生成的图像有虚化的感觉，可以把这个参数设置成正值，如图 4-20 所示。

dishonesty_factor=-0.03　　dishonesty_factor=0　　dishonesty_factor=0.03

图 4-20

步骤 02 在实际运用中，这个工作流有两种用法。在没有参考图的情况下，我们可以忽略"风格参考"分组框，利用提示词生成图像；需要使用参考图时，就忽略"提示词"分组框，然后开启"风格参考"分组框。接下来，忽略"高清放大"分组框后开始抽卡，得到满意的姿势和构图后，通过采样步数和 dishonesty_factor 参数微调细节。

步骤 03 确认生成结果没有问题后，开启"高清放大"分组框，再次运行工作流，得到 4K 分辨率的高清大图，同时修复图像中的细节，如图 4-21 所示。

步骤 04 如果生成结果的对比度或饱和度比较低，我们可以搜索并添加"HDR特效"节点，然后把该节点连接到"TTP_Image_Assy"节点的输出端口，这样就可以调整生成结果的明暗对比色，如图 4-22 所示。

图 4-21

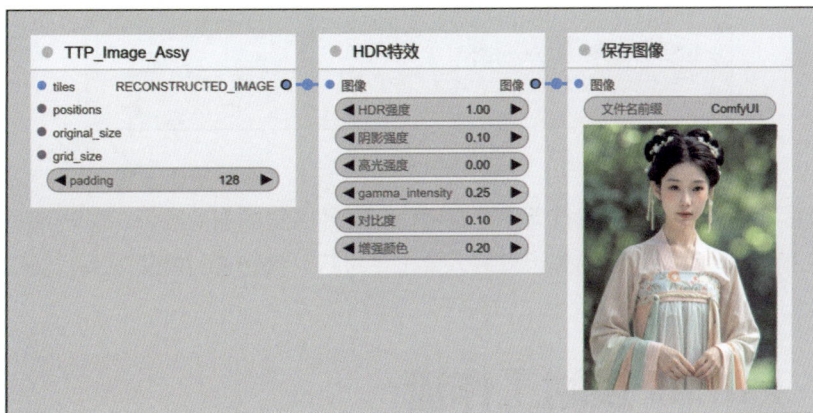

图 4-22

步骤 05 当需要生成很多张高质量的模特图像时，更有效率的操作方法是忽略"高清放大"模块，在"采样输出"分组框的"随机噪波"节点中开启随机种子，然后在界面菜单栏的"执行"按钮右侧输入要生成的图像数量，最后按快捷键 Ctrl+Enter 批量生成图像，如图 4-23 所示。

图 4-23

109

步骤 06 接下来，从生成结果中挑选满意的图像，然后用 Photoshop 去除图像中的瑕疵和高清修复不容易改善的细节。如果图像的其他部分都很好，只有手部等区域出现问题，可以用上一章搭建的"Flux-Fill 局部重绘"工作流修复。

步骤 07 把处理完成的所有图像都放到一个文件夹中。新建一个工作流，在画布的空白处右击，创建 TTP 高清放大预设节点。接下来创建"加载批次图像"节点，并将其连接到"图像通过模型放大"节点。在"加载批次图像"节点的"模式"菜单中选择 incremental_image，在"路径"中输入文件夹的地址，如图 4-24 所示。

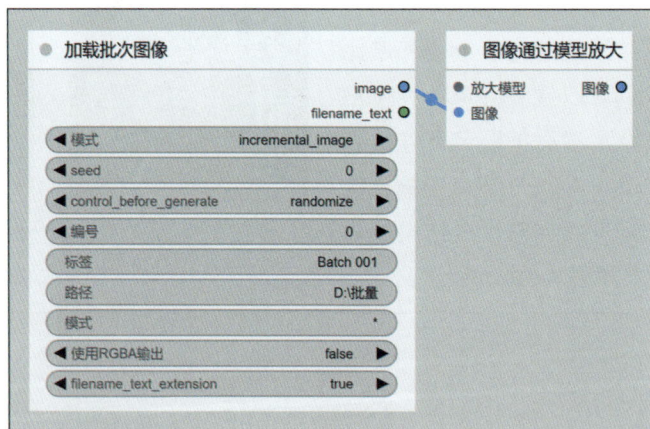

图 4-24

步骤 08 最后，在菜单栏的"执行"按钮右侧输入文件夹里的图片数量，忽略除"高清放大"和"加载模型"以外的分组框后，单击"执行"按钮进行批量放大。

4.2 PuLID 换脸工作流

完成工作流	附赠素材/工作流/04AI摄影/Flux-PuLID换脸.json
参考图素材	附赠素材/参考图/04-02.png~04-04.png

换脸是 AI 摄影领域最核心的功能之一，Stable Diffusion 中有多种换脸方法，其中常用的有 FaceID、InstantID 和 PuLID 三种。到目前为止，只有 PuLID 全支持 Flux 模型；FaceID 和 InstantID 只能用 SDXL 模型进行换脸，然后用 Flux 模型进行高清修复。本节将介绍使用 PuLID 换脸的方法。

1 加载模型和加载图像模块

步骤 01 新建一个分组框，并命名为"加载模型"。在该分组框中搜索并添加"UNET 加载器""双CLIP 加载器""VAE 加载器""强力 LoRA 加载器"和"全局输入 3"节点。载入基础模型后，把节点全部连接起来，如图 4-25 所示。

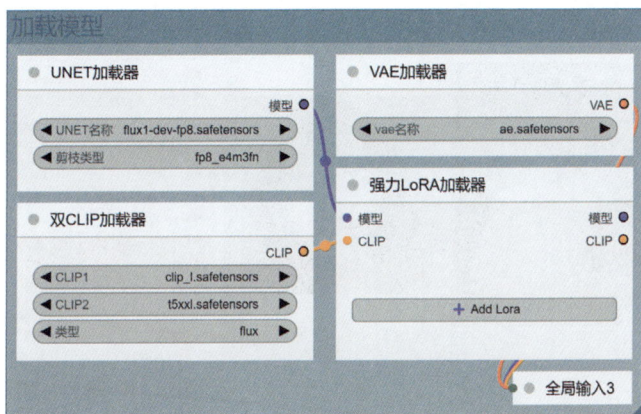

图 4-25

步骤 02 新建一个分组框，并命名为"加载图像"。在该分组框中创建"加载图像"和"限制图像区域"节点，载入上一节生成的模特图像后把两个节点连接到一起。复制"加载图像"和"限制图像区域"节点，在复制的"加载图像"节点中载入需要替换成的面部图像，如图 4-26 所示。

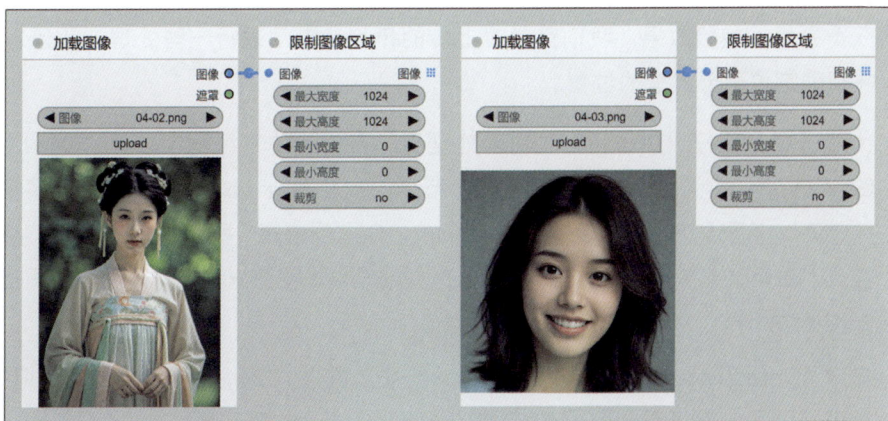

图 4-26

步骤 03 创建"全局输入"节点，将其连接到第一个"限制图像区域"节点的"图像"输出端口。

继续创建"设置节点",在 Constant 菜单中选择"图像2",然后将其连接到第二个"限制图像区域"节点的"图像"输出端口,如图 4-27 所示。

图 4-27

2 面部处理模块

为了获得更好的换脸效果,我们需要对上传的模特参考图进行一些处理,用遮罩提取换脸区域,并精确定位面部五官的位置。

步骤 01 新建一个分组框,并命名为"面部处理"。在新建的分组框中创建"ONNX 检测到 Seg"节点;继续创建"检测加载器"节点,加载 face_yolov8m.pt 模型后将其连接到"ONNX 检测到 Seg"节点。接下来创建"Seg 到遮罩"和"遮罩反转"节点,并连接到"ONNX 检测到 Seg"节点后面,这样就能自动检测出模特参考图中的面部区域,如图 4-28 所示。

步骤 02 创建"DetectFaces"节点,把 max_size 参数设置为 1024 后,将其连接到"遮罩反转"节点。继续创建"CropFaces"节点,把 crop_size 参数设置为 1024,把 crop_factor 参数设置为 2,然后将其连接到"DetectFaces"节点,如图 4-29 所示。这几个节点可以把模特的面部区域裁剪出来并把头部摆正。

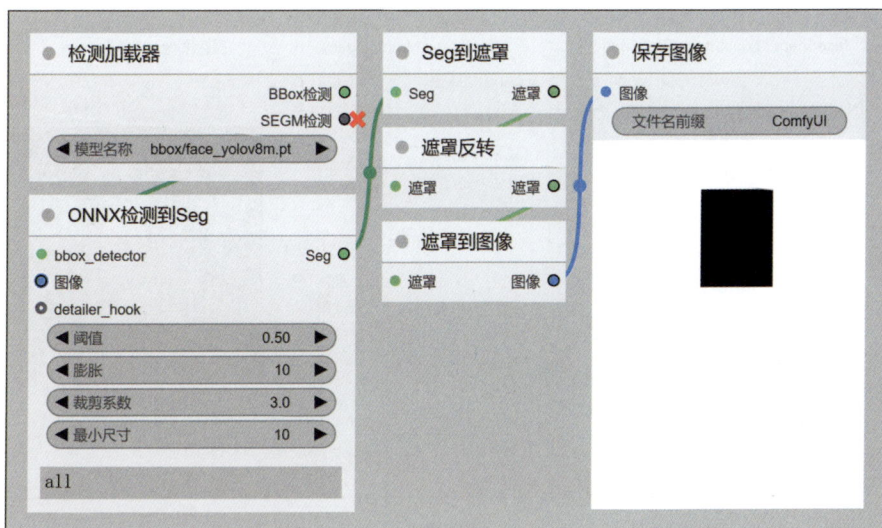

图 4-28

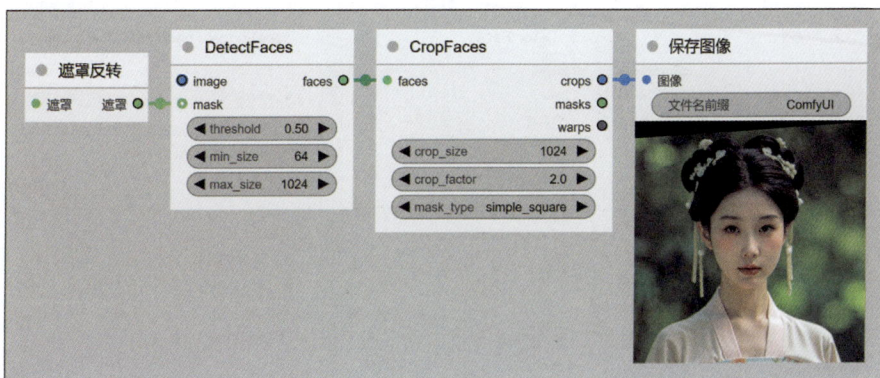

图 4-29

步骤 03 创建"FaceShape Match(legacy)"和"Mask Grow Fast"节点，并把两个节点都连接到 CropFaces 节点。在"Mask Grow Fast"节点中把 grow 参数设置为 10，把 blur 参数设置为 16。创建"faceShaper LoadModel DLib(legacy)"节点，并连接到"FaceShape Match(legacy)"节点，如图 4-30 所示。通过这几个节点可以识别人物的脸型和五官，让换脸的效果更加准确。

步骤 04 创建"Florence2 执行"节点，在"任务"菜单中选择 more_detailed_caption。接下来创建"Florence2 模型加载器"节点，并连接到"Florence2 执行"节点。把"Florence2 执行"节点的 caption 输出端口连接到"CLIP 文本编码器"节点，如图 4-31 所示。

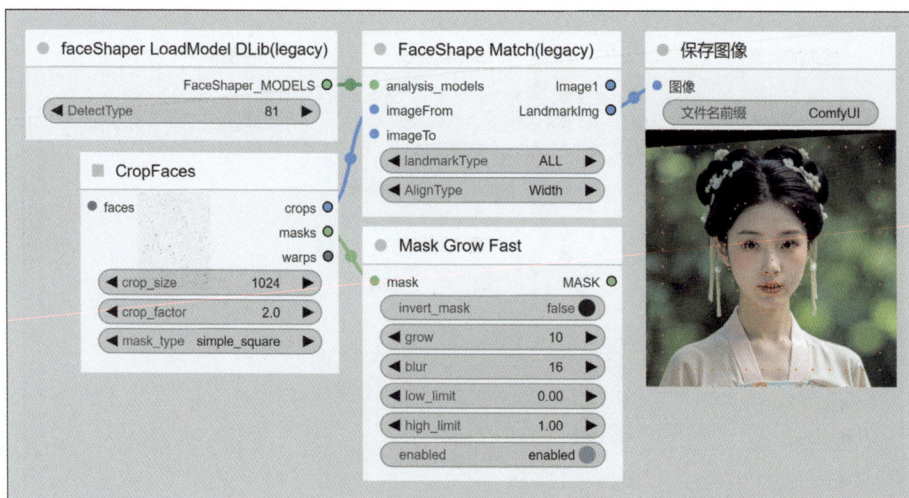

图 4-30

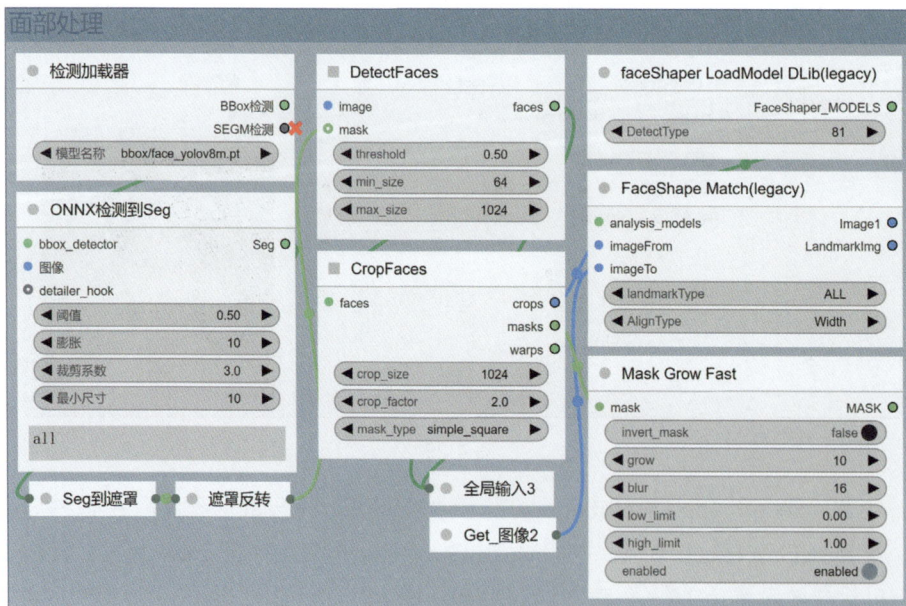

图 4-31

3 PuLID 换脸模块

接下来，我们创建工作流最核心的采样和 PuLID 模块，对提取出来的面部区域进行换脸操作。

步骤 **01** 新建一个分组框，并命名为"PuLID 换脸"。在该分组框中搜索并添加"Flux Sampler Parameters"节点，把它的 denoise 参数设置为 0.65。从该节点的 conditioning 端口拖出连线，创建"CLIP 文本编码器"节点。在"CLIP 文本编码器"节点上右击，选择"转换为输入 /Convert text to input"命令，将文本输入框转换为输入端口。

步骤 **02** 创建"VAE 编码"和"设置 Latent 噪波遮罩"节点，把这两个节点连接到一起后连接到"Flux Sampler Parameters"节点，如图 4-32 所示。接下来在"面部处理"分组框中把"FaceShape Match(legacy)"节点的 Image 端口连接到"VAE 编码"节点。

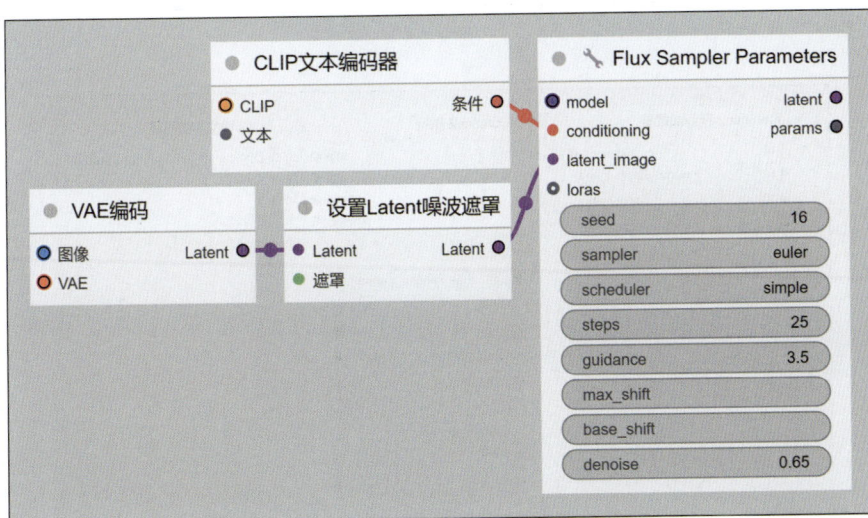

图 4-32

步骤 **03** 创建"Apply PuLID Flux"节点，并连接到"Flux Sampler Parameters"节点。创建"Load PuLID Flux Model""Load Eva Clip(PuLIDFlux)"和"Load Insight Face(PuLIDFlux)"节点，把新建的 3 个节点全部连接到"Apply PuLID Flux"节点。在"Load PuLID Flux Model"节点中选择 pulid_flux_v0.9.1 模型。继续创建一个"获取节点"，并连接到"Apply PuLID Flux"节点的 image 端口，然后在"获取节点"中的 Constant 菜单中选择"图像 2"，如图 4-33 所示。

步骤 **04** 创建"Florence2 执行"节点，在"任务"菜单中选择"more_detailed_caption"。接下来创建"Florence2 模型加载器"节点，并连接到"Florence2 执行"节点。把"Florence2 执行"节点的 caption 输出端口连接到"CLIP 文本编码器"节点，如图 4-34 所示。

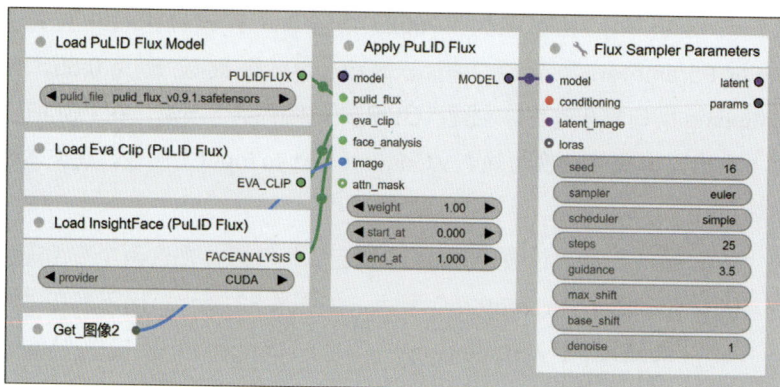

图 4-33

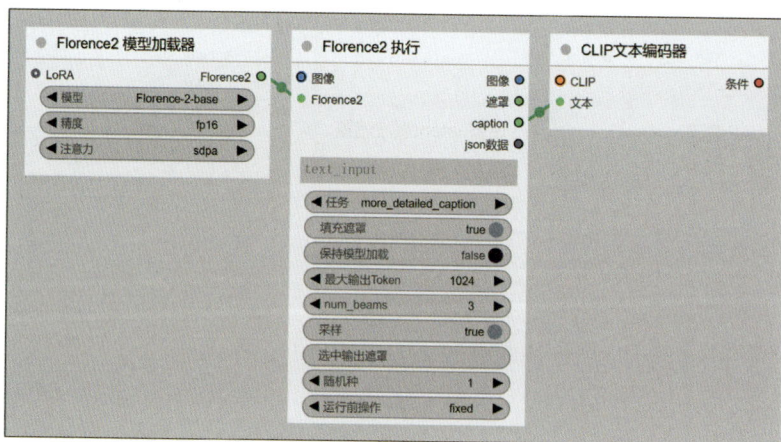

图 4-34

步骤 05 在"面部处理"分组框中把"FaceShape Match(legacy)"节点的Image端口连接到"VAE 编码"节点。

步骤 06 创建"图像调色"节点,把"目标图像"输入端口连接到"VAE 解码"节点。继续创建"Warp Faces Back"节点,将它的crop 输入端口连接到"图像调色"节点,如图 4-35 所示。

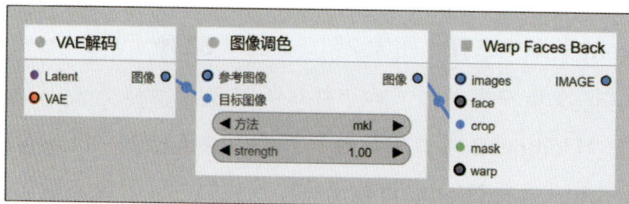

图 4-35

步骤 **07** 在"面部处理"分组框中把"Mask Grow Fast"节点的输出端口连接到"Warp Faces Back"节点，继续把"faceShaper LoadModelDLib(legacy)"节点的image1 输出端口连接到"图像调色"节点的"参考图像"输入端口。这样就能把换脸后的 图像处理成和人物参考图相同的色调，然后贴回到角色参考图，确保人物面部以外 的区域不发生改变。

步骤 **08** 创建"图像对比"节点，然后把"图像对比""全局输入?"和"保存图像"节点 全部连接到"Warp Faces Back"节点的输出端口上在"全局输入?"节点的group_ regex中输入"去油光"。

步骤 **09** 在"面部处理"分组框中，把"faceShaper LoadModel DLib(legacy)"节点的 image1 输出端口连接到"VAE 编码"节点。继续把"Mask Grow Fast"节点的输出 端口连接到"设置 Latent 噪波遮罩"节点。创建完成的 PuLID 换脸模块如图4-36所示。

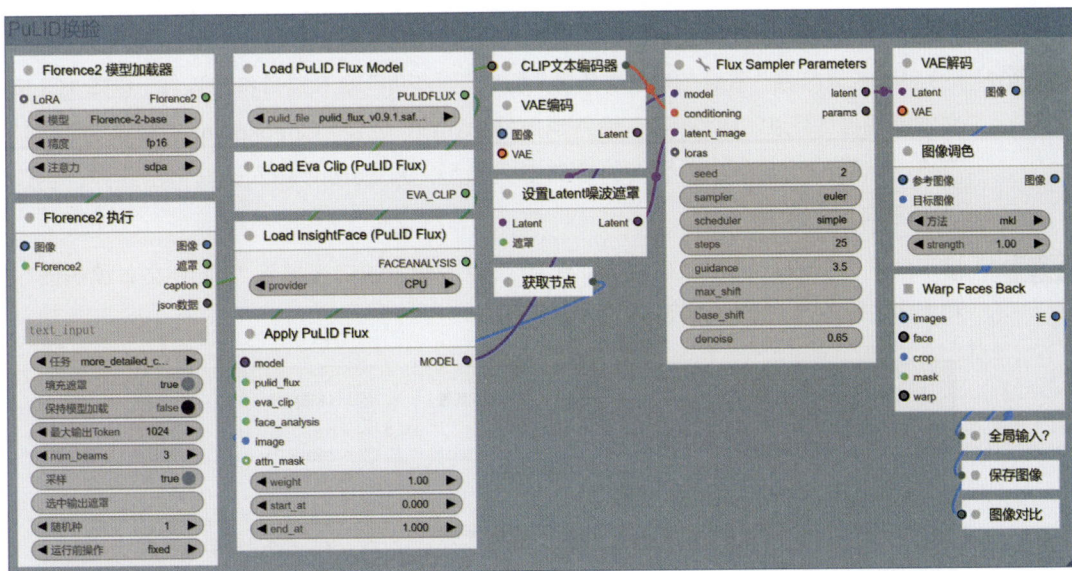

图 4-36

现在运行工作流，换脸的效果如图 4-37 所示。

4 二次采样和高清放大模块

要想获得影楼级别的照片效果，我们还要对当前的生成结果进行一些细节处理，然后进 行高清放大。

角色参考图　　　　　　　　　面部参考图　　　　　　　　　换脸结果

图 4-37

步骤 01　新建一个分组框，并命名为"去油光"。在该分组框中创建"K 采样器"节点，依次把"步数"参数设置为 25，把 CFG 参数设置为 3，把"降噪"参数设置为 0.25；把"采样器"设置为 dpmpp_2m，把"调度器"设置为 karras。

步骤 02　分别从"K 采样器"节点的"正面条件"和"负面条件"输入端口拖出连线，创建"CLIP 文本编码器"节点。从"模型"输入端口拖出连线，创建"Checkpoint 加载器（简易）"节点，然后加载一个真实风格的 SD1.5 大模型。从 Latent 输入端口拖出连线，创建"VAE 编码"节点。

步骤 03　接下来把"Checkpoint 加载器（简易）"节点的输出端口连接到"CLIP 文本编码器"和"VAE 编码"节点，如图 4-38 所示。

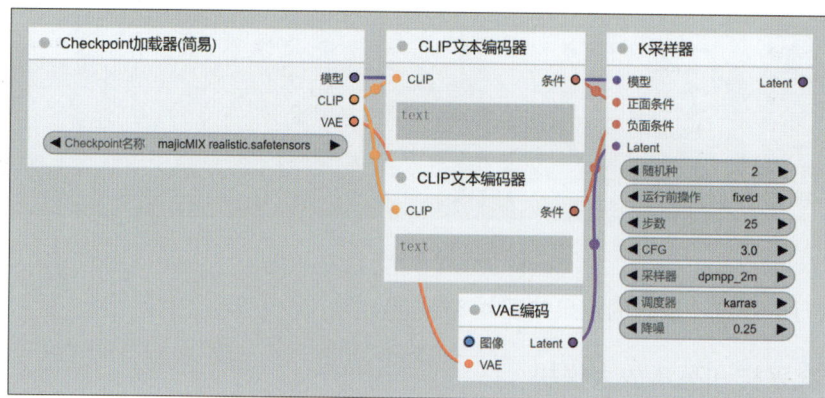

图 4-38

步骤 04　从"K 采样器"的 Latent 输出端口拖出连线，创建"VAE 解码"节点。搜索并添加"图像对比"节点，并连接到"VAE 解码"节点。继续创建"全局输入 ?"节点，在它的

group_regex 中输入"高清放大",然后连接到"VAE 解码"节点。这样一个 SD 1.5 版的图生图工作流就搭建完成了,如图 4-39 所示。

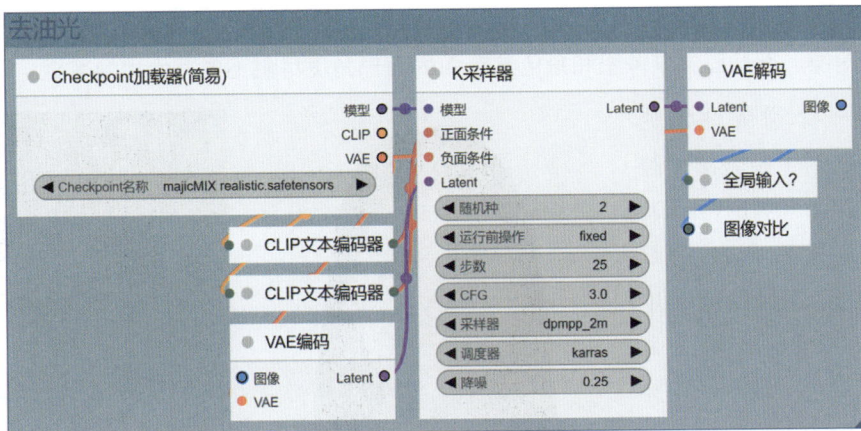

图 4-39

步骤 05 再次运行工作流,换脸后的图像经过 SD1.5 大模型的重绘后,虽然细节有所损失,但可以有效去除人物面部的油光和过于强烈的皱纹和纹理,降低 Flux 模型特有的 AI 感,如图 4-40 所示。

图 4-40

步骤 06 最后,我们利用 Flux 模型进行一次高清放大,在进一步修复细节的同时获得高清图像。新建一个分组框,并命名为"高清放大"。在画布的空白处右击,载入上一节保存的 TTP 节点预设,把预设的所有节点移到分组框中。再次运行工作流,最终的换脸效果如图 4-41 所示。

图 4-41

5 运用工作流

这个工作流的运行非常稳定，我们更换一个面部参考图，基本不需要反复抽卡就能得到理想的换脸效果，如图 4-42 所示。需要注意的是，面部参考图尽量使用 1024×1024 像素的正方形图像，而且面部参考图和角色参考图的面部角度尽量不要有太大的差距。

另外一个需要注意的问题是，本例中换脸部分的节点来自 ComfyUI_PuLID_Flux_ll，如果使用的是旧版的自定义节点 ComfyUI-PuLID-Flux-Enhanced，那么 TeaCache、wavespeed 等加速节点无法发挥作用。

图 4-42

在"PuLID 换脸"分组框的"Flux Sampler Parameters"节点中增加 denoise 参数的值，可以让换脸效果更接近面部参考图，但也会降低面部参考图和换脸区域的融合程度，如图 4-43 所示。

denoise=0.6   denoise=0.7

图 4-43

▦ 4.3 多人换脸工作流

完成工作流	附赠素材/工作流/04AI摄影/Flux-多人换脸.json
参考图素材	附赠素材/参考图/04-05.png~04-08.png

在 ComfyUI 中搭建工作流就像拼乐高玩具，都是把不同形状或不同用途的零件组装在一起，而我们拼装出来的成品也可以看作一个更大的零件，仍然具备近乎无限的可扩展性。

只要对工作流稍加改动，或者像预设节点那样把多个工作流拼接到一起，就能让成品工作流具备更多的用途或更强的能力。本节将对前面搭建的两个工作流进行改造和拼接，实现多人合影和多人换脸的功能。

1 生成双人合影

步骤 01 打开 "Flux- 写真模特" 工作流，把 "提示词" 分组框以及其中的所有节点删除，继续删除 "高清放大" 分组框中的所有节点。在 "加载模型" 分组框的 "UNET 加载器" 节点中加载真实风格的 F1-Pixelwave 模型，在 "强力 LoRA 加载器" 节点中删除 "F1 手部稳定器" 和 "汉服唐风" 模型，如图 4-44 所示。

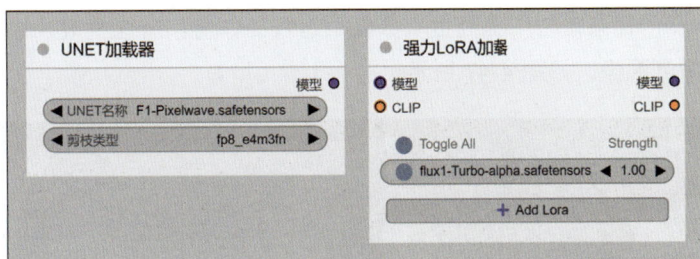

图 4-44

步骤 02 在 "风格参考" 分组框中删除 "简易字符串" 和 "文本联结" 节点，然后用设置起来更简单的 "风格模型应用" 节点替换掉 "Style Model Advanced Apply" 节点，并把它的 "强度" 参数设置为 0.5，如图 4-45 所示。

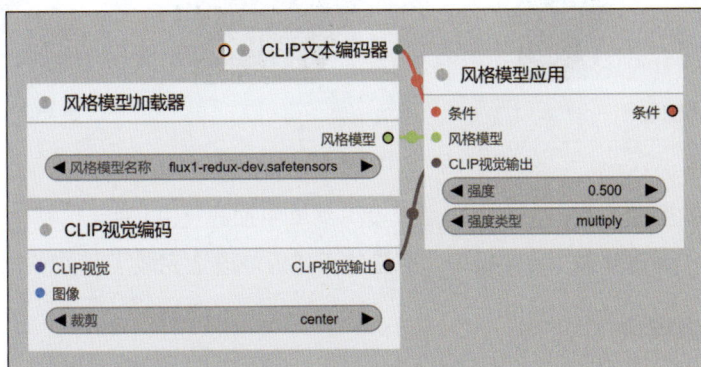

图 4-45

步骤 03 在 "采样输出" 分组框的 "Lying Sigma Sampler" 节点中把 dishonesty_factor 参数设置为 -0.02；在 "基础调度器" 节点中把 "步数" 参数设置为 8，如图 4-46 所示。

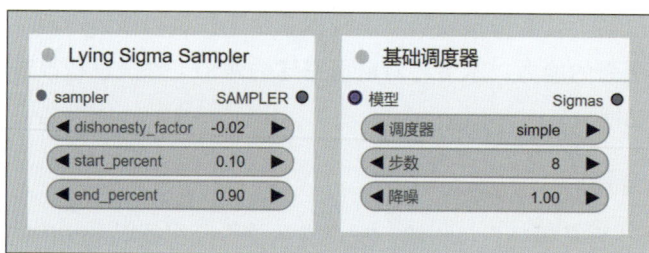

图 4-46

步骤 **04** 现在的工作流变成了一个专业的洗图器，只要在"风格参考"分组框中上传一张参考图，在"采样输出"分组框的"随机噪波"节点中把"运行前操作"设置为 randomize，在菜单栏中提高批次数量后运行工作流，就能生成风格、构图和人物都一致的系列图像，如图 4-47 所示。

参考图像　　　　　　　　生成结果　　　　　　　　生成结果

图 4-47

步骤 **05** 在画布的空白处右击，在"节点预设"菜单中加载"SD 放大"预设节点，并把该节点移到"高清放大"分组框中，完整的工作流就改造完成了。

2 加载图像模块

步骤 **01** 打开"Flux-PuLID 换脸"工作流，我们对这个工作流进行改造，让它能自动为参考图上的所有人物换脸。在"加载图像"分组框中复制"加载图像"和"限制图像区域"节点，然后把复制的节点连接起来。在 3 个"加载图像"节点中分别加载双人参考图和两张要替换成的面部图像，如图 4-48 所示。

图 4-48

步骤 02 搜索并添加"图像组合批次（多重）"节点，把两张面部图像的"限制图像区域"节
点连接到新建的节点。把"设置节点"中的 Constant 设置为"图像1"，然后连接
到双人参考图的"限制图像区域"节点。删除"全局输入"节点后添加"全局输入？"
节点，并连接到"图像组合批次（多重）"节点的输出端口，如图 4-49 所示。

图 4-49

提示 在"图像组合批次（多重）"节点上，连接"图像_1"端口的面部图像会替换双人
参考图中的右侧人物。如果参考图中有很多的人物，我们只需创建更多的"加载图
像"和"限制图像区域"节点，然后将它们全部连接到"图像组合批次（多重）"
节点。

3 遮罩处理模块

步骤 01 把"面部处理"分组框重命名为"遮罩处理",然后删除里面的所有节点。在该分组框中搜索并添加"简易 Seg 检测"节点,利用这个节点直接检测人脸遮罩。创建"检测加载器"节点,加载 face_yolov8n_V2 模型后,将其连接到"简易 Seg 检测"节点。继续创建"SAM 加载器"节点,并连接到"简易 Seg 检测"节点。

步骤 02 创建"获取节点",在"Constant"菜单中选择"图像 1",然后连接到"简易 Seg 检测"节点的"图像"端口,如图 4-50 所示。

步骤 03 创建"Seg 到遮罩组"节点,并连接到"简易 Seg 检测"节点的输出端口。继续创建"遮罩到图像"节点,并连接到"Seg 到遮罩组"节点的输出端口。这样就能自动提取参考图中的所有人脸遮罩,如图 4-51 所示。

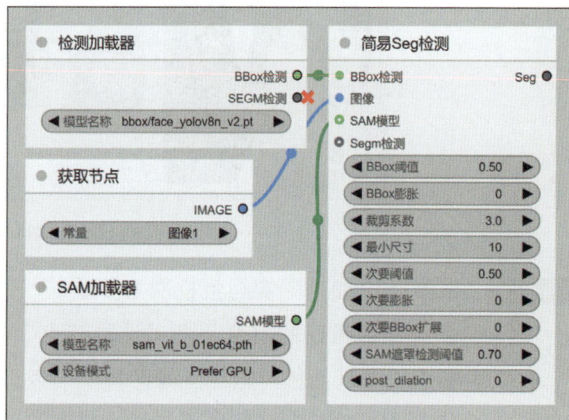

图 4-50

图 4-51

步骤 04 创建"图像计数"节点,并连接到"遮罩到图像"节点。搜索并添加"For 循环 - 起始"节点,在该节点上右击,选择"转换为输入 /Convert total to input"命令,将"总量"参数转换为"总量"输入端口,然后将其连接到"图像计数"节点的输出端口。创建"获取节点",在 Constant 菜单中选择"图像 1",然后连接到"For 循环 - 起始"节点的"初始值 1"输入端口,如图 4-52 所示。

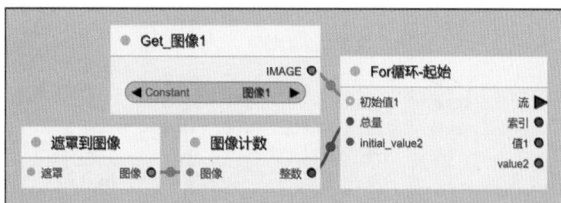

图 4-52

步骤 05 创建"获取遮罩批次"节点，在该节点上右击，把"起始"参数设置为端口。继续创建"从批次获取图像"节点，并把"批次索引"参数设置为端口。接下来，把这两个节点的"起始"和"批次索引"端口连接到"For 循环 - 起始"节点的"索引"输出端口，这样就能根据提取出来的面部遮罩数量，一个接一个地自动进行面部替换，如图4-53所示。

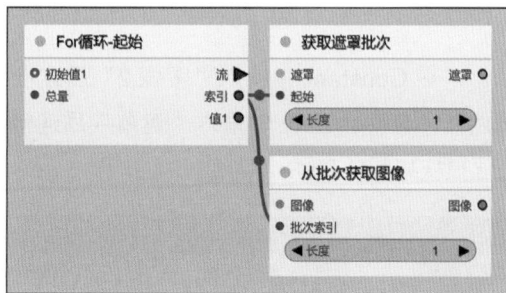

图 4-53

步骤 06 创建"局部重绘（裁剪）"节点，依次把"上下文像素扩展"参数设置为 0，把"上下文系数扩展"参数设置为 1.2，把"遮罩模糊"参数设置为 64，把"混合图像"参数设置为 32，在"模式"菜单中选择 forced size。把"For 循环 - 起始"节点的"值1"输出端口连接到"局部重绘（裁剪）"节点的"图像"端口。把"获取遮罩批次"节点的输出端口连接到"局部重绘（裁剪）"节点的"遮罩"端口。

步骤 07 继续创建"遮罩扩张"节点，把"反转遮罩"参数设置为 false，把"扩张"和"模糊"参数设置为 30，接下来把"遮罩扩张"节点的输入端口连接到"局部重绘（裁剪）"节点的 cropped_mask 端口，如图 4-54 所示。

步骤 08 创建"裁剪面部"节点，并连接到"从批次获取图像"节点。创建"全局输入 3"节点，把"For 循环 - 起始"节点的"流"输出端口和"局部重绘（裁剪）"节点的"接缝"输出端口连接到"全局输入 3"节点。创建"全局输入 ?"节点，在其 group_ regex 中输入"PuLID 换脸"，然后将该节点连接到"局部重绘（裁剪）"节点的 cropped_ image 输出端口。

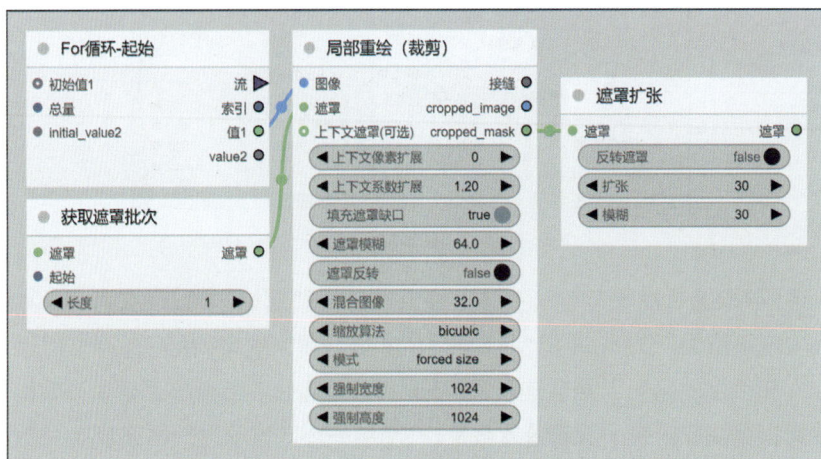

图 4-54

步骤 09 创建"设置节点",在 Constant 中输入"图像 2"后连接到"裁剪面部"节点。再次创建"设置节点",在 Constant 中输入"遮罩"后连接到"遮罩扩张"节点。搭建完成的遮罩处理模块如图 4-55 所示。

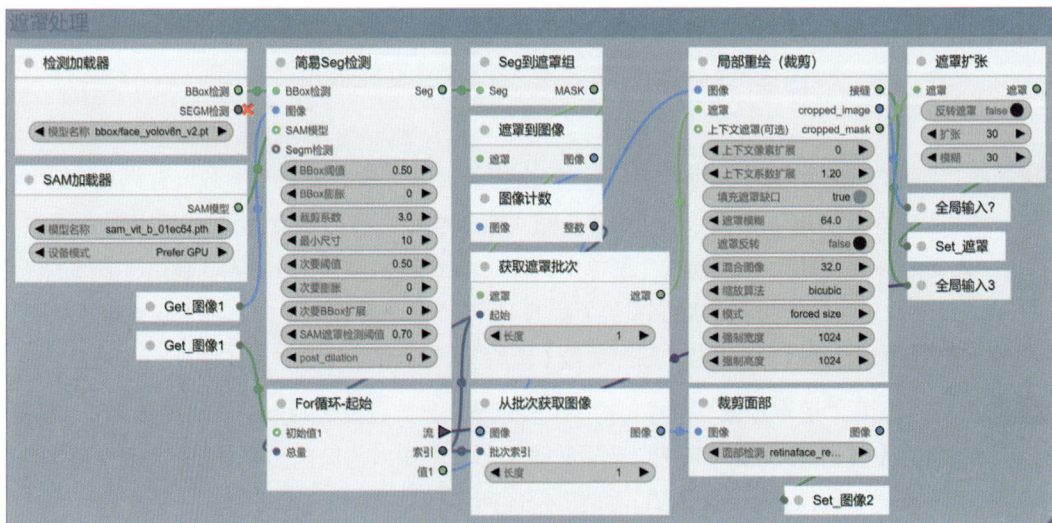

图 4-55

4 PuLID 换脸模块

步骤 01 在"PuLID 换脸"分组框中删除"Florence2 模型加载器""Florence2 执行""Warp Faces Back""图像对比"和"全局输入?"节点。

步骤 **02** 创建"局部重绘（接缝）"节点，把"图像"输入端口连接到"图像调色"节点。搜索并添加"For 循环 - 结束"节点，把"局部重绘（接缝）"节点的输出端口连接到"For 循环 - 结束"节点的"初始值 1"端口上，如图 4-56 所示。

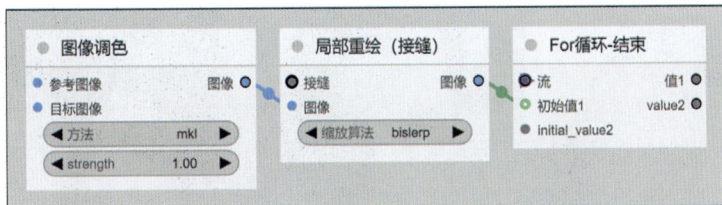

图 4-56

步骤 **03** 把"全局输入？"和"保存图像"节点连接到"For 循环 - 结束"节点的"值 1"输出端口，在"全局输入？"节点的 group_regex 中输入"高清放大"。

步骤 **04** 创建"获取节点"，在 Constant 中选择"遮罩"后连接到"设置 Latent 噪波遮罩"节点的"遮罩"输入端口。再次创建创建"获取节点"，在 Constant 中选择"图像 2"后连接到"Apply PuLID Flux"节点的 image 输入端口。修改完毕的 PuLID 换脸模块如图 4-57 所示。

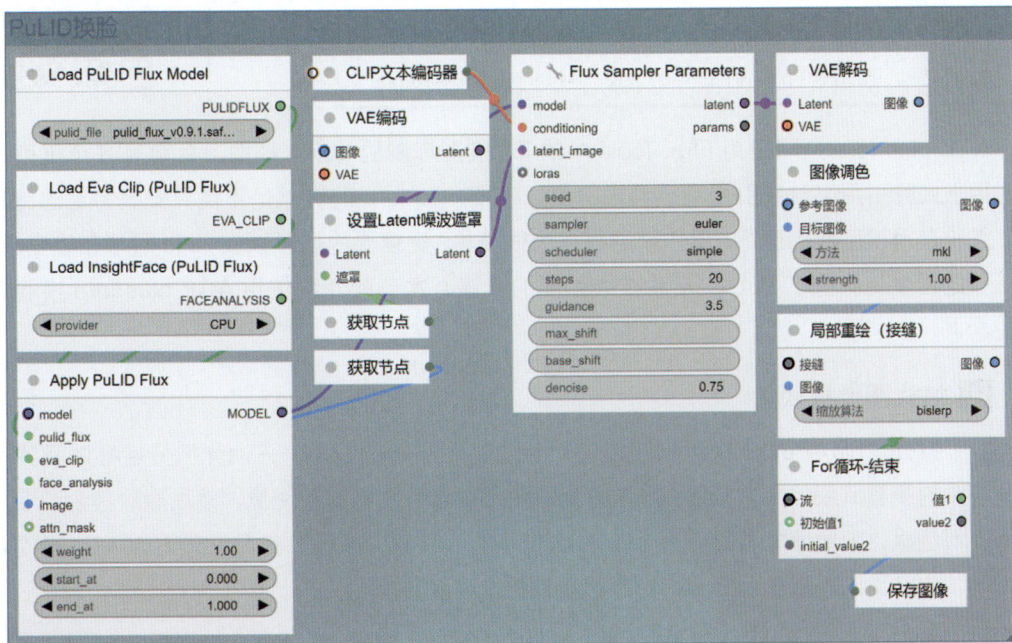

图 4-57

步骤 05 最后，我们开启"高清放大"分组框，在"PuLID 换脸"分组框中把"For 循环 - 结束"节点的输出端口连接到"高清放大"分组框的"图像通过模型放大"和"图像对比"节点。运行工作流，最终的换脸效果如图 4-58 所示。

图 4-58

4.4 ACE plus lora 换脸

完成工作流	附赠素材/工作流/04AI摄影/Flux-ACE换脸.json
参考图素材	附赠素材/参考图/04-07.png、04-09.png、04-10.png

　　ACE plus lora 是阿里为 Flux Tools 中的 Fill 模型炼制的 LoRA 模型，目前有 3 个模型，分别用于人脸引用、对象引用和重绘内引用。ACE plus lora 的优点是不需要安装特定的自定义节点和专用模型就能运行，工作流的搭建也很简单，更重要的是可以在 liblib 网站在线生图，这在一定程度上弥补了 PuLID 不能在线生图的遗憾。本节就介绍使用 ACE plus lora 换脸的方法。

1 加载图像模块

步骤 01 打开"Flux-PuLID 换脸"工作流，删除"面部处理"和"去油光"分组框以及其中的所有节点。在"加载图像"分组框中加载参考图和面部图像，然后删除其余节点。创建"图像缩放 (KJ)"节点，依次把"宽度"和"高度"参数设置为 2048，把"固定宽高比"设置为 true，把"因素"设置为 8。

步骤 02 复制一个"图像缩放 (KJ)"节点，把两个"图像缩放 (KJ)"节点连接到两个"加载图像"节点，如图 4-59 所示。

图 4-59

步骤 03　创建"图像分辨率"节点，先把"高度（整数）"输出端口连接到两个"图像缩放（KJ）"节点，再把"宽度（整数）"输出端口连接到第一个"图像缩放（KJ）"节点，如图 4-60 所示。

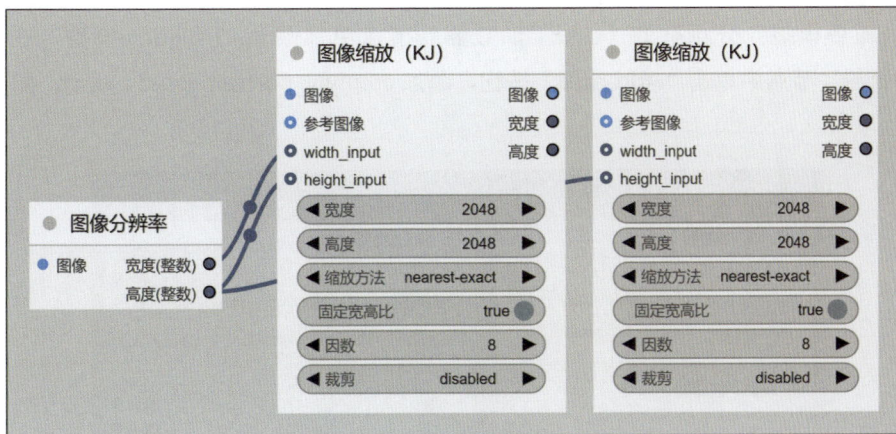

图 4-60

步骤 04　创建"全局输入？"节点，在 group_regex 中输入"换脸"，然后连接到第二个"图像缩放（KJ）"节点的"图像"输出端口。创建"全局输入"节点，并连接到第二个"加载图像"节点的"遮罩"输出端口。继续创建"设置节点"，在 Constant 菜单中选择"图像 1"，然后连接到第一个"图像缩放（KJ）"节点的"图像"输出端口。

步骤 05 在第二个"加载图像"节点上右击，选择"在遮罩编辑器中打开"命令，画出模特参考图的面部区域，如图 4-61 所示。

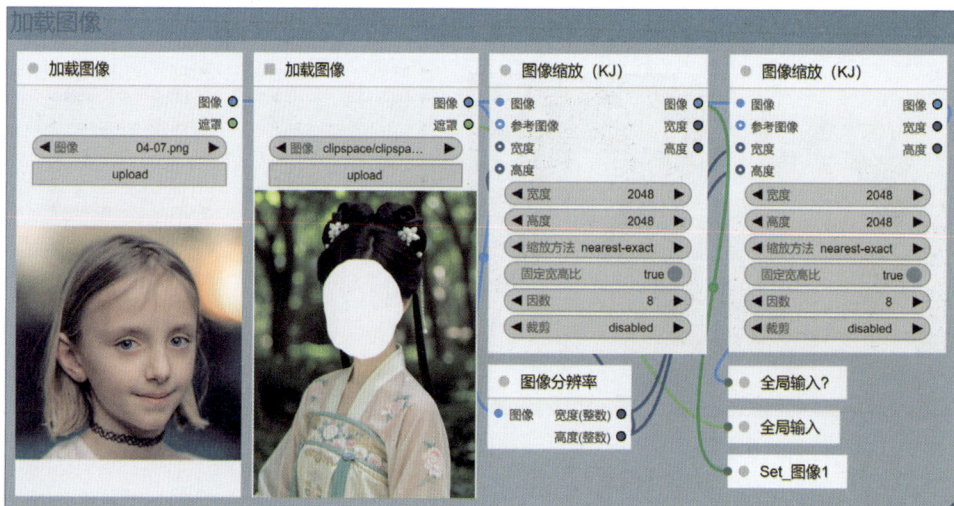

图 4-61

2 加载模型模块

在"加载模型"分组框的"UNET 加载器"节点中加载 flux1-fill-dev 模型，在"强力 LoRA 加载器"节点中单击"Add Lora"按钮，添加 comfyui_portrait_lora64 模型，如图 4-62 所示。

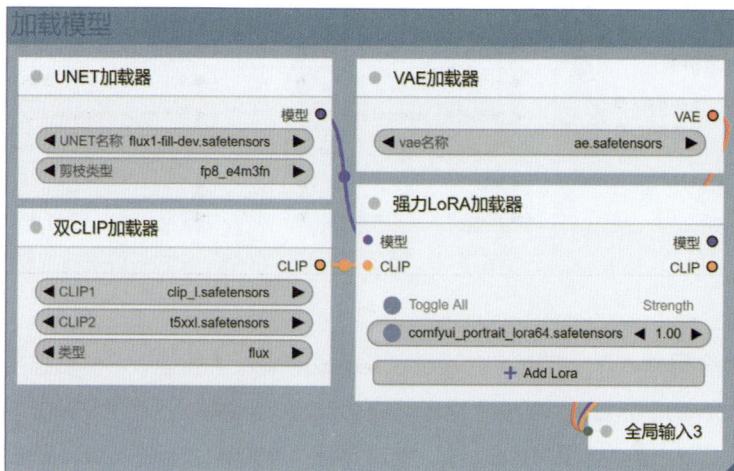

图 4-62

3 换脸模块

步骤 01 把"PuLID 换脸"分组框重命名为"换脸",删掉除"Flux Sampler Parameters" "VAE 解码""CLIP 文本编码器"和"保存图像"以外的节点。在"Flux Sampler Parameters"节点中把 guidance 参数设置为 30,把 denoise 参数设置为 1。

步骤 02 搜索并添加"分离图像 Alpha"和"图像联结"节点,把"分离图像 Alpha"节点连接到"图像联结"节点的"图像_2"输入端口。创建"获取节点",在 Constant 菜单中选择"图像 1"后连接到"分离图像 Alpha"节点。通过这几个节点把两张参考图水平拼合到一起,如图 4-63 所示。

图 4-63

步骤 03 创建"图像分辨率"节点,并连接到"图像联结"节点。继续创建"纯块遮罩"节点,把"明度"参数设置为 0,接下来把"高度"和"宽度"参数转换为端口,然后把"高度"和"宽度"端口连接到"图像分辨率"节点,如图 4-64 所示。

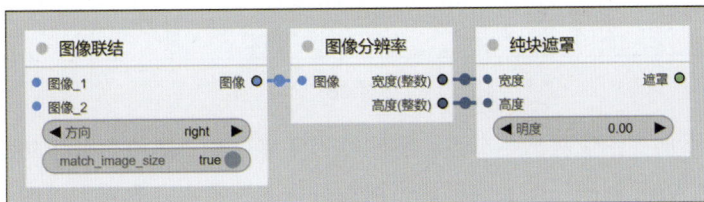

图 4-64

步骤 04 创建"遮罩混合"节点,在"混合方法"菜单中选择 add,然后把"目标遮罩"输入端口连接到"纯块遮罩"节点。创建"扩展遮罩"节点,把"生长"参数设置为 0,把"模糊"参数设置为 5,然后连接到"遮罩混合"节点的"源遮罩"输入端口,如图 4-65 所示。

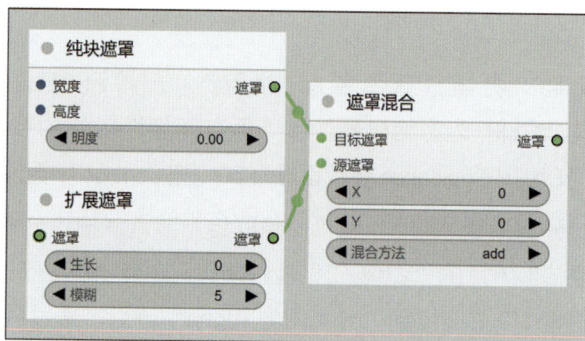

图 4-65

步骤 05 创建"内补模型条件"节点，把"噪波遮罩"设置为 false。接下来把"CLIP 文本编码器""图像联结"和"遮罩混合"节点连接到"内补模型条件"节点的输入端口。继续把"内补模型条件"节点的"正面条件"和 Latent 输出端口连接到"Flux Sampler Parameters"节点，如图 4-66 所示。

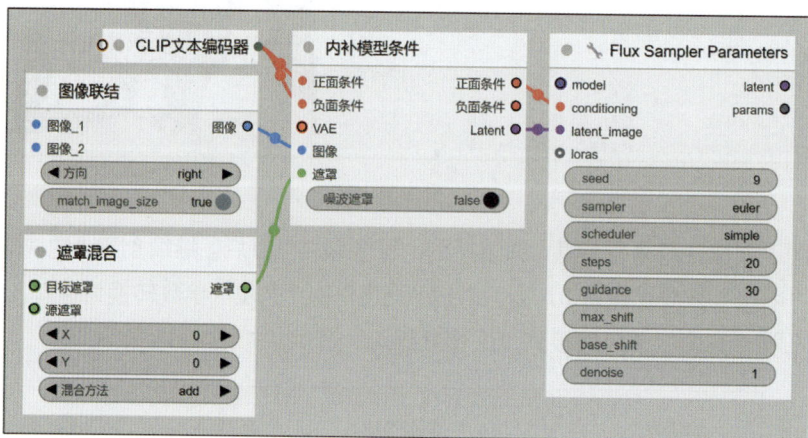

图 4-66

步骤 06 搜索并添加"图像裁剪"节点，将它的"宽度"和"高度"参数转换为端口，然后连接到"VAE 解码"节点。创建"图像分辨率"节点，连接到"图像裁剪"节点的输入端口。最后把"保存图像"节点连接到"图像裁剪"节点的输出端口，如图 4-67 所示。

步骤 07 现在运行工作流，得到的换脸效果如图 4-68 所示。因为 ACE plus lora 换脸使用的是 Fill 模型，而 Fill 模型主要用于局部重绘，生图质量肯定不如 Flux1-dev 模型，所以换脸的质量会略逊于 PuLID。

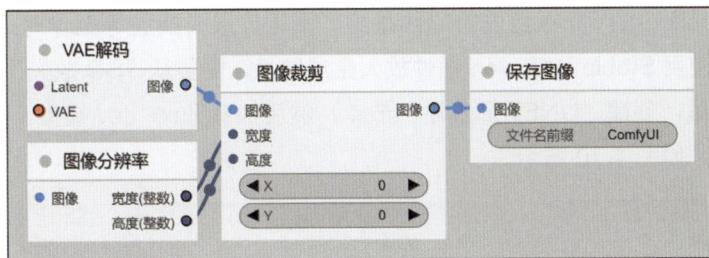

图 4-67

图 4-68

4 运用工作流

除了照片和真实风格的换脸以外，ACE plus lora 还能把真人的面部特征迁移到手绘或卡通图像，如图 4-69 所示。虽然 PuLID 也能实现类似的效果，但其相似度和稳定性都不如 ACE plus lora。

图 4-69

使用 Flux Tools 中的 Fill 模型进行局部重绘、图像扩展或换脸等工作时，需要注意一个问题：如果我们使用 Stable Diffusion 插件放大生成结果，需要从"SD 放大"节点的"模型"输入端口拖出连线，创建"UNET 加载器"节点，然后加载 flux1-dev 模型，不要使用 Fill 模型进行高清放大，如图 4-70 所示。

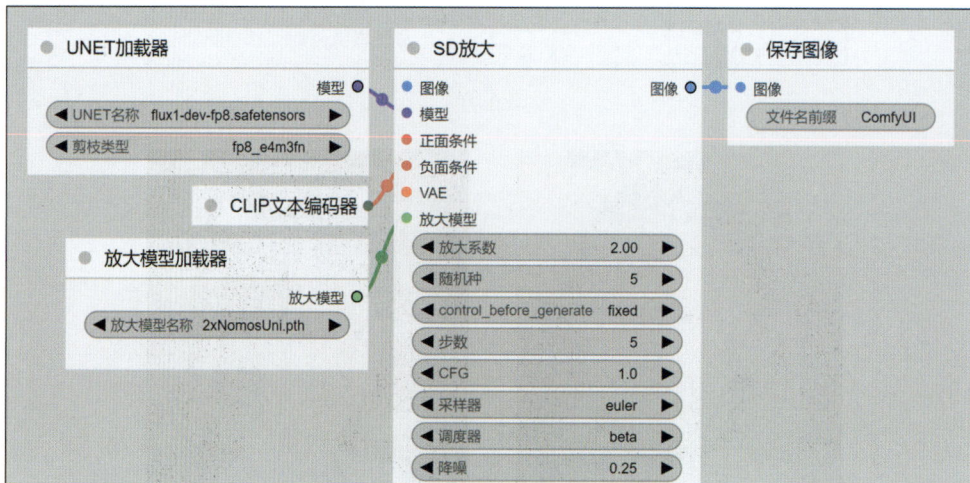

图 4-70

如果使用的是 TTP 放大模块，就在"高清放大"分组框中的"Flux Sampler Parameters"节点上创建"UNET 加载器"节点，加载 flux1-dev 模型。

4.5 商务证件照工作流

完成工作流	附赠素材/工作流/04AI摄影/Flux-商务证件照.json
参考图素材	附赠素材/参考图/04-11.png~04-13.png

在本节中，我们仍然以 PuLID 为核心，构建一个高效实用的证件照生成工作流。只需上传一张面部参考图像，后续的模特生成、背景颜色设置以及图像尺寸裁剪等操作均可由该工作流自动完成。此外，这个工作流的功能全面，支持轻松切换性别（男性或女性）面部特征，并可灵活选择背景颜色，满足多样化证件照制作需求。

1 加载图像模块

打开前面搭建的"Flux-PuLID 换脸"工作流,删除"去油光"分组框以及其中的所有节点。在"加载图像"分组框中只留下一个"加载图像"节点,载入需要替换成的面部图像。创建"全局输入?"节点,在 group_regex 中输入"PuLID 换脸"后连接到"加载图像"节点,如图 4-71 所示。

图 4-71

2 生成模特模块

接下来,我们利用常规的 Flux 文生图模块生成证件照中的模特图像。

步骤 01 把"面部处理"分组框重命名为"生成模特",并删除分组框中的所有节点。在该分组框中创建"Flux Sampler Parameters"节点,把 steps 参数设置为 20。从该节点的 conditioning 输入端口拖出连线,创建"CLIP 文本编码器"节点。继续在"CLIP 文本编码器"节点上右击,选择"转换为输入 /Convert text to input"命令,将文本输入框转换为输入端口。

步骤 02 接下来,从"Flux Sampler Parameters"节点的 latent_image 输入端口拖出连线,创建"空 Latent"节点,依次把"宽度"参数设置为 768,把"高度"参数设置为 1024,如图 4-72 所示。

步骤 03 创建"肖像大师"节点,该节点可以通过参数选项的方式生成描述角色年龄、姿势、发型等方面的提示词,减少编写和调整提示词的难度。根据需要设置好各种选项后,把"正面提示词"输出端口连接到"CLIP 文本编码器"节点的"文本"输入端口,如图 4-73 所示。

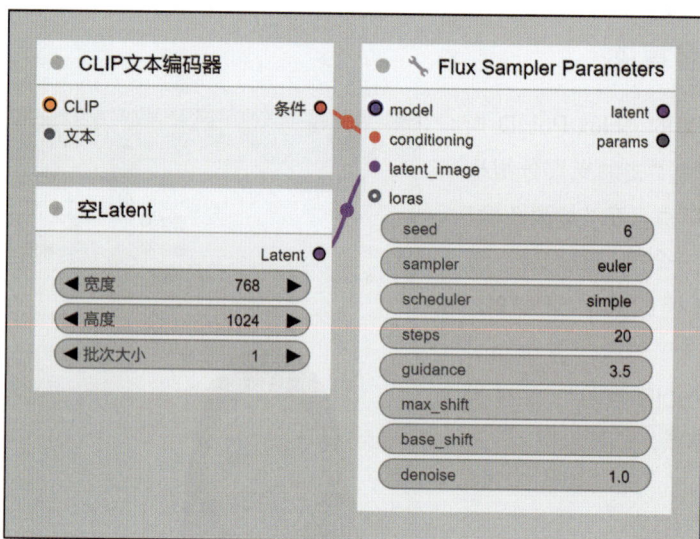

图 4-72

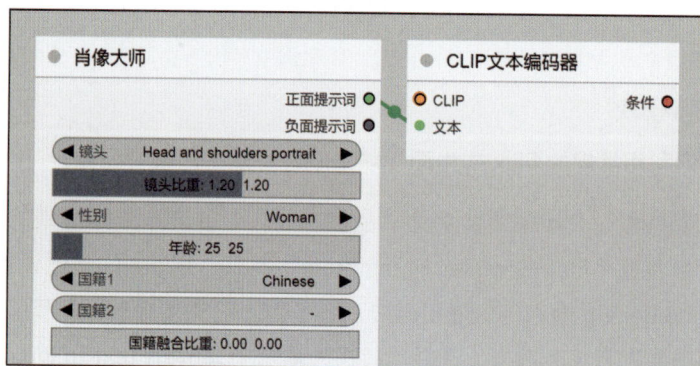

图 4-73

步骤 04 当需要添加描述服装、背景等方面的提示词时，可以在"肖像大师"节点下方的第二个文本框中输入，如图 4-74 所示。

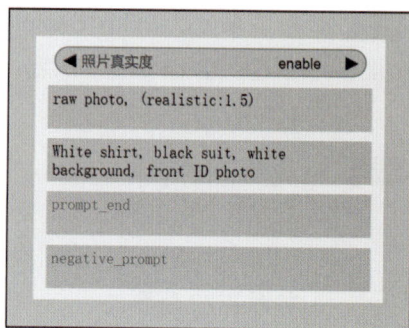

图 4-74

步骤 05 创建 "VAE 解码" 节点，并连接到 "Flux Sampler Parameters" 节点的输出端口。继续创建 "设置节点" 和 "保存图像" 节点，并全部连接到 "VAE 解码" 节点的输出端口，如图 4-75 所示。在 "设置节点" 的 Constant 中选择 "图像 1"。

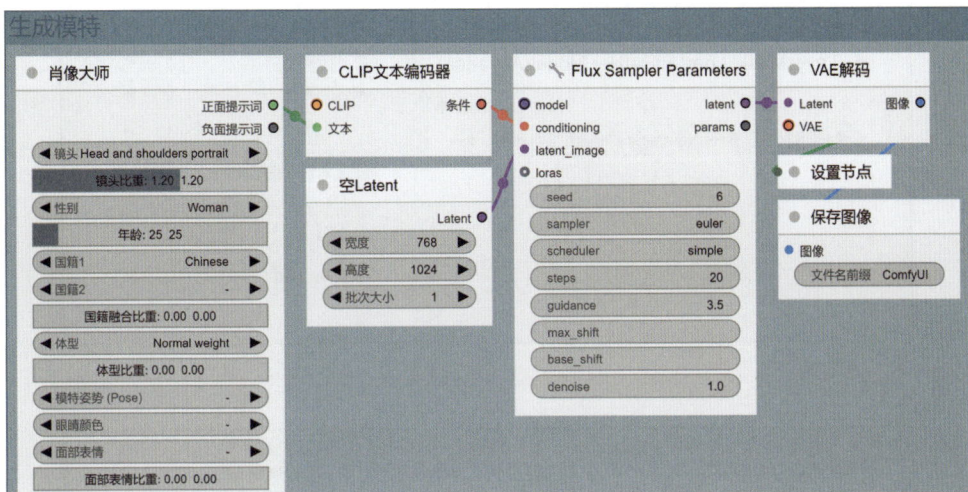

图 4-75

现在运行工作流开始抽卡（生成图像），在肖像大师节点的辅助下，迅速获得符合证件照标准的生成图像，如图 4-76 所示。

3 背景设置模块

接下来，搭建用于生成和切换红、蓝、白 3 种背景颜色的节点。

图 4-76

步骤 01 新建一个分组框，并命名为 "背景设置"，在分组框中搜索并添加 "BiRef NetUltra V2" 和 "LayerMask:Load BiRefNet Model(Advance)" 节点，然后把这两个节点连接起来。继续创建一个 "获取节点"，连接到 "BiRefNet Ultra V2" 节点，在 Constant 菜单中选择 "图像 1"，这样可以把生成图像中的人物抠取出来，如图 4-77 所示。

步骤 02 创建 "移除 Alpha" 节点，把 "填充背景" 设置为 true，并把 "背景颜色" 转换为端口。复制两个 "移除 Alpha" 节点，全部连接到 "BiRefNet Ultra V2" 节点上。继续创建 3 个 "取色器" 节点，把颜色分别设置为蓝色、红色和白色，然后分别连接到 3 个 "移除 Alpha" 节点，如图 4-78 所示。

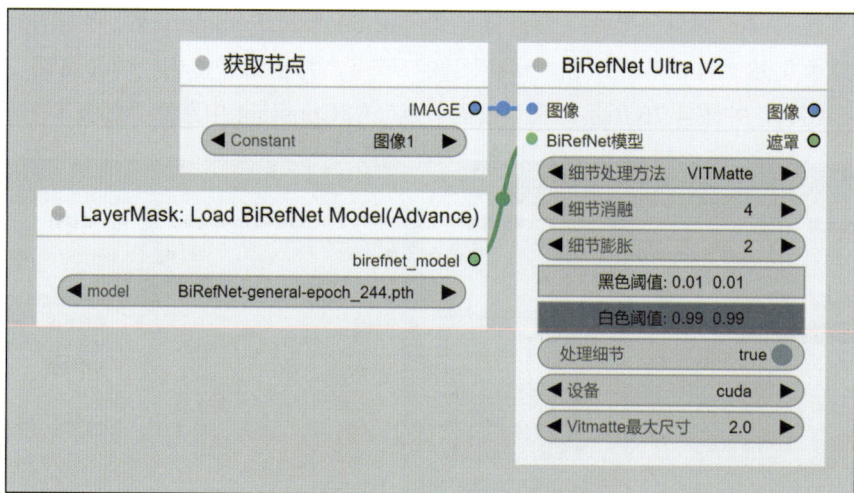

图 4-77

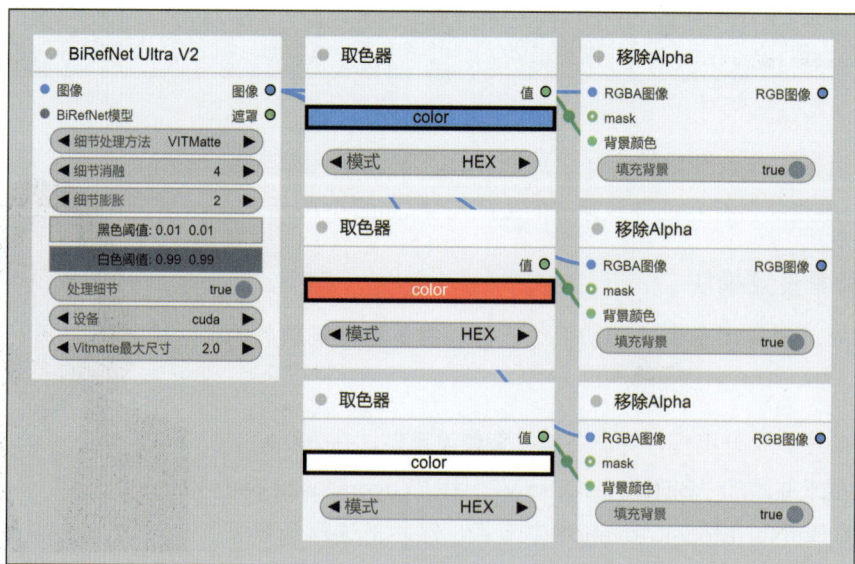

图 4-78

步骤03 创建"图像切换(CR-4 路)"节点,把 3 个"移除 Alpha"节点全部连接到新建的节点。继续创建"设置节点"和"保存图像"节点,并把这两个节点连接到"图像切换(CR-4 路)"节点的"图像"输出端口。在"设置节点"的 Constant 中选择"图像 2"。

步骤04 在"图像切换(CR-4 路)"节点的"输入"菜单中选择 1,可以生成蓝色背景的照片;选择 2,可以生成红色背景的照片;选择 3,可以生成白色背景的照片,如图 4-79 所示。

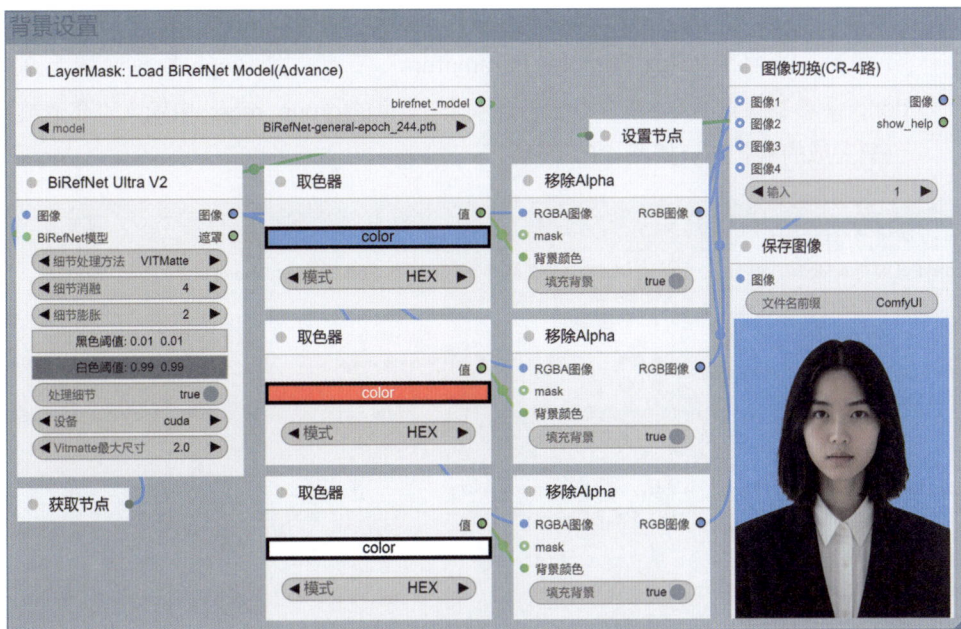

图 4-79

4 PuLID 换脸模块

步骤01 在"PuLID 换脸"分组框中,删除"获取节点""图像调色""Warp Faces Back""Florence2 模型加载器""Florence2 执行""设置 Latent 噪波遮罩"和"图像对比"节点。剩下的节点如图 4-80 所示。

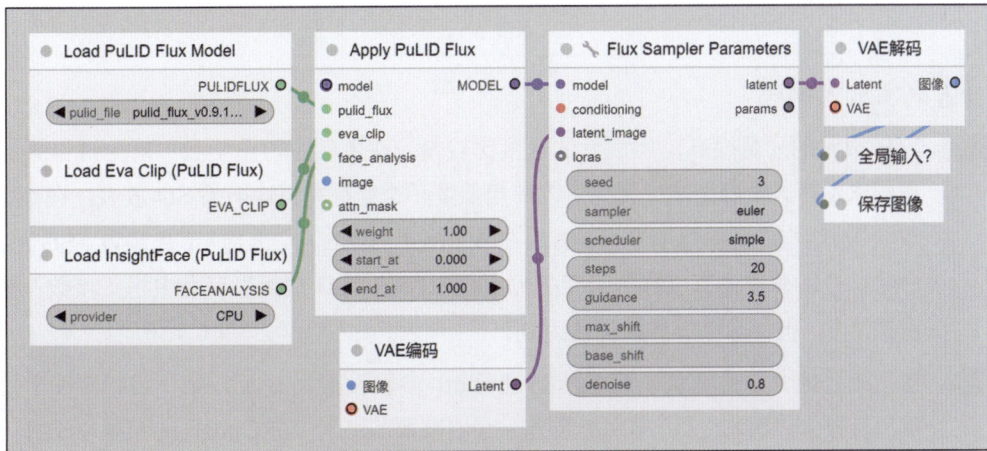

图 4-80

步骤 02 创建一个"获取节点",在 Constant 菜单中选择"图像 2",然后连接到"VAE 编码"节点上。继续在"Flux Sampler Parameters"节点中把 steps 参数设置为 20,把 denoise 参数设置为 0.8。在"全局输入?"节点的 group_regex 中输入"高清放大"。创建完成的换脸模块如图 4-81 所示。

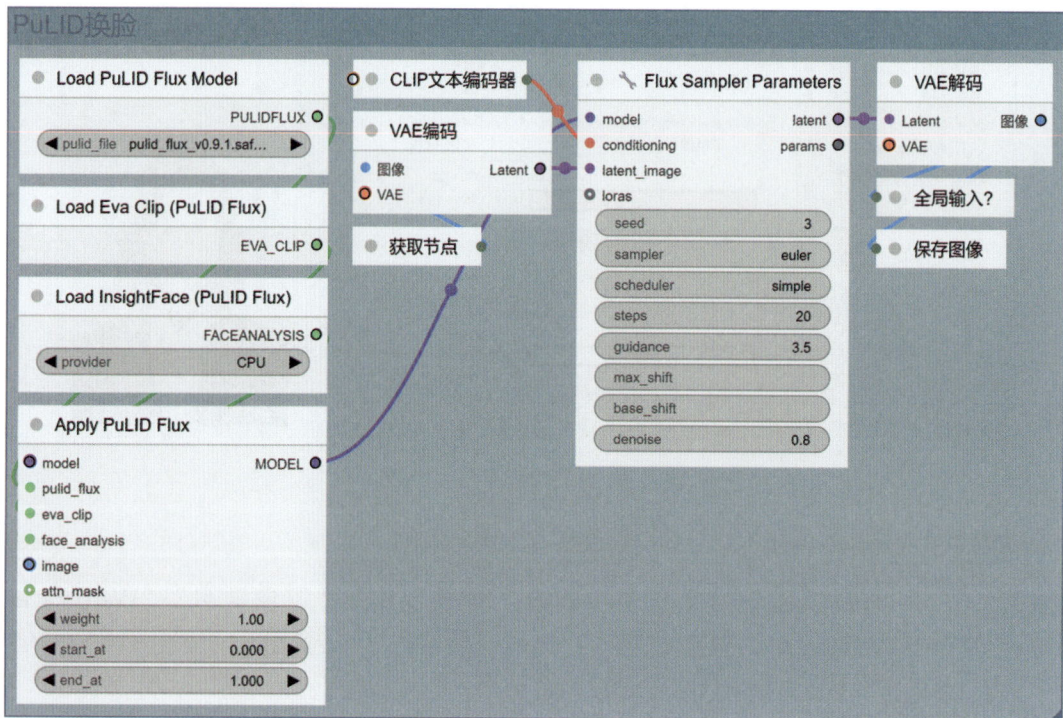

图 4-81

5 高清放大模块

步骤 01 TTP 放大的质量很高,但放大的速度比较慢。在本例中,由于我们对生成结果的质量要求没有人像那么高,因此可以使用质量和速度都较为均衡的 SD 放大。在"高清放大"分组框中删除所有节点,然后在画布的空白处右击,选择"节点预设 /SD 放大"命令,把所有预设节点移到清空的分组框中。在"SD 放大"节点中把"步数"参数设置为 8,把"降噪"参数设置为 0.2。

步骤 02 接下来创建"图像调色"节点,把 strength 参数设置为 3 后,把"目标图像"输出端口连接到"SD 放大"节点。创建一个"获取节点",在 Constant 菜单中选择"图像 2"后连接到"图像调色"节点的"参考图像"输入端口。从"SD 放大"节点的"正面条件"输入端口拖出连线，创建"CLIP 文本编码器"节点，如图 4-82 所示。

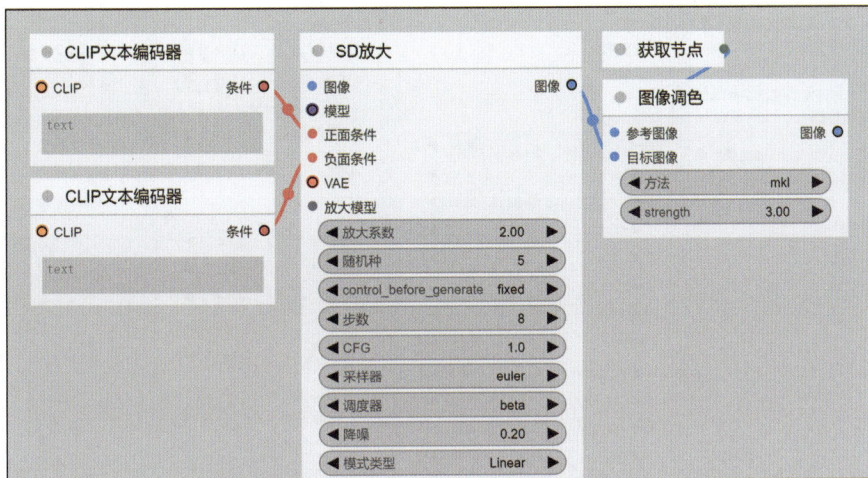

图 4-82

步骤 03 创建"图像裁剪"节点，然后连接到"图像调色"节点。依次把"图像裁剪"节点的"宽度"参数设置为 1360，把"高度"参数设置为 2048，把"位置"参数设置为 center，把"X 偏移"参数设置为 –10，把"Y 偏移"参数设置为 –148，这样就能把放大后的图像裁剪成 1 寸证件照的宽高比。继续创建"亮度 / 对比度"节点，并连接到"图像裁剪"节点。把"亮度 / 对比度"节点的"亮度"参数设置为 1.15，如图 4-83 所示。

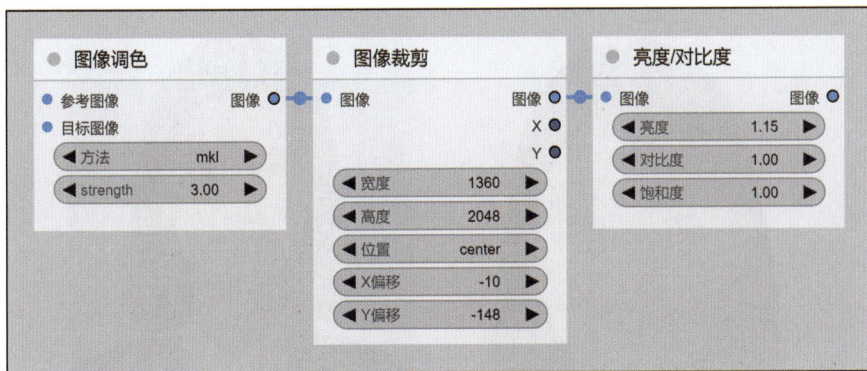

图 4-83

步骤 04 最后，把"保存图像"节点连接到"亮度 / 对比度"节点，完成 SD 高清放大模块的创建，如图 4-84 所示。

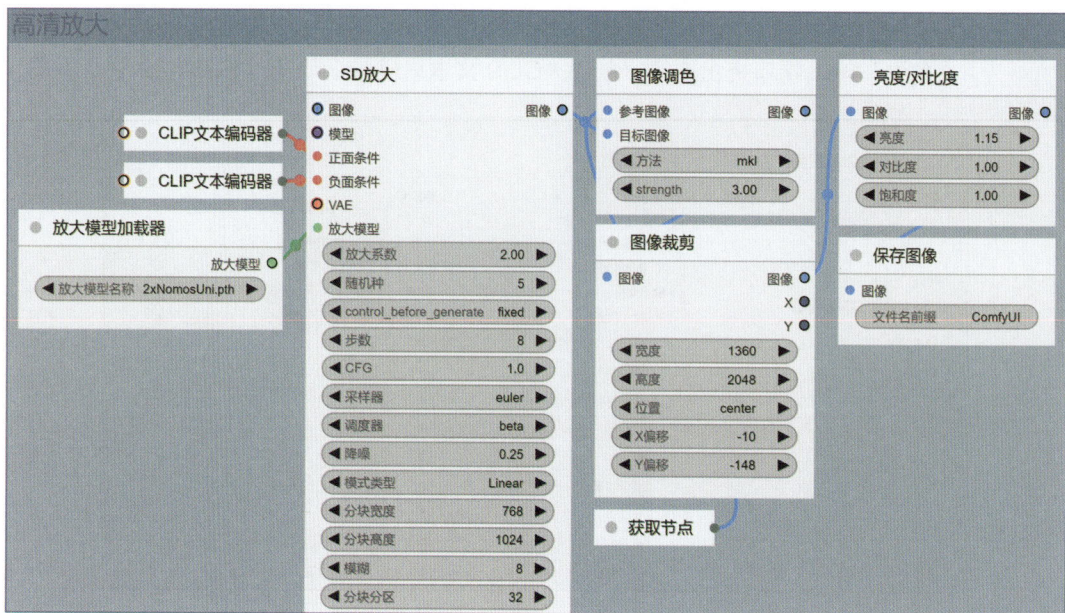

图 4-84

6 运用工作流

这个工作流的运行也很简单，上传面部参考图后，在"背景设置"模块的"图像切换(CR-4路)"节点中选择背景颜色。为了获得更真实的照片效果，我们可以在"UNET 加载器"中加载 F1-Pixelwave 模型。运行工作流，就能得到逼真的 1 寸证件照片，如图 4-85 所示。

图 4-85

当前的工作流也可以进行一些优化。我们可以只开启"加载图像模型"和"生成模特"两个模块，生成两张满意的男性和女性图像，然后把图像保存起来作为模板。在"背景设置"模块中创建两个"加载图像"节点，载入两张模特参考图。接着，将"图像切换（CR-4 路）"节点连接到"BiRefNet Ultra V2"节点，如图 4-86 所示。这样就可以跳过抽卡步骤，直接选择替换男模特或女模特。

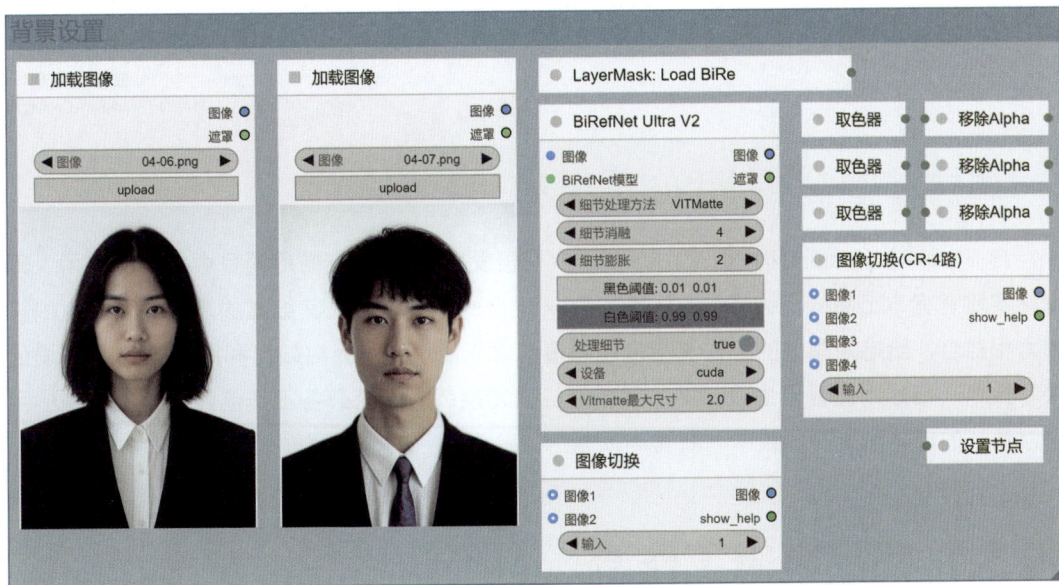

图 4-86

第5章 Chapter

电商美工工作流

AI 摄影与创意设计：
Stable Diffusion-ComfyUI

　　自 Stable Diffusion 问世以来，许多用户积极发掘 AI 绘画在商用项目中的实际应用。黑森林实验室官方出品的 Flux Tools 补齐了 Flux 模型的关键生态，其细腻的表现力和强大的控制力相结合，给电商领域的工作流带来了颠覆性改变。本章将介绍如何利用 Flux 模型开发的最新技术，搭建商品背景生成、商品图精修、模特换装等电商必备工作流，让相关领域的用户以更低的成本和更高的效率，获得高质量的商品图。

■ 5.1 商品精修工作流

完成工作流	附赠素材/工作流/电商美工/Flux-商品精修.json
参考图素材	附赠素材/参考图/05-01.png、05-02.png

　　商品精修是对商品摄影图进行精细化的后期处理，去除摄影图中的瑕疵，提升商品的质感和吸引力。虽然目前 AI 绘画尚无法完全取代人工，但这并不是因为我们无法搭建出能满足各种处理需求的工作流，而是因为在很多情况下，过于复杂的流程反而得不偿失。举例来说，许多商品摄影图需要处理电线、造型支架、背景板污点、反射的周边环境等细节，虽然这些处理工作可以通过工作流中的局部重绘模块来进行，但效率远不及在 Photoshop 中用污点修复画笔涂抹几笔。因此，在搭建工作流时，我们应当首先考虑如何发挥各工具的优势，更高效地达成目标，而不是单纯地"炫技"。

本节中的商品精修工作流重点在于去除瑕疵后的整体处理，采用类似高清修复的方式对经过基本处理的商品图进行二次重绘，从而提升图像的整体质感，并去除修复画笔等工具可能留下的痕迹。

1 加载图像和模型模块

步骤 01 搜索并添加"加载图像"和"按宽高比缩放_V2"节点，把两个节点的"图像"端口连接起来。加载需要处理的商品图，在"按宽高比缩放_V2节点的"缩放到边"菜单中选择 shortest。新建"全局输入"节点，并连接到"按宽高比缩放V2"节点的"图像"输出端口。继续创建两个"设置节点"，并分别连接到"按宽高比缩放V2"节点的 width 和 height 输出端口，然后在两个"设置节点"的 Constant 菜单中设置输入端口名称，如图 5-1 所示。

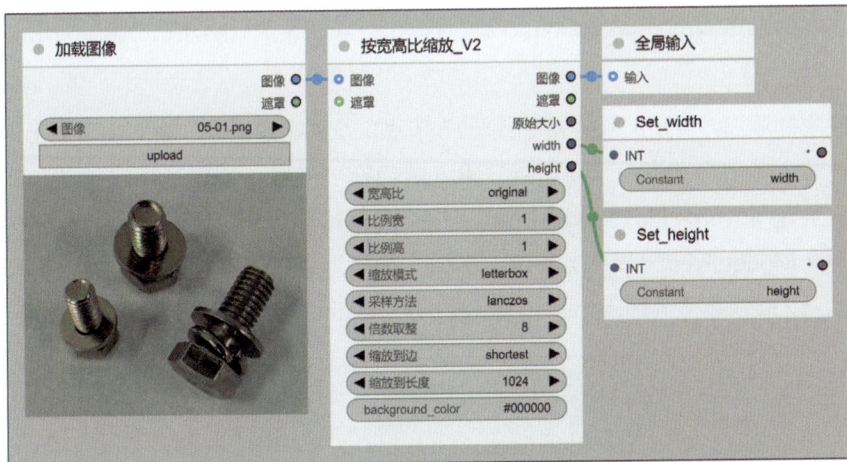

图 5-1

步骤 02 在画布的空白处右击，选择"节点预设／加载 Flux 模型"命令，然后删除"强力 LoRA 加载器"节点。按住 Ctrl 键框选所有节点后，按快捷键 Ctrl＋G 创建分组框，把分组框命名为"加载图像和模型"，如图 5-2 所示。

2 逆采样模块

对于商品图，我们首先要确保商品细节在重绘过程中不发生太大变化。即使利用 ContorlNet 进行约束，常规的重绘方法也会产生细节变化。为最大限度还原商品图，这里选用逆采样技术，先根据商品图反推出能够生成这张图像的噪波图，再结合提示词，通过反推的噪波图重新生成图像。

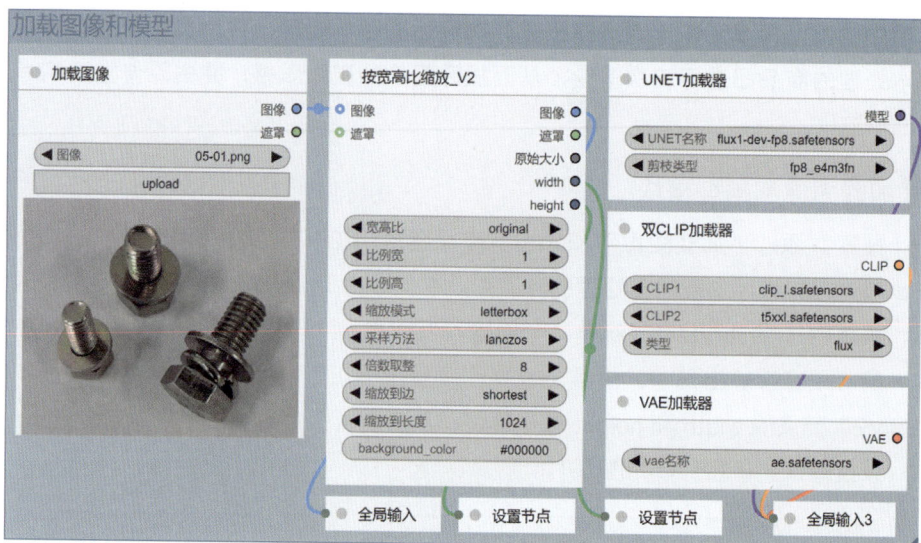

图 5-2

步骤01 搜索并添加"自定义采样器（高级）"节点，从"噪波生成"输入端口拖出连线，创建"禁用噪波"节点；从"引导"输入端口拖出连线，创建"基础引导"节点。接下来创建"Inverse Flux Model Pred"节点，并连接到"基础引导"节点。继续在"Inverse Flux Model Pred"节点上右击，选择"转换为输入／转换宽度为输入"和"转换为输入／转换高度为输入"命令，把width和height参数转换为输入端口，如图5-3所示。

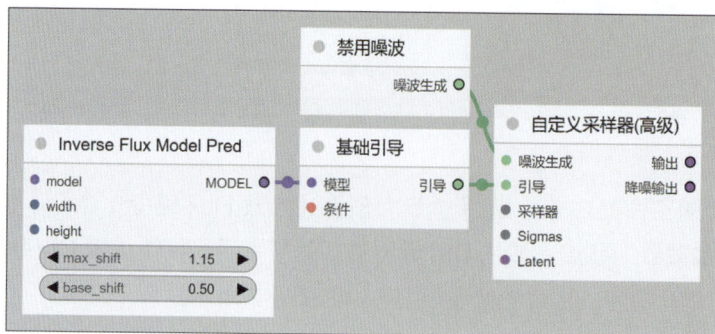

图 5-3

步骤02 继续创建"Flux Forward ODE Sampler""基础调度器"和"VAE 编码"节点，把这3个节点都连接到"自定义采样器（高级）"节点。搜索并添加"翻转 Sigmas"节点，连接到"基础调度器"和"自定义采样器（高级）"节点之间。在"基础调度器"节点的"调度器"菜单中选择simple，把"步数"参数设置为30，如图5-4所示。

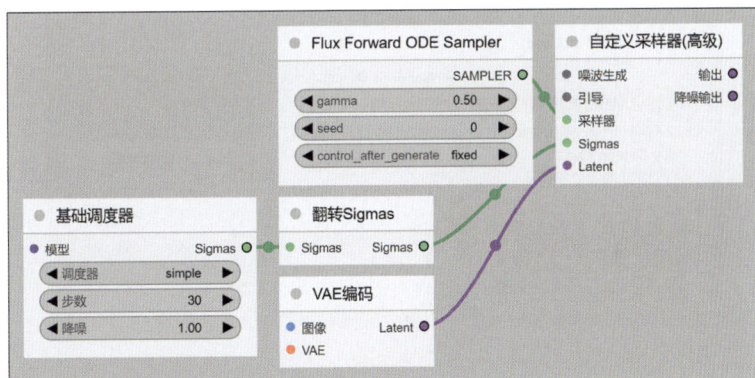

图 5-4

步骤 03 搜索并添加"Flux DeGuidance"节点,把 guidance 参数设置为 0,连接到"基础引导"
节点。从"Flux DeGuidance"节点的输入端口拖出连线,创建"CLIP 文本编码器"
节点。继续在"CLIP 文本编码器"节点上右击,选择"转换为输入/Convert text to
input"命令,把文本输入框转换为输入端口,如图 5-5 所示。

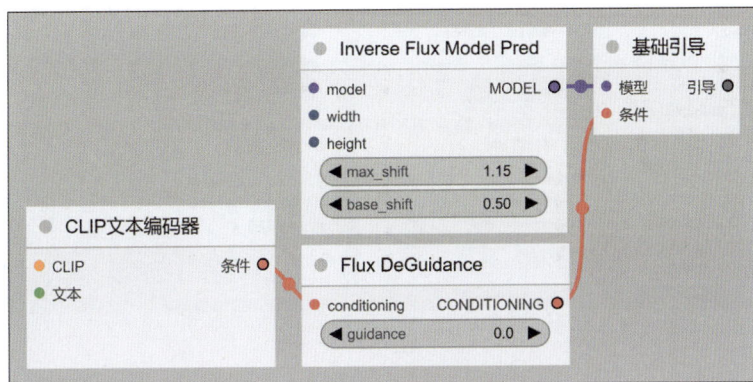

图 5-5

步骤 04 接着搜索并添加"Joy Caption Two"节点,连接到"CLIP 文本编码器"节点。从"Joy
Caption Two"节点的 joy_two_pipeline 输入端口拖出连线,创建"Joy Caption Two
Load"节点,如图 5-6 所示。

步骤 05 创建两个"获取节点",分别连接到"Inverse Flux Model Pred"节点的 width 和
height 输入端口上,然后在两个"获取节点"的 Constant 菜单上选择对应的端口名称。
框选所有没有分组的节点后,按快捷键 Ctrl+G 创建分组框,并命名为"逆采样"。
分组框中的节点及参数如图 5-7 所示。

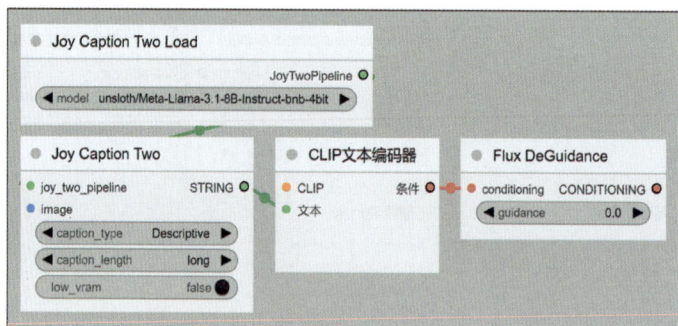

图 5-6

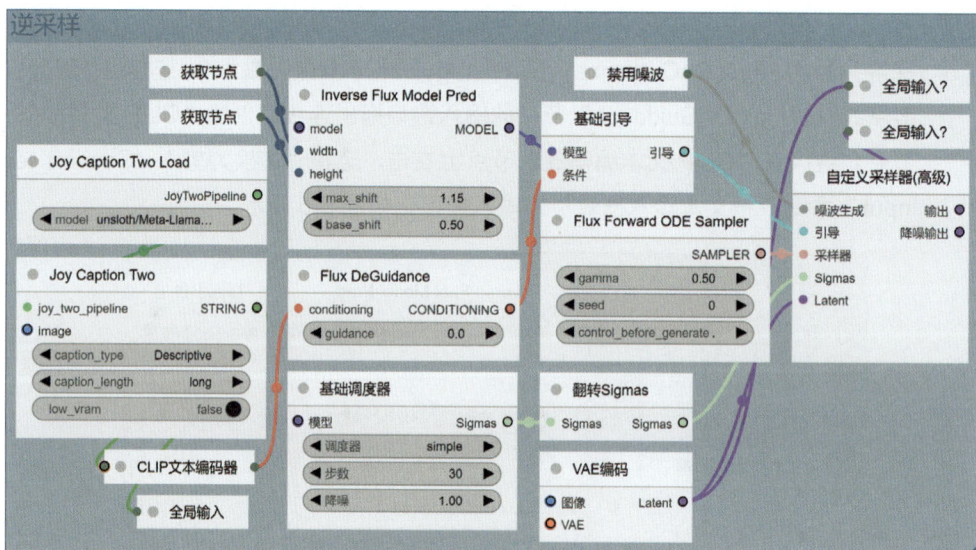

图 5-7

3 采样输出模块

逆采样结束后，还要进行一次正常采样。

步骤01 复制"逆采样"分组框以及其中的所有节点，并重命名为"采样输出"。删除"Joy Caption Two Load""Joy Caption Two""翻转 Sigmas"和"VAE 编码"节点。用"Flux Reverse ODE Sampler"节点替换"Flux Forward ODE Sampler"节点，用"Outverse Flux Model Pred"节点替换"Inverse Flux Model Pred"节点。

步骤02 把"Outverse Flux Model Pred"节点的 width 和 height 参数转换成输入端口，然后把输出端口连接到"基础引导""基础调度器"和"Flux Reverse ODE Sampler"节点。

在"Flux DeGuidance"节点上把 guidance 参数设置为 3.5；在"Flux Reverse ODE Sampler"节点上把 eta 参数设置为 0.85，把 end_step 参数设置为 20，如图 5-8 所示。

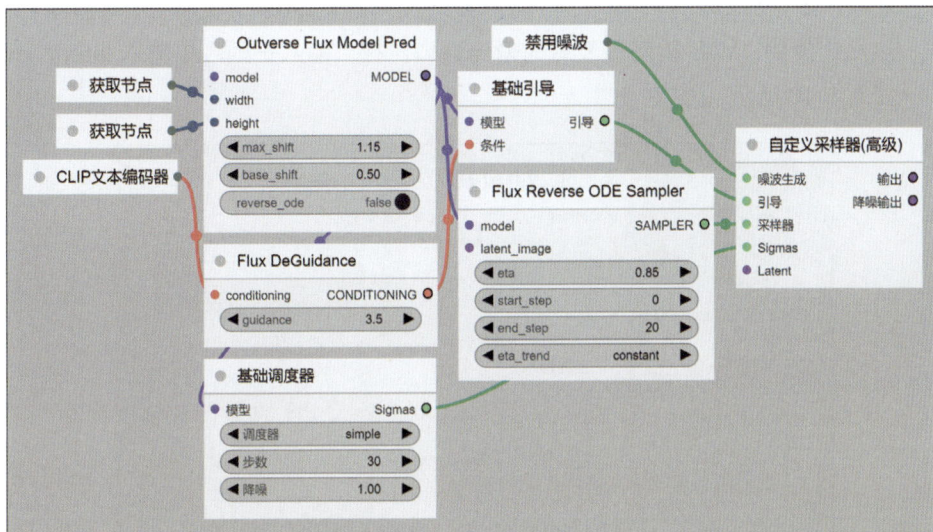

图 5-8

步骤 03　在"Outverse Flux Model Pred"节点中把 reverse_ode 选项设置成 true。从"自定义采样器（高级）"节点的"输出"端口拖出连线，创建"VAE 解码"节点，然后继续创建"预览图像"节点，完成采样输出模块的创建，如图 5-9 所示。

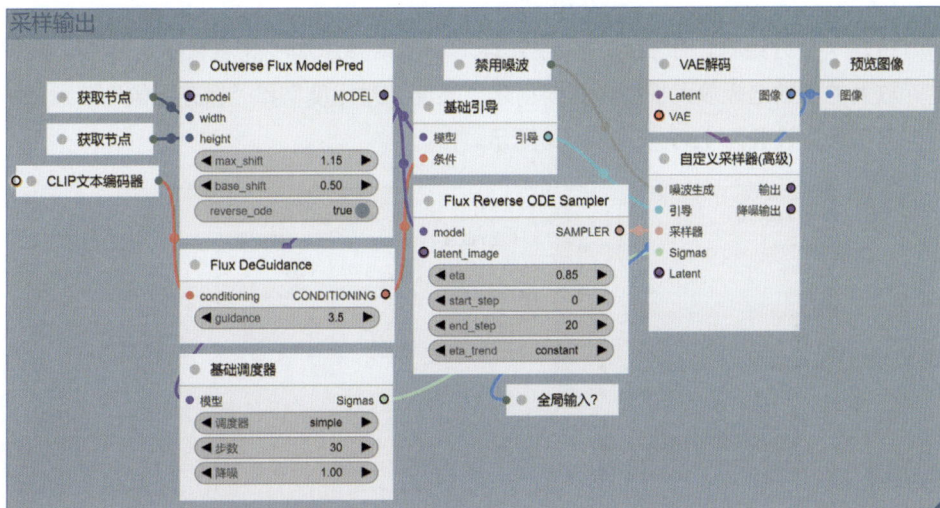

图 5-9

步骤 **04** 在"逆采样"分组框中创建"全局输入"节点,连接到"Joy Caption Two"节点的输出端口。创建一个"全局输入?"节点,连接到"自定义采样器(高级)"节点的"输出"端口,在"全局输入?"节点的"输入正则"中输入 Latent。复制"全局输入?"节点,然后连接到"VAE 编码"节点的输出端口,在"输入正则"中输入 latent_image,如图 5-10 所示。

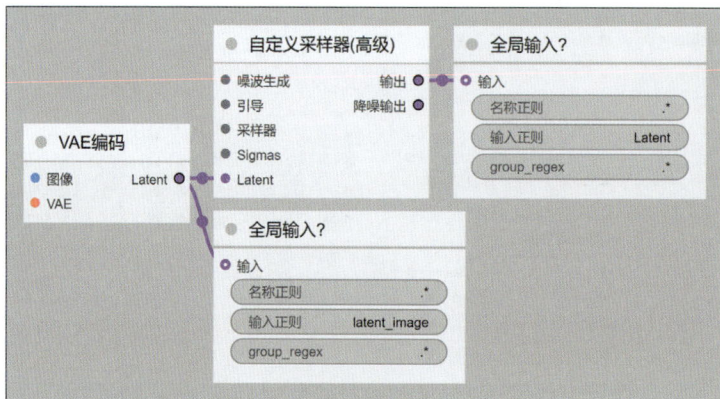

图 5-10

4 后期处理模块

最后,我们实现一个后期处理模块,用于调整生成结果的亮度和对比度,并根据需要选择是否去除生成图像的背景或修改背景颜色。

步骤 **01** 新建一个分组框,命名为"后期处理"。搜索并添加"高清修复"节点,根据需要放大的倍数选择放大模型。继续创建"亮度/对比度"和"保存图像"节点,把"亮度"参数设置为 1.1,如图 5-11 所示。

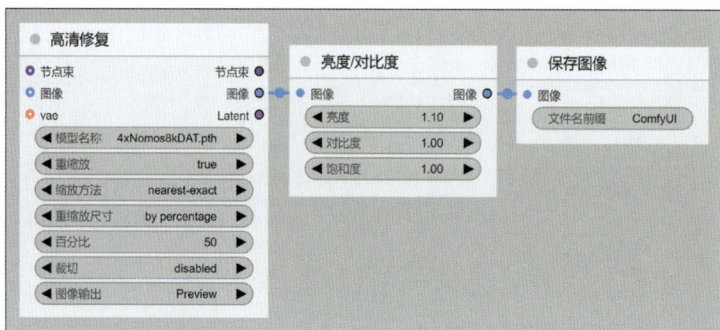

图 5-11

步骤 02 搜索并添加"BiRefNet Ultra V2""移除 Alpha"和"保存图像"节点，依次连接到
"亮度／对比度"节点后面。在"移除 Alpha"节点上右击，选择"转换为输入／转
换背景颜色为输入"命令，把"背景颜色"参数转换为输入端口，并把"填充背景"
设置为 true，如图 5-12 所示。

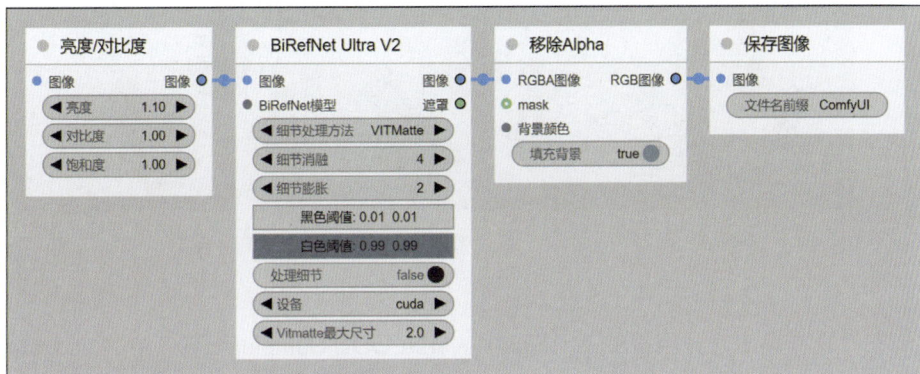

图 5-12

步骤 03 从"BiRefNet Ultra V2"节点的"BiRefNet 模型"端口拖出连线，创建"LayerMask:
Load BiRefNet Model V2(Advance)"节点。搜索并添加"取色器"节点，连接到"移
除 Alpha"节点的"背景颜色"端口。创建完成的处理后期模块如图 5-13 所示。

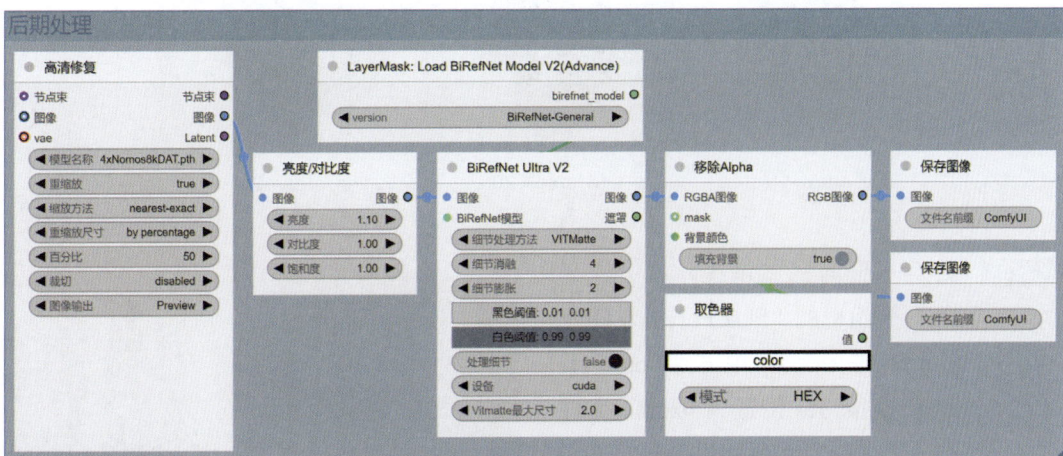

图 5-13

步骤 04 在"采样输出"分组框中创建"全局输入？"节点，并在 group_regex 中输入"后期
处理"，然后连接到"VAE 解码"节点的输出端口。

5 运用工作流

步骤 01 在"取色器"节点中单击 color 按钮，设置要替换的背景颜色。运行工作流后，可以得到一张精修的商品图和一张单色背景的商品图，如图 5-14 所示。

参考图　　　　　　　商品精修　　　　　　　更换背景

图 5-14

步骤 02 在"采样输出"分组框中，"Flux Reverse ODE Sampler"节点中的 end_step 参数可以控制图像的修复强度，数值越小，修复效果越好，但可能会改变商品上的细节；数值越大，参考图中的细节保留越多，如图 5-15 所示。

end_step=15　　　　　end_step=20　　　　　end_step=25

图 5-15

步骤 03 更换一张商品参考图，在"逆采样"分组框的"Flux Forward ODE Sampler"节点中，把 control_after_generate 设置为 fixed。生成结束后，在"后期处理"分组框中根据需要调整"亮度 / 对比度"节点中的参数，即可得到理想的修复效果，商品上的文字细节也能很好地保留，如图 5-16 所示。

图 5-16

5.2 背景生成工作流

完成工作流	附赠素材/工作流/电商美工/Flux-背景生成.json
参考图素材	附赠素材/参考图/05-03.png、05-04.png

给商品更换背景的方法有很多种，本节将搭建的工作流采用文本图的方式生成背景，我们只需上传一张商品图，甚至直接用手机给商品拍摄照片，就能得到任意画幅的背景图像，并将商品融入其中。

1 加载图像和模型模块

步骤 **01** 在画布的空白处右击，选择"节点预设／加载 Flux 模型"命令。因为生成背景的工作流需要通过反复抽卡的方式获取满意的效果，所以可以在"UNET 加载器"节点中加载生成速度非常快的 Shuttle 3.1 Aesthetic 大模型。更重要的是，这个模型生成的图片可以免费商用，不用担心版权的问题。

步骤 **02** 接下来，在"强力 LoRA 加载器"节点中选择适合商品的 LoRA 模型，把 Strength 参数设置为 1，这样可以在一定程度上固定背景的风格，减少抽卡次数，如图 5-17 所示。

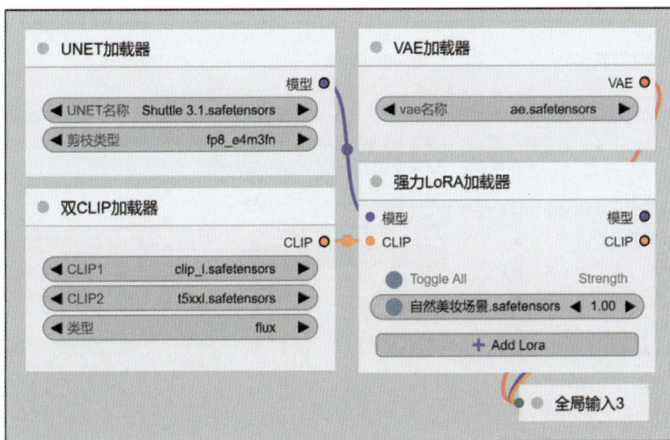

图 5-17

步骤 **03** 新建"加载图像"节点，载入需要处理的商品图。继续创建一个"全局输入"节点，连接到"加载图像"节点。框选所有节点后，按快捷键 Ctrl+G 创建分组框，并命名为"加载模型和图像"，如图 5-18 所示。

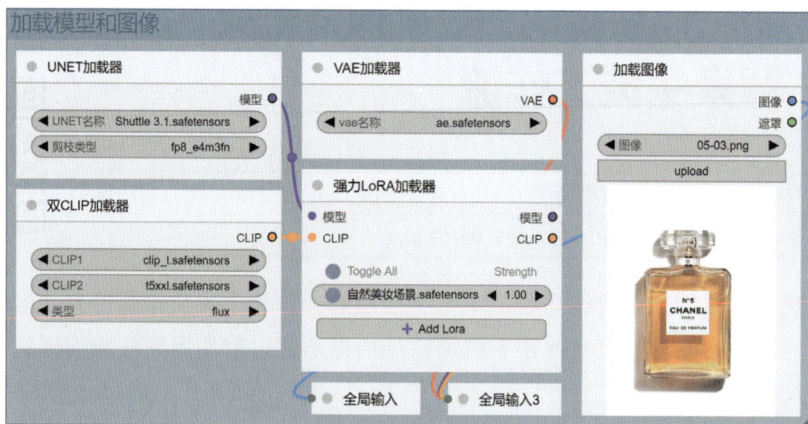

图 5-18

2 图像处理模块

步骤 01 创建"按宽高比缩放_V2"节点，在"缩放到边"菜单中选择 shortest，控制载入图像的尺寸。创建"BiRefNet Ultra"节点，并连接到"按宽高比缩放_V2"节点，以自动提取商品主体的图像和遮罩。继续创建"获取色调_V2"节点，将两个输入端口都连接到"BiRefNet Ultra"节点，在"模式"菜单中选择 average，这样可以自动填充商品的背景颜色，如图 5-19 所示。

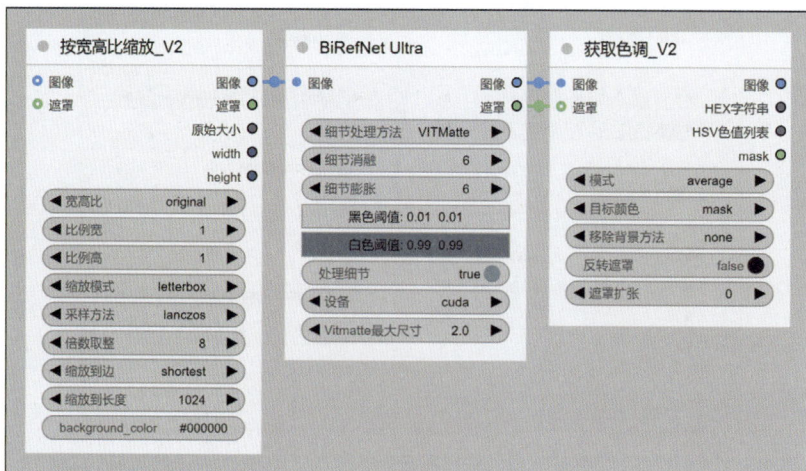

图 5-19

步骤 02 搜索并添加"颜色面板"节点，并将它的"面板宽度""面板高度"和"填充色HEX"参数转换成输入端口。把"按宽高比缩放_V2"节点上的 width 与 height 输出端口和"获取色调_V2"节点上的"HEX 字符串"输出端口连接到"颜色面板"节点，如图 5-20 所示。

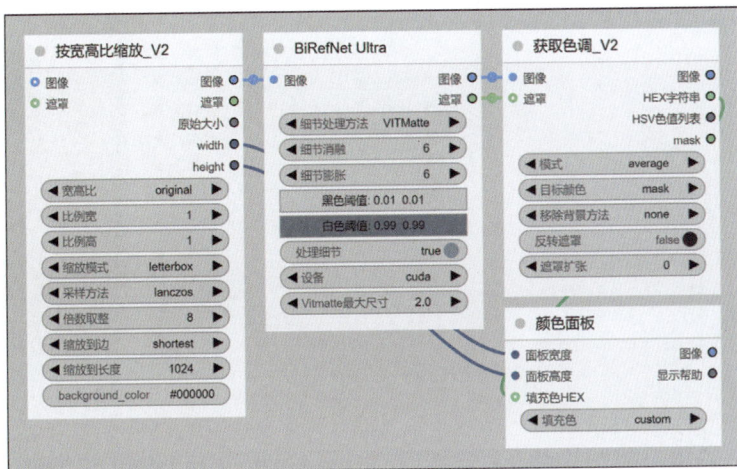

图 5-20

步骤 03 创建"LayerUtility: ImageBlendAdvance V2"节点，将它的 layer_image 输入端口连接到"BiRefNet Ultra"节点的"图像"输出端口，将 background_image 输入端口连接到"颜色面板"节点的"图像"输出端口，将 layer_mask 输入端口连接到"获取色调_V2"节点的 mask 输出端口，如图 5-21 所示。

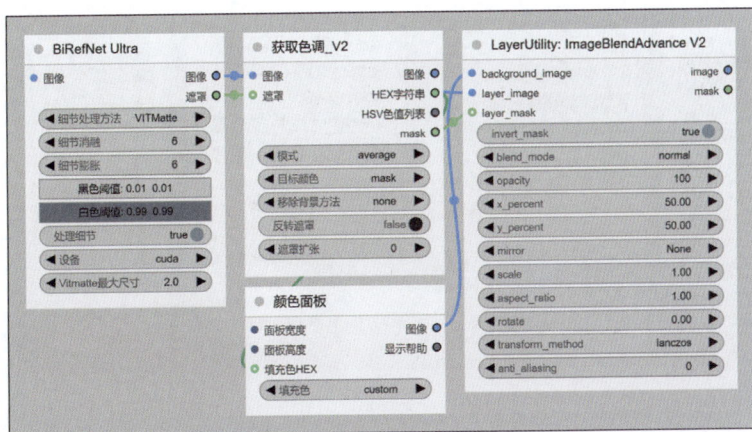

图 5-21

步骤 04 在"LayerUtility: ImageBlendAdvance V2"节点上，把 invert_mask 参数设置为 false，利用 scale 参数控制商品主体在合成画布中的尺寸，利用 x_percent 和

y_ percent 参数控制商品主体在合成画布中的位置，如图 5-22 所示。

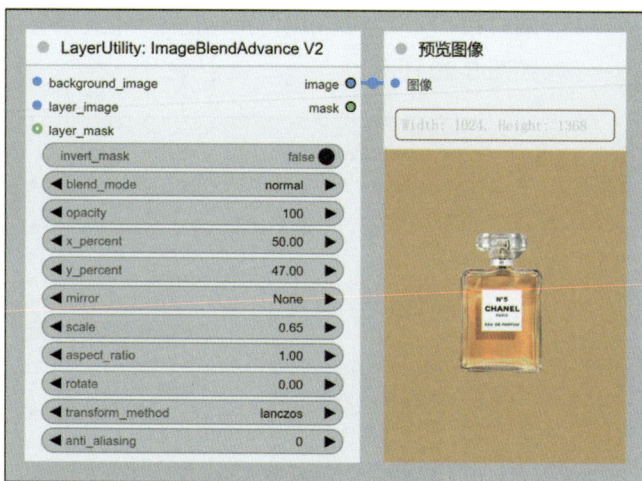

图 5-22

步骤 05 创建"遮罩反转"节点，并连接到"LayerUtility: ImageBlendAdvance V2"节点的 mask 输出端口。选中所有未分组的节点，按快捷键 Ctrl+G 创建分组框，并命名为"图像处理"，如图 5-23 所示。

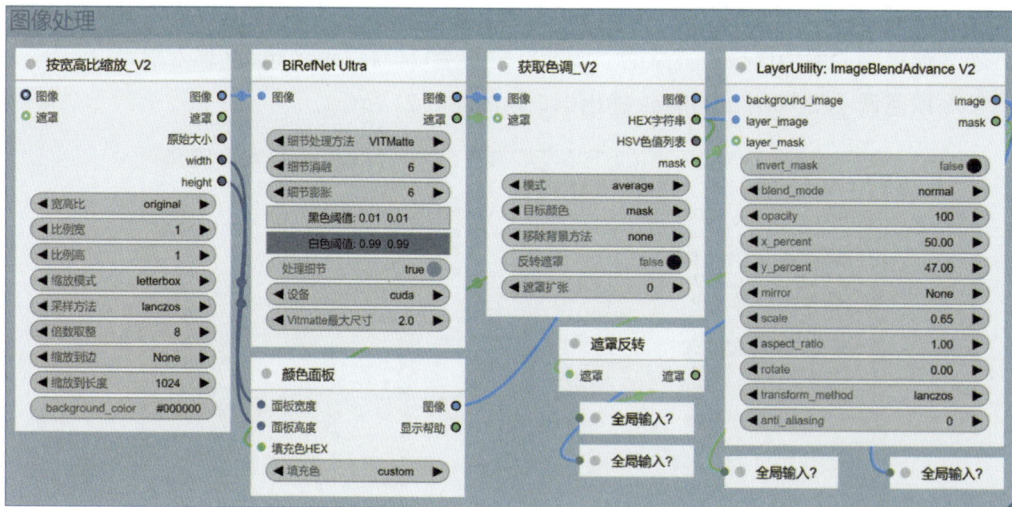

图 5-23

3 一次采样模块

通过图像处理模块，可以得到一张单色背景的商品图和一张遮罩图，接下来我们利用局部重绘模块生成背景区域的图像。

步骤 01 搜索并添加"Flux Sampler Parameters"节点，把 steps 参数设置为 6。创建"内补模型条件"节点，把"正面条件"和 Latent 输出端口连接到"Flux Sampler Parameters"节点。分别从"内补模型条件"节点的"正面条件"和"负面条件"输入端口拖出连线，创建"CLIP 文本编码器"节点。在正向条件的"CLIP 文本编码器"节点中输入描述背景的提示词，如图 5-24 所示。

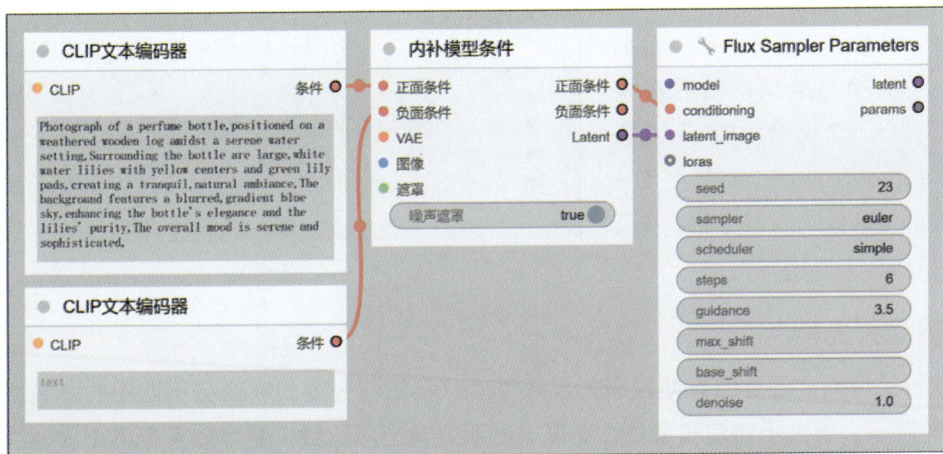

图 5-24

步骤 02 从"Flux Sampler Parameters"节点的 latent 输出端口拖出连线，创建"VAE 解码"节点，继续创建"预览图像"节点。选中所有未分组的节点，按快捷键 Ctrl+G 创建分组框，并命名为"一次采样"，结果如图 5-25 所示。

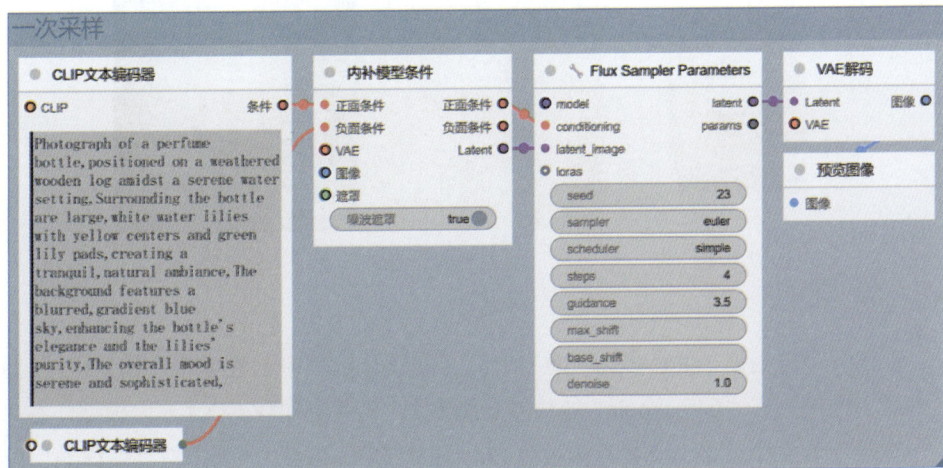

图 5-25

步骤 03 在"图像处理"模块中创建两个"全局输入?"节点，把两个节点分别连接到"LayerUtility: ImageBlendAdvance V2"节点的 image 输出端口和"遮罩反转"节点的输出端口，然后在两个"全局输入?"节点的 group_regex 中输入"一次采样"，如图 5-26 所示。

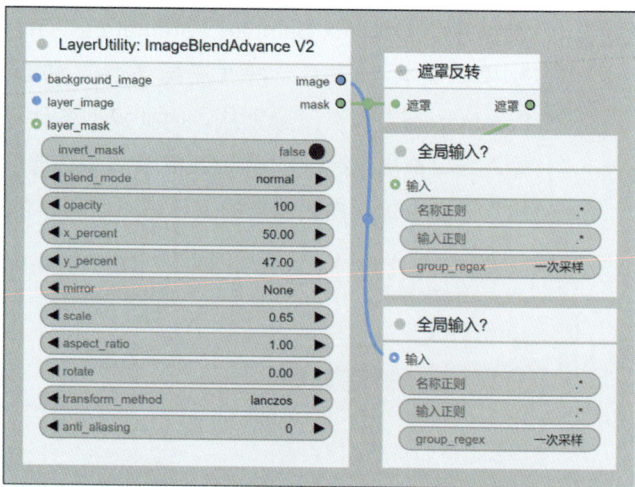

图 5-26

4 重打光模块

运行工作流，经过图像处理和一次采样后，我们已经得到和商品相匹配的背景图，如图 5-27 所示。但由于商品和背景在亮度、光照方向上不一致，整体效果显得不太协调。为了进一步完善工作流，我们利用自定义节点 ComfyUI-IC-Light 打造重打光模块，匹配商品和背景的光照分布。

参考图　　　　　图像处理　　　　　一次采样

图 5-27

步骤 01 新建一个分组框，并命名为"重打光"。在该分组框中创建标准的 SD 1.5 模型文生图工作流。在"Checkpoint 加载器（简易）"节点中加载 SD 1.5 大模型，在"K 采样器"节点中设置"步数"参数为 25，设置 CFG 参数为 1.5，把"采样器"设置为 dpmpp_2m，把"调度器"设置为 karras，如图 5-28 所示。

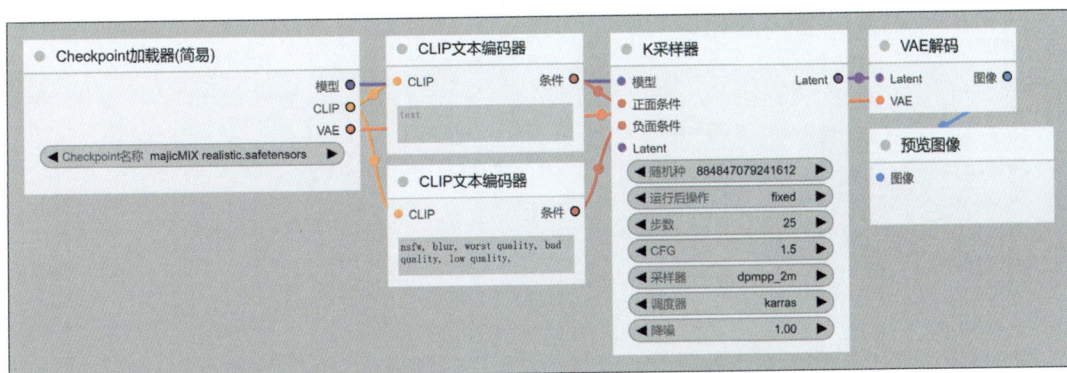

图 5-28

步骤 **02** 搜索并添加"加载 ICLight 模型"节点，连接到"Checkpoint 加载器（简易）"和"K
采样器"节点之间。继续创建"应用 ICLight 条件"节点，并连接到"CLIP 文本编码器"
和"K 采样器"节点之间，把它的"乘数"参数设置为 0.3，如图 5-29 所示。

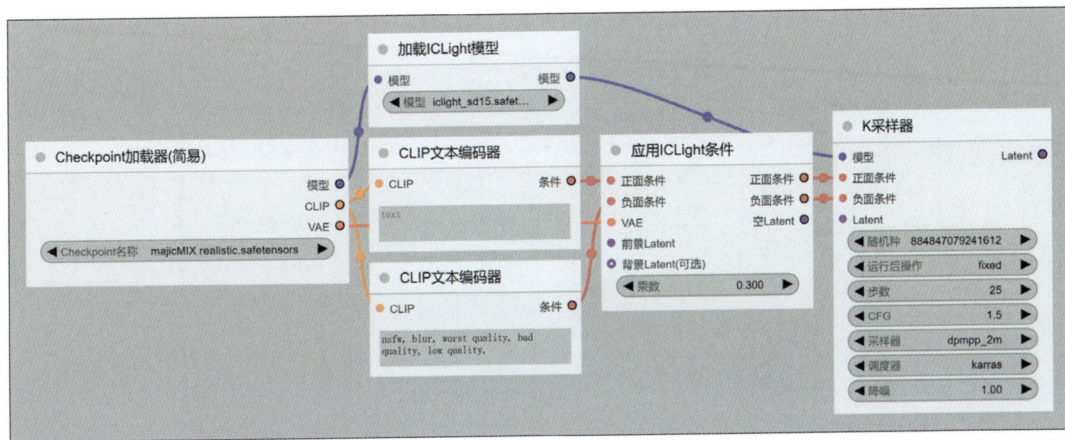

图 5-29

步骤 **03** 创建"阴影与高光"节点，把"阴影亮度"参数设置为 2。继续创建"高斯模糊"节点，
把 blur 参数设置为 10 后连接到"阴影与高光"节点。从"高斯模糊"节点的输出端
口拖出连线，创建"VAE 编码"节点，然后将其连接到"K 采样器"节点，如图 5-30
所示。

步骤 **04** 再次创建"VAE 编码"节点，把输出端口连接到"应用 ICLight 条件"节点的"前景
Latent"输入端口。把"Checkpoint 加载器（简易）"节点的 VAE 输出端口连接到另
外两个"VAE 编码"节点，完成重打光模块的创建，如图 5-31 所示。

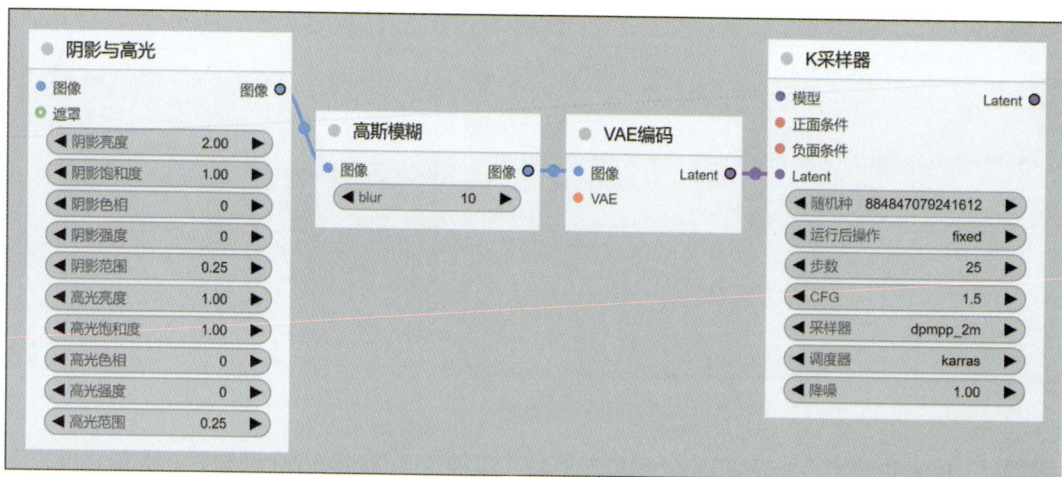

图 5-30

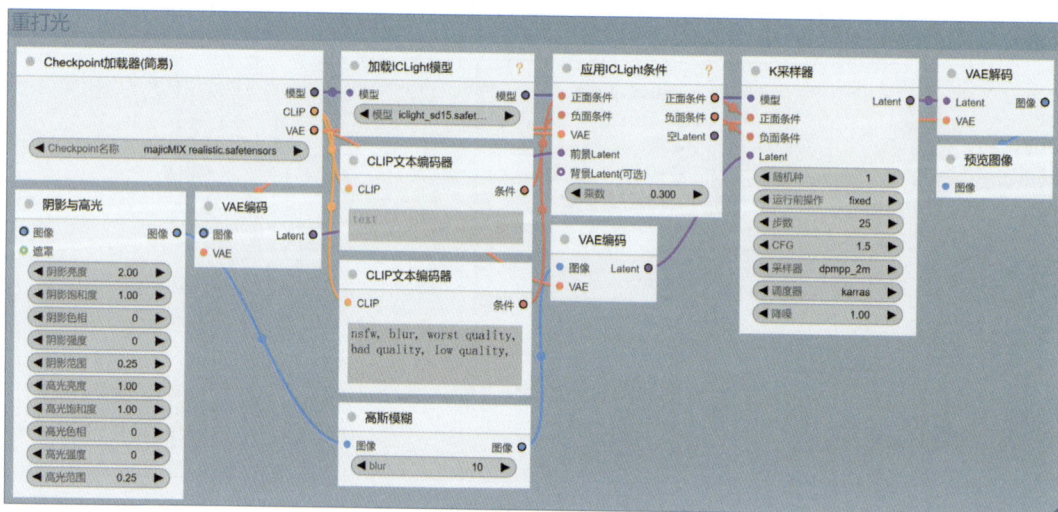

图 5-31

步骤 05 在"一次采样"模块中创建"全局输入?"节点，把节点连接到"VAE 解码"节点的输出端口上，在"group_regex"中输入"重打光"。

5 二次采样模块

由于 SD 1.5 模型的精度较低，重打光后的图像可能会损失许多细节，特别是商品上的文字，大部分会变得无法识别。因此，接下来我们利用 Flux 模型对重打光后的图像进行二次采样，以进一步提升图像的整体感，并利用恢复节点修复文字等细节。

步骤 **01** 复制"一次采样"模块，把分组框重命名为"二次采样"，然后删除"全局输入？""内补模型条件"和连接"负面条件"端口的"CLIP 文本编码器"节点。创建"VAE 编码"节点，把"图像"输入端口连接到"重打光"分组框中的最后一个"VAE 解码"节点，把 Latent 输出端口连接到"Flux Sampler Parameters"节点，如图 5-32 所示。

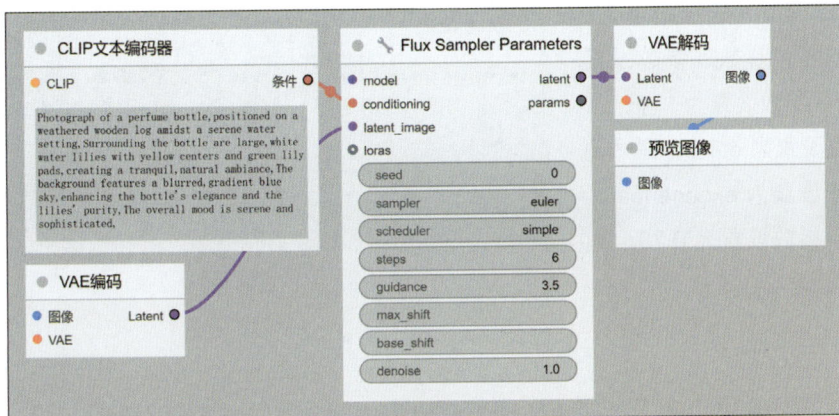

图 5-32

步骤 **02** 创建"LayerUtility: H/L Frequency Detail Restore"节点，连接到"VAE 解码"和"预览图像"节点之间。在"Flux Sampler Parameters"节点中把 denoise 参数设置为 0.55，如图 5-33 所示。

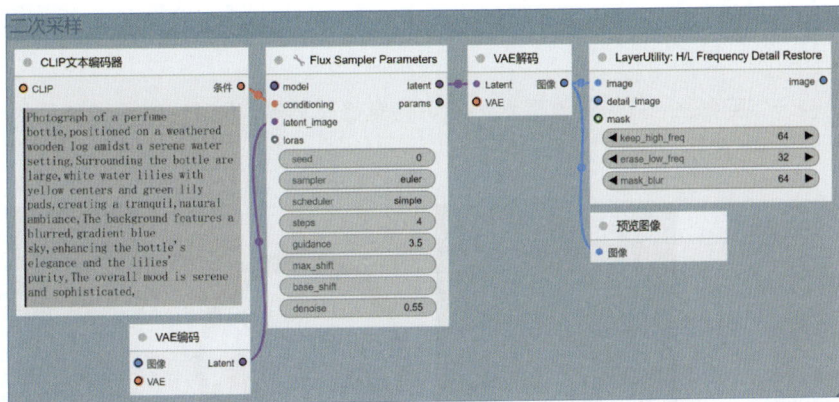

图 5-33

步骤 **03** 在"图像处理"模块中创建两个"全局输入？"节点，把两个节点分别连接到"LayerUtility: ImageBlendAdvance V2"节点的两个输出端口，然后在两个节点的 group_regex 中输入"二次采样"。

6 SD 放大模块

在画布的空白处右击，选择"节点预设 /SD 放大"命令。在"放大模型加载器"节点中选择一个 Nomos 模型；在"SD 放大"节点中依次把"步数"参数设置为 4，把 CFG 参数设置为 1，把"采样器"参数设置为 euler，把"调度器"参数设置为 exponential，把"降噪"参数设置为 0.75，如图 5-34 所示。

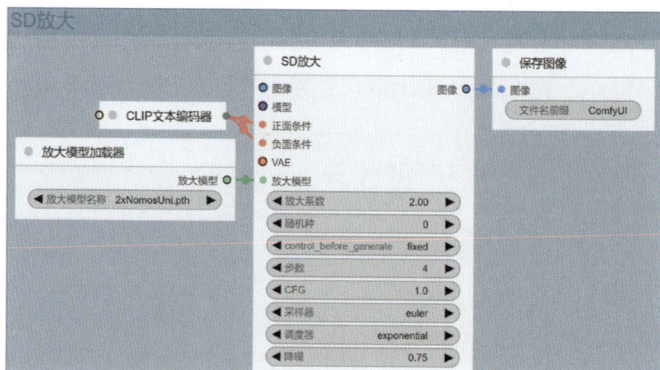

图 5-34

7 运用工作流

步骤 01 这个工作流只需在"图像处理"分组框中利用"LayerUtility: ImageBlendAdvance V2"节点中的 scale、x_percent 和 y_percent 参数调整商品的大小和位置，然后输入描述背景的提示词。输入提示词时应尽量只描述背景，避免描述商品，否则会出现重叠的商品图像。

步骤 02 在抽卡阶段，我们可以忽略"重打光""二次采样"和"SD 放大"分组框，得到满意的背景后再开启这 3 个分组框，生成最终的高清图像。本例的生成效果如图 5-35 所示。

步骤 03 更换一张商品图，只需修改提示词即可随意修改背景，同时还能保持商品的细节不变，如图 5-36 所示。

图 5-35

图 5-36

▣ 5.3 万物迁移工作流

完成工作流	附赠素材/工作流/电商美工/Flux-万物迁移.json
参考图素材	附赠素材/参考图/05-05.png~05-09.png

万物迁移工作流的核心思路是把 Flux Tools 中的 Redux 和 Fill 结合起来。利用 Redux 超强的迁移能力和 Fill 逼真的局部重绘效果，不但可以完美实现模特换装效果，还能对参考图中的任意物品进行转移和替换。这是目前电商领域实用性最强、效果最好的工作流。

1 图像处理模块

步骤01 搜索并添加"加载图像"节点，上传需要替换成的服装图像。继续搜索并添加"图像缩放"节点，注意这里使用的是"Essen 节点"中的"图像缩放"节点。把两个节点连接起来，在"图像缩放"节点中把"宽度"参数设置为 1024，把"高度"参数设置为 1360， 在" 插值 " 菜单中选择 lanczos，在 method 菜单中选择 keep proportion。

步骤02 创建"纯色图像"节点，并将它的"高度"和"宽度"参数转换为端口，然后连接到"图像缩放"节点，如图 5-37 所示。

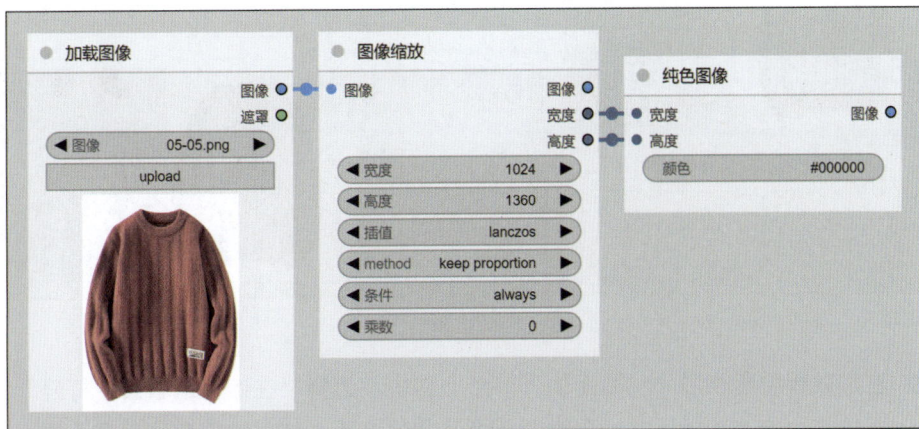

图 5-37

步骤03 搜索并添加"BiRefNet Ultra"节点，连接到"图像缩放"节点上自动提取服装的遮罩。接下来创建"遮罩到图像"节点，把上传的服装转换为黑白图像，如图 5-38 所示。

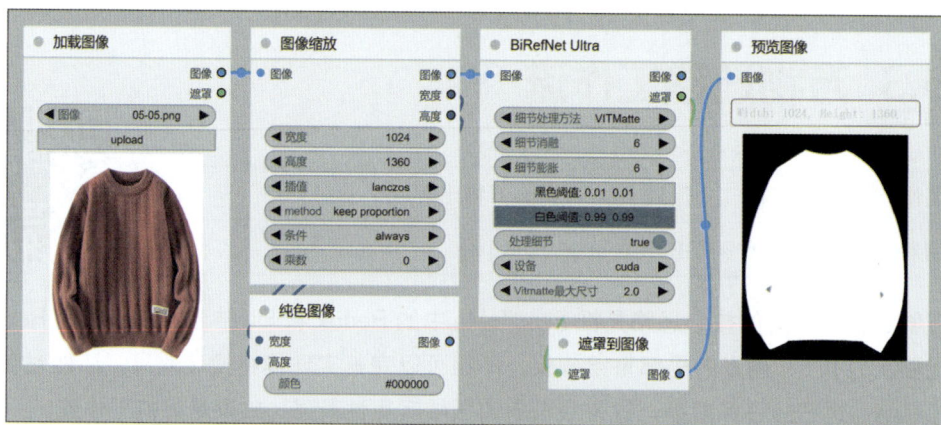

图 5-38

步骤 **04** 复制"加载图像""图像缩放"和"纯色图像"节点,在复制的"加载图像"节点上导入模特参考图。创建"图像联结"节点,并连接到两个"图像缩放"节点,如图 5-39 所示。

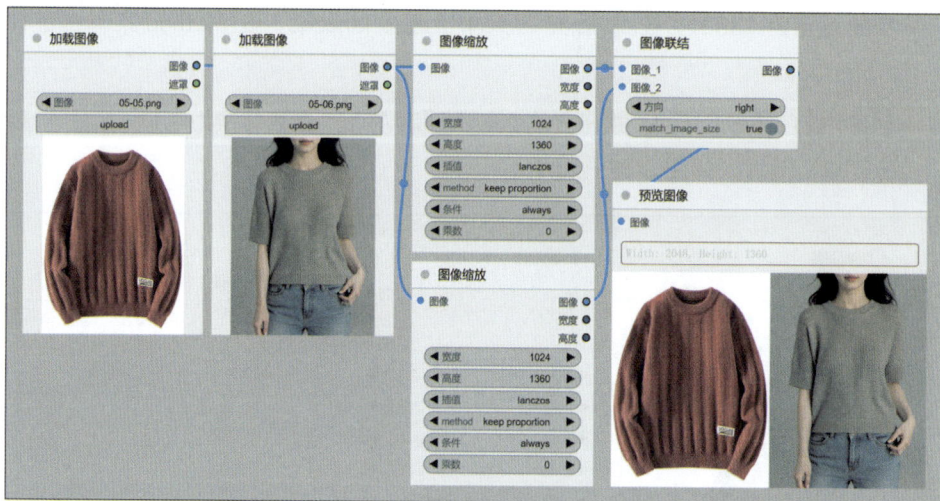

图 5-39

步骤 **05** 在加载模特图像的"加载图像"节点上右击,选择"在遮罩编辑器中打开"命令,在打开的遮罩编辑器中绘制需要替换服装的遮罩区域。遮罩区域尽量画得大一些,特别要注意替换服装的袖子和下摆的长度。接下来创建"遮罩到图像"节点,并连接到加载模特图像的"加载图像"节点。复制"图像缩放"节点,并连接到"遮罩到图像"节点。这些节点的作用是获取替换区域的遮罩,如图 5-40 所示。

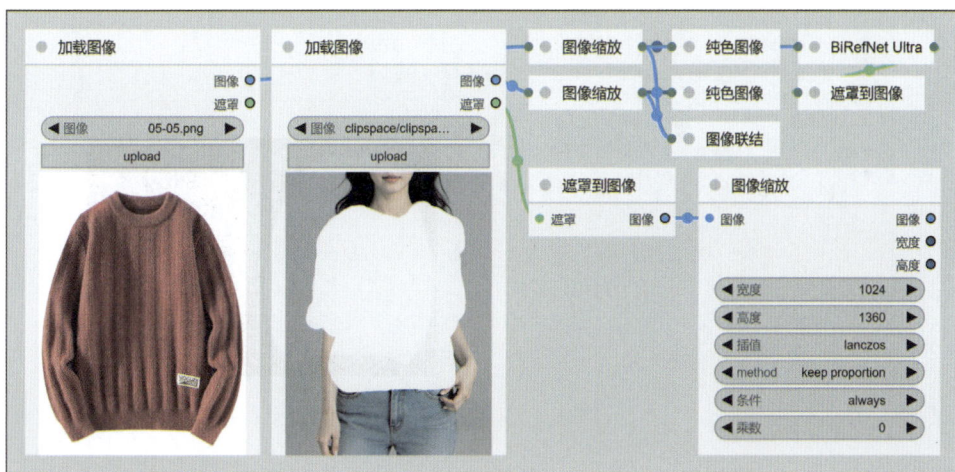

图 5-40

步骤 **06** 复制"图像联结"节点，将它命名为"图像联结1"。把复制节点的"图像1"输入端口连接到第一个"加载图像"节点后面的"纯色图像"节点，把"图像2"输入端口连接到第三个"图像缩放"节点，这样可以得到与拼合图像尺寸相同的替换区域遮罩，如图5-41所示。

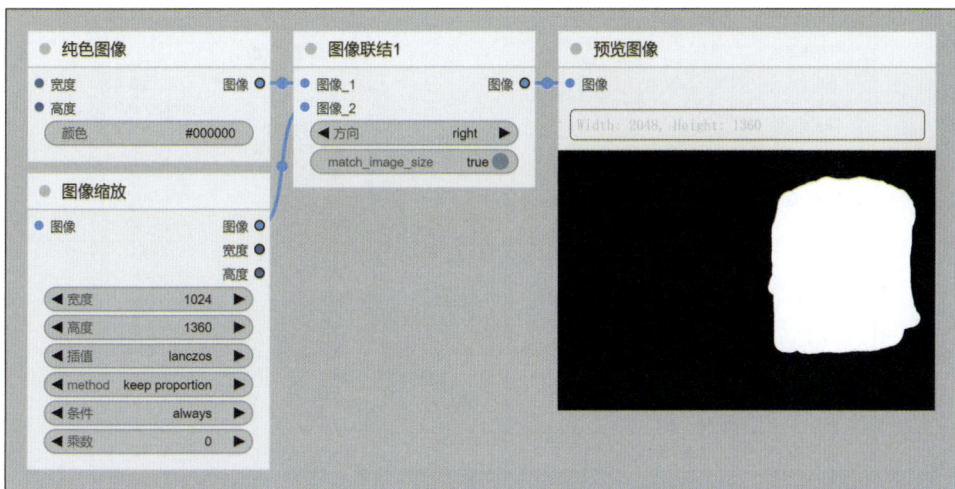

图 5-41

步骤 **07** 复制"图像联结1"节点，将它命名为"图像联结2"，把复制节点的"图像1"输入端口连接到"遮罩到图像"节点，把"图像2"输入端口连接到第二个"加载图像"节点后面的"纯色图像"节点。现在拼合尺寸的服装遮罩就提取完成了，如图5-42所示。

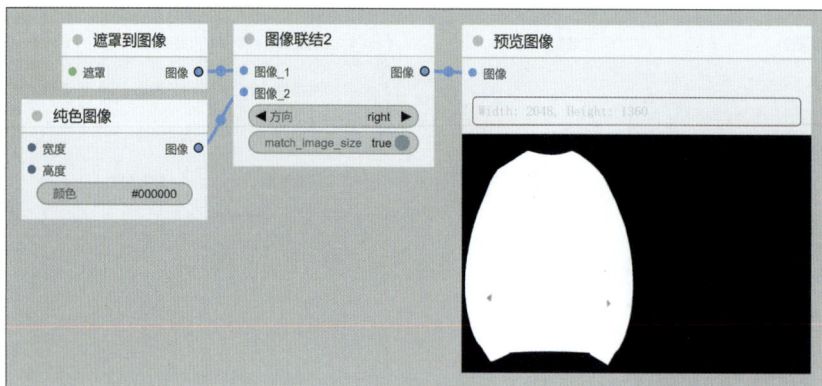

图 5-42

步骤 08 搜索并添加"局部重绘（裁剪）"节点，把"上下文像素扩展"参数设置为 10，把"遮罩模糊"参数设置为 16，把"最大宽度"和"最大高度"参数均设置为 1600。接下来把"图像联结"节点连接到新建节点的"图像"输入端口，在"图像联结 1"节点后面创建"图像到遮罩"节点，然后连接到"局部重绘（裁剪）"节点的"遮罩"输入端口。继续在"图像联结 2"节点后面创建"图像到遮罩"节点，然后连接到"局部重绘（裁剪）"节点的"上下文遮罩（可选）"输入端口，如图 5-43 所示。

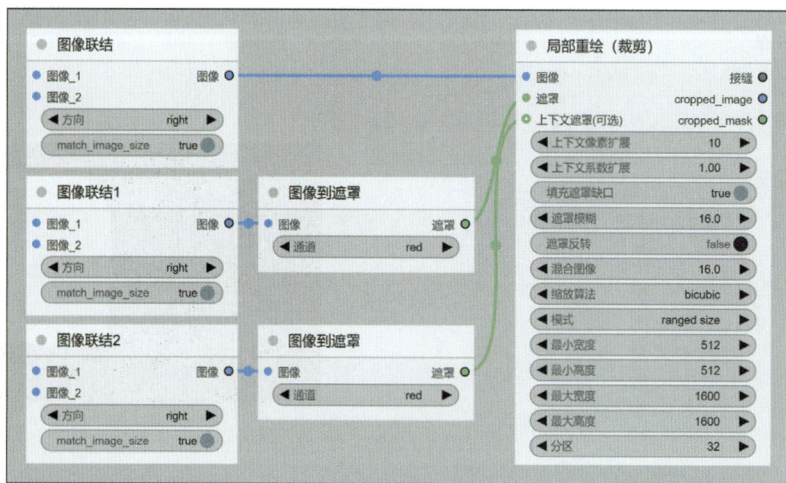

图 5-43

步骤 09 创建"全局输入 3"节点，把"局部重绘（裁剪）"节点的"接缝"和 cropped_mask 输出端口连接到"全局输入 3"节点。现在图像处理模块已创建完成，选中所有节点后按快捷键 Ctrl+G 新建分组框，并命名为"图像处理"，如图 5-44 所示。

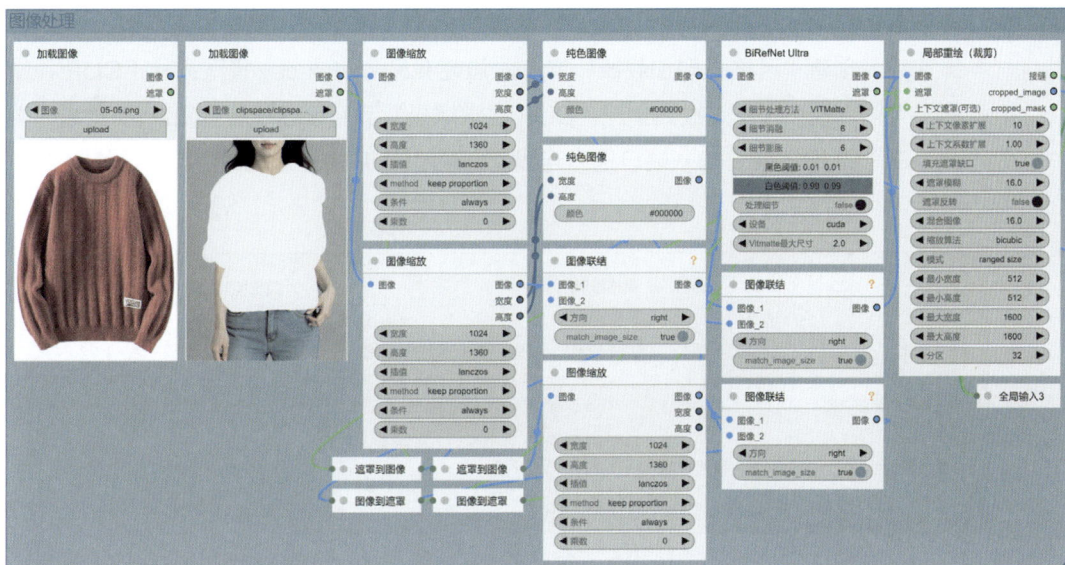

图 5-44

2 加载模型和局部重绘模块

步骤 01 在画布的空白处右击，选择"节点预设／加载 Flux 模型"命令。创建一个分组框，并命名为"加载模型"，把新建的节点移到该分组框中。在"UNET 加载器"节点中加载 flux1-fill-dev 模型，如图 5-45 所示。

步骤 02 再次创建分组框，并命名为"局部重绘"。先在该分组框中创建局部重绘的核心节点"内补模型条件"，把"噪声遮罩"设置为 false；然后创建"风格模型应用"节点，把两个节点的"正面条件"端口连接起来，如图 5-46 所示。

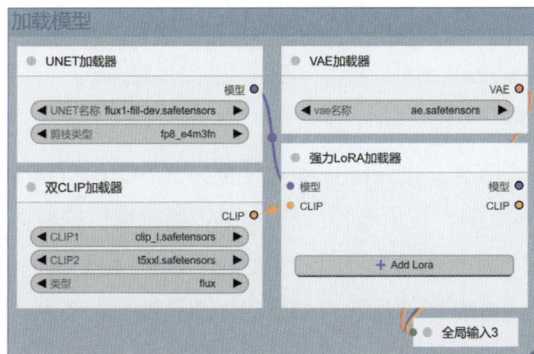

图 5-45

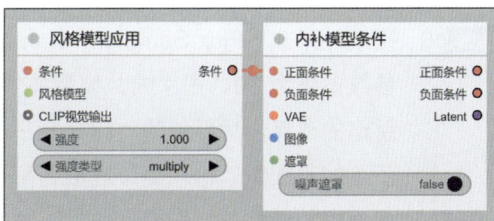

图 5-46

步骤 03　接下来把 Redux 的节点补齐。从"风格模型应用"节点的"风格模型"输入端口拖出连线，创建"风格模型加载器"节点，加载 flux1-redux-dev 模型；从"CLIP 视觉输出"输入端口拖出连线，创建"CLIP 视觉编码"节点。继续从"CLIP 视觉编码"节点的"CLIP 视觉"输入端口拖出连线，创建"CLIP 视觉加载器"节点，如图 5-47 所示。

图 5-47

步骤 04　从"风格模型应用"节点的"条件"输入端口拖出连线，创建"CLIP 文本编码器"节点。创建"条件零化"节点，并连接到"CLIP 文本编码器"和"内补模型条件"节点之间，如图 5-48 所示。

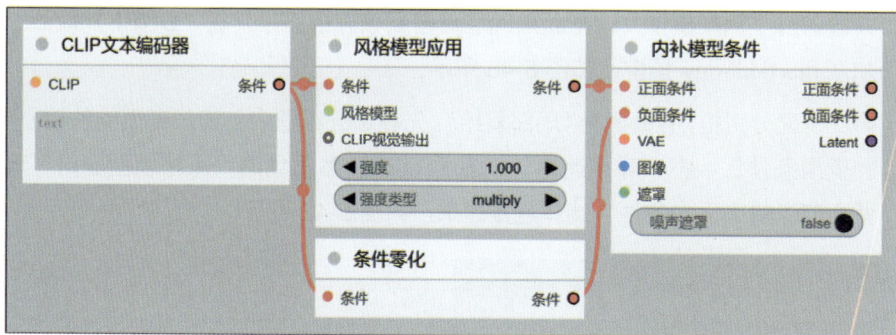

图 5-48

步骤 05　搜索并添加"Flux Sampler Parameters"节点，把 steps 参数设置为 8，把 guidance 参数设置为 30。把"内补模型条件"节点的"正面条件"和 Latent 输出端口连接到新建的节点，然后创建"VAE 解码"和"预览图像"节点。最后把"CLIP 视觉编码"节点的"图像"输入端口连接到第一个"加载图像"节点后面的"图像缩放"节点，把"内补模型条件"节点的"图像"输入端口连接到"图像处理"模块的"局部重绘（裁剪）"节点的 cropped_image 输出端口。创建完成的局部重绘模块如图 5-49 所示。

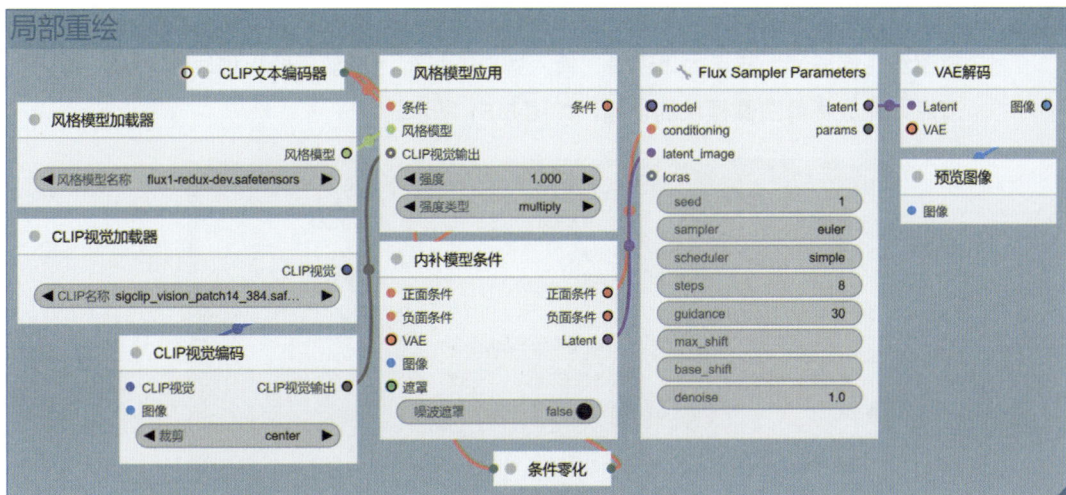

图 5-49

现在运行工作流即可实现换装效果，但换装后的图像和服装图像是拼合到一起的，如图 5-50 所示，因此我们还需要把服装图像裁剪掉。

图 5-50

3 裁剪图像模块

步骤 01　新建一个分组框，并命名为"裁剪图像"。在该分组框中创建"局部重绘（接缝）"节点，然后创建"Essen 节点"中的"图像裁剪"节点，并将该节点中的"宽度""高度"和"X 偏移"参数转换为端口。

步骤 02　继续创建"图像尺寸"节点，并将其"宽度"输出端口连接到"图像裁剪"节点的"宽度"和"X 偏移"输入端口，把"高度"输出端口连接到"图像裁剪"节点的"高度"输入端口。接下来，把"图像尺寸"节点的输入端口连接到第一个"加载图像"节点后面的"图像缩放"节点。

步骤 **03** 从"图像裁剪"节点的"图像"输出端口拖出连线，创建"保存图像"节点。把"局部重绘（接缝）"节点的"图像"输入端口连接到"局部重绘"模块的"VAE 解码"节点，完成裁剪图像模块的创建，如图 5-51 所示。

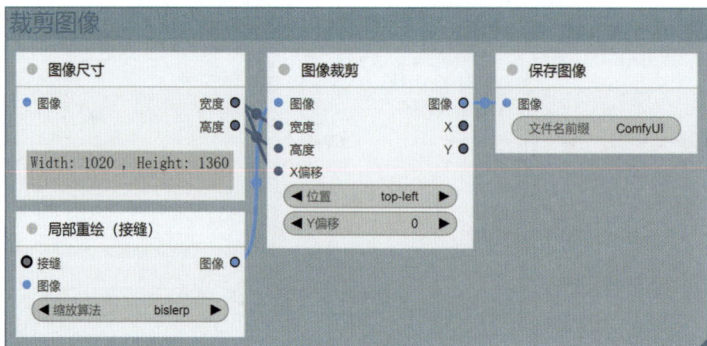

图 5-51

4 TTP 放大模块

在画布的空白处右击，选择"节点预设 /TTP 放大"命令，在"裁剪图像"分组框中把"图像裁剪"节点的输出端口连接到"高清放大"分组框的"图像通过模型放大"节点，如图 5-52 所示。

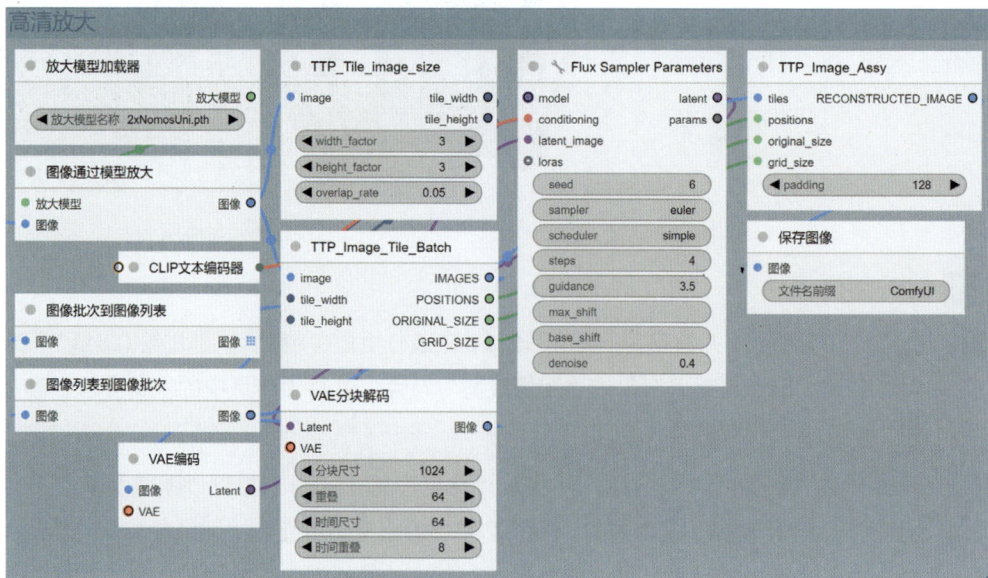

图 5-52

5 运用工作流

这个工作流的迁移能力非常稳定，上传参考图后，只需绘制替换区域的遮罩，基本不需要反复抽卡即可得到逼真的换装结果，如图 5-53 所示。

服装参考图　　　　　　　　　模特参考图　　　　　　　　　换装结果

图 5-53

穿在身上的服装同样可以完美迁移到模特参考图上，如图 5-54 所示。

服装参考图　　　　　　　　　模特参考图　　　　　　　　　换装结果

图 5-54

除了换装以外，我们还可以用这个工作流为任意形状的商品更换背景，如图 5-55 所示。

商品参考图　　　　　　　　背景参考图　　　　　　　　迁移结果

图 5-55

5.4 模特生成工作流

完成工作流	附赠素材/工作流/电商美工/Flux-模特生成.json
参考图素材	附赠素材/参考图/05-10.png

在万物迁移工作流中，只需上传服装和模特参考图就能实现换装效果，如果连模特参考图都没有，还可以让 AI 替我们生成。本节将利用 3 种不同的方法生成模特图像，用户可以根据自己的实际需求进行选择。

1 OpenPose 工作流

OpenPose 是 ControlNet 中的一种预处理器，它能把上传的人物参考图转换成骨骼图，进而控制生成角色的姿势动作。网络上有大量的模特图片，我们只需下载一张姿势图片作为参考图，就能通过洗图的方式获取近乎无限的素材。

步骤 01　创建"加载图像"节点，载入模特参考图。继续创建"CLIP 文本编码器"节点，输入描述服装和背景的提示词。在画布的空白处右击，选择"节点预设 / 加载 Flux 模型"命令创建节点，然后删除"强力 LoRA 加载器"节点，如图 5-56 所示。

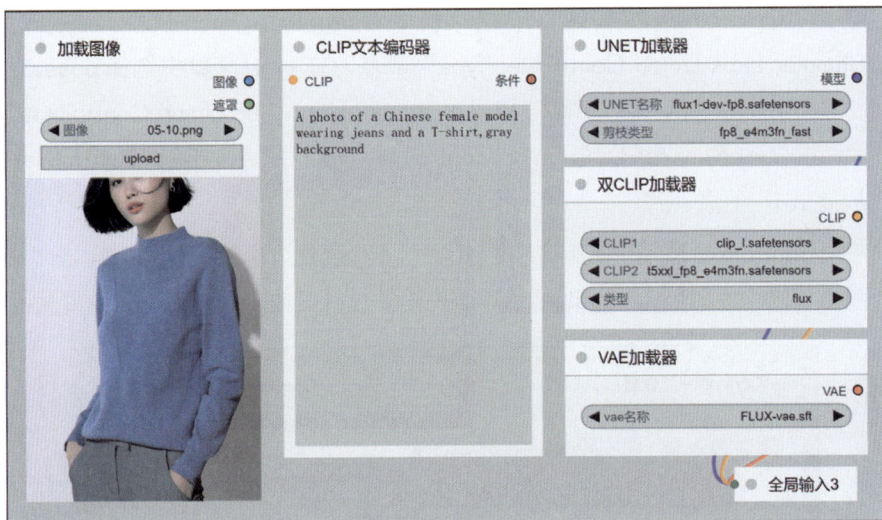

图 5-56

步骤 02 接 下 来 创 建 "Flux Sampler Parameters" 节 点, 把 steps 参 数 设 置 为 25。 创 建 "ControlNet 应用 (旧版高级)" 和 "空 Latent" 节点, 设置生成尺寸后把这两个节点连接到 "Flux Sampler Parameters" 节点, 如图 5-57 所示。

步骤 03 把 "CLIP 文本编码器" 节点连接到 "ControlNet 应用 (旧版高级)" 节点, 然后从 "ControlNet 应用 (旧版高级)" 节点的 "负面条件" 输入端口拖出连线, 再次创建 "CLIP 文本编码器" 节点。 搜索并添加 "Aux 集成预处理器" 节点, 并连接到 "加载图像" 和 "ControlNet 应用 (旧版高级)" 节点之间, 在它的 "预处理器" 菜单中选择 DWPreprocessor, 把 "分辨率" 参数设置为 1024, 如图 5-58 所示。

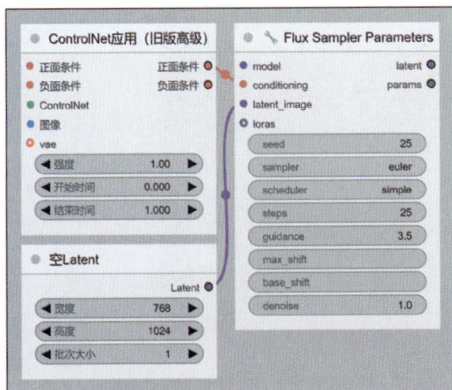

图 5-57

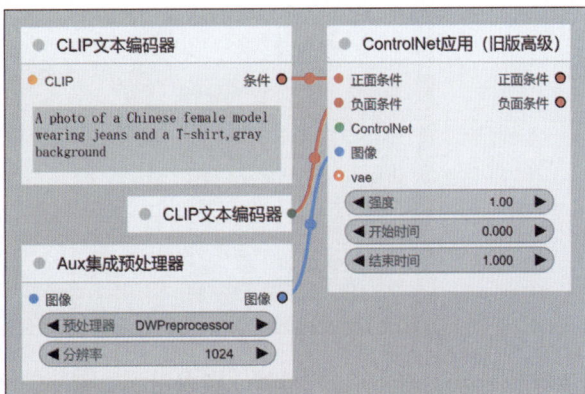

图 5-58

173

步骤 **04** 创建 "ControlNet 加载器" 节点，加载 Controlnet-Union 模型。继续创建 "Set Shakker Labs Union ControlNet Type" 节点，在 type 菜单中选择 pose。接下来把 "ControlNet 加载器" 节点连接到 "Set Shakker Labs Union ControlNet Type" 节点，把 "Set Shakker Labs Union ControlNet Type" 节点连接到 "ControlNet 应用（旧版高级）" 节点。

步骤 **05** 在 "ControlNet 应用（旧版高级）" 节点上把 "强度" 参数设置为 0.8，把 "结束时间" 参数设置为 0.3，如图 5-59 所示。这两个参数的值越小，大模型的自由度就越高。

图 5-59

步骤 **06** 从 "Flux Sampler Parameters" 节点的 latent 输出端口拖出连线，创建 "VAE 解码" 节点，然后继续创建 "保存图像" 节点，如图 5-60 所示。选中所有节点后按快捷键 Ctrl+G 创建分组框，并命名为 OpenPose。

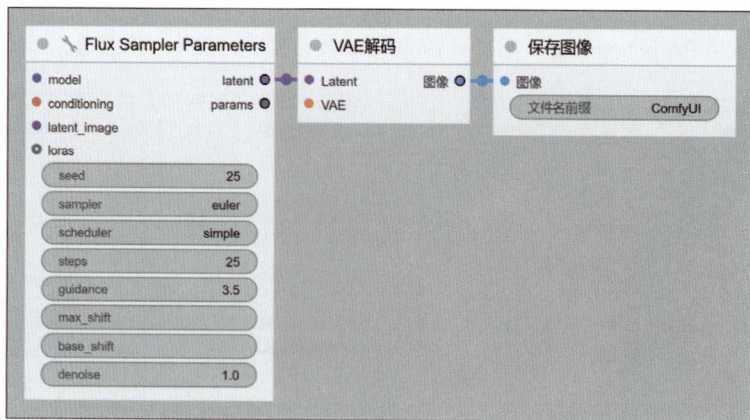

图 5-60

现在运行工作流，就能生成和参考图姿势相同的结果，如图 5-61 所示。

参考图   生成结果

图 5-61

2 三视图工作流

本节将搭建的三视图工作流使用多视图 LoRA 模型，可以一次性生成多张不同视角的模特图像，同时还能保持模特形象的一致性。

步骤 01　新建一个分组框，并命名为"模特三视图"。选择"节点预设 / 加载 Flux 模型"命令创建节点，在"UNET 加载器"节点中加载 flux1-dev-fp8 模型。在"强力 LoRA 加载器"节点中加载"一致性与多角度"模型，把 Strength 参数设置为 1，如图 5-62 所示。

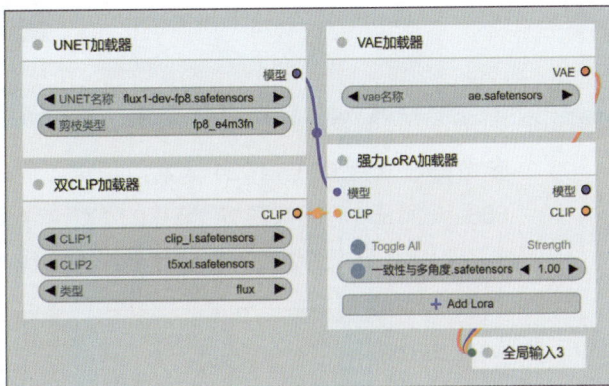

图 5-62

步骤 02　接下来按照标准 Flux 文生图工作流的搭建方法，创建"CLIP 文本编码器""空 Latent""Flux Sampler Parameters""VAE 解码"和"保存图像"节点。在"CLIP 文本编码器"节点中按照角色和服装、视图角度、背景描述的顺序输入提示词，提示词尽量简短，避免相互污染。在"空 Latent"节点中把生成尺寸设置为 1824×1024 像素，也就是三张竖版图像沿水平方向拼合到一起的尺寸。在"Flux Sampler Parameters"节点中把 steps 参数设置为 25，如图 5-63 所示。

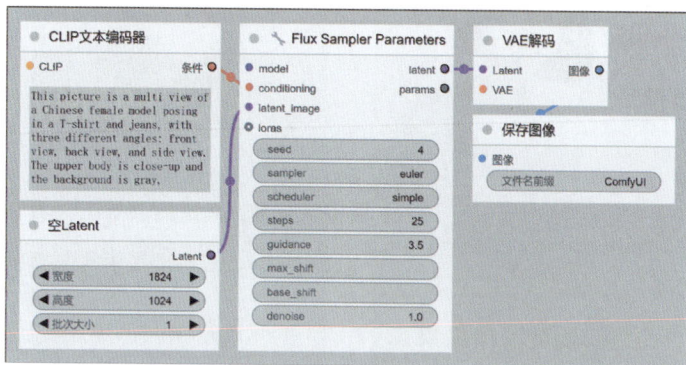

图 5-63

步骤 03 现在运行工作流，就能得到服装和形象一致的模特三视图，如图 5-64 所示。但图像尺寸较小，接下来我们把拼合图像分别裁剪出来，然后对选中的图像进行高清放大。

图 5-64

步骤 04 创建 3 个"图像裁剪"节点，全部连接到"VAE 解码"节点，把"宽度"和"高度"参数都设置为 608×1024 像素，把第二个"图像裁剪"节点的"X"参数设置为 608，把第三个"图像裁剪"节点的"X"参数设置为 1216。继续创建"制作图像批次"节点，把 3 个"图像裁剪"节点全部连接到"制作图像批次"节点，如图 5-65 所示。

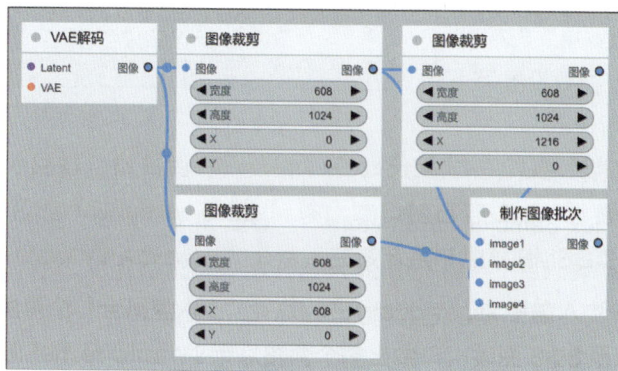

图 5-65

步骤 05 创建"图像选择器"节点，把"数量"参数设置为 3。继续创建"图像通过模型放大"
和"VAE 编码"节点，把两个新建节点的"图像"端口连接到一起。从"图像通过
模型放大"节点的"放大模型"输入端口拖出连线，创建"放大模型加载器"节点，
如图 5-66 所示。

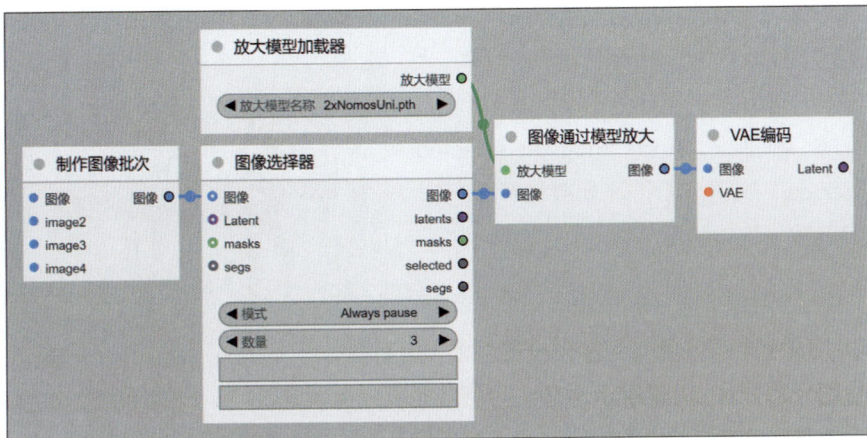

图 5-66

步骤 06 再次创建一个"Flux Sampler Parameters"节点，然后连接到"VAE 编码"节点
的输出端口，把 steps 参数设置为 25，把 denoise 参数设置为 0.3。继续从"Flux
Sampler Parameters"节点的 conditioning 输入端口拖出连线，创建"CLIP 文本编码器"
节点，然后输出画质提示词；从 latent 输出端口依次创建"VAE 解码""图像批次
到图像列表"和"保存图像"节点，如图 5-67 所示。

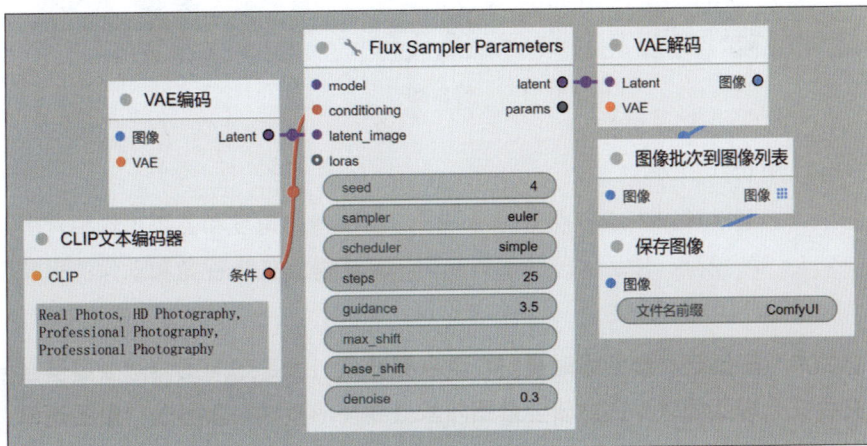

图 5-67

步骤 07 三视图工作流创建完成了，现在运行工作流，第一次采样生成图像后，工作流会暂停运行。我们需要在"图像选择器"节点中单击需要放大的图像，可以选择其中的一至两张，也可以选择全部图像，选中的图像周围会出现绿色边框，如图 5-68 所示。

步骤 08 完成选择后单击"Progress selected images"按钮，工作流就会继续运行，高清放大选中的图像。

最后，根据需要使用 Photoshop 等工具再次裁剪一下生成结果，就能得到从多个视角展示服装的模特图像，如图 5-69 所示。

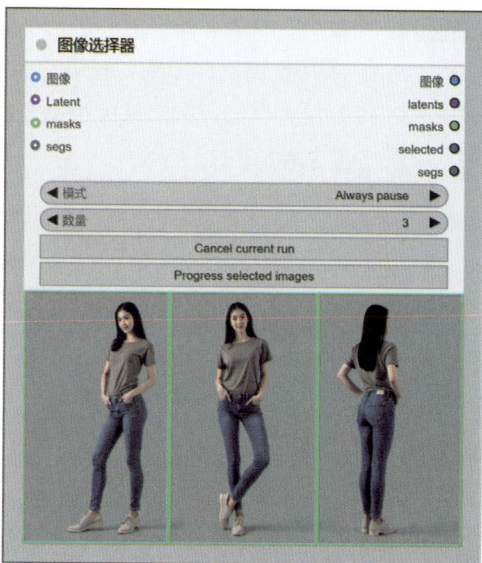

图 5-68

图 5-69

3 一致性角色工作流

三视图工作流虽然可以生成多视角的模特图，但模特的角度和姿势动作相对固定。我们只需更换一个 LoRA 模型，然后修改一下提示词，就能得到任意视角和动作的模特图，同时保持角色、服装和环境的一致性。

步骤 01 复制"模特三视图"分组框以及其中的所有节点。在"强力 LoRA 加载器"节点中加载"IC-LoRA 上下文/portrait-photography"模型，把 Strength 参数设置为 1，如图 5-70 所示。

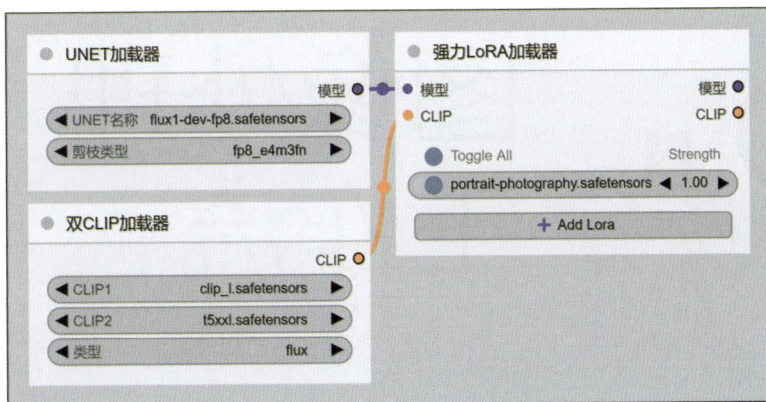

图 5-70

步骤 02 在第一个"CLIP 文本编码器"中按照角色服装和环境、[IMAGE 1]+ 动作、[IMAGE 2]+ 动作……的顺序编写提示词,如图 5-71 所示。提示词中的 [IMAGE] 数量决定了生成多少张模特图,一般情况下不要超过 4 张,否则生成的图像尺寸过大,会对显存造成巨大压力。

图 5-71

步骤 03 接下来运行工作流,第一次采样生成图像后,在"图像选择器"节点中单击需要放大的图像,继续单击"Progress selected images"按钮进行高清放大。对生成图像进行裁剪后,就可以在万物迁移工作流中更换服装,如图 5-72 所示。

图 5-72

第**6**章

Chapter

图像处理工作流

AI 摄影与创意设计：
Stable Diffusion-ComfyUI

随着 AI 技术的快速进步，越来越多的软件和 APP 集成了各种各样的 AI 功能。例如，Photoshop 中的创成式填充、生成式扩展、Neural Filters 滤镜等功能，已成为许多用户的常用工具。然而，与图像生成领域的顶级工具 Stable Diffusion 相比，Photoshop 中的这些 AI 功能逊色不少。

本章将为经常需要进行图像处理的用户搭建几个工作流，利用这些工作流，用户可以获得更高质量的图像处理效果或更高效率的图像处理手段。

6.1 物体移除工作流

完成工作流	附赠素材/工作流/06图像处理/Flux-物体移除.json
参考图素材	附赠素材/参考图/06-01.png~06-03.png

移除图像中的多余人物或物体是图像处理中常用的操作。如果要移除的对象在图像中占据的区域较小，可以使用修复画笔或内容识别填充工具轻松实现。当需要移除的对象较大或背景较复杂时，用户使用 Photoshop 中的所有工具都会显得力不从心，即便是熟练的用户也需要花费大量时间进行细节处理。而在 ComfyUI 中，只需搭建一个局部重绘工作流，无论用户有没有经验，几十秒就能处理好一张图像，而且毫无瑕疵。

第 3 章在介绍 Fill 局部重绘工作流时就提到过，局部重绘不仅可以修复生成图像中的错误，还可以去除背景或者移除生成图像中的对象。当时搭建的工作流更侧重修复功能，在移除对象时，仍需提示词的配合，且稳定性较差，需要多次尝试才能得到预期的效果。现在，我们对常规的 Fill 局部重绘工作流进行一些改进，让它在移除生成图像或实拍照片中的任意对象时更加稳定且高效。

1 加载图像和加载模型模块

步骤 01 搜索并添加"加载图像"节点，载入需要处理的图像。然后创建"全局输入"节点，连接到"加载图像"节点的"图像"输出端口。接着创建"设置节点"，在它的 Constant 菜单中选择"遮罩"后连接到"加载图像"节点的"遮罩"输出端口。选中所有节点后按快捷键 Ctrl+G 创建分组框，并命名为"加载图像"，如图 6-1 所示。

步骤 02 创建"UNET 加载器""双 CLIP 加载器""强力 LoRA 加载器""VAE 加载器"和"全局输入 3"节点，然后按照我们已经熟悉的顺序连接这几个节点。在"UNET 加载器"节点中加载 flux1-fill-dev 模型，在"强力 LoRA 加载器"节点中添加用于加速生成的 flux1-Turbo-alpha 模型，如图 6-2 所示。

图 6-1

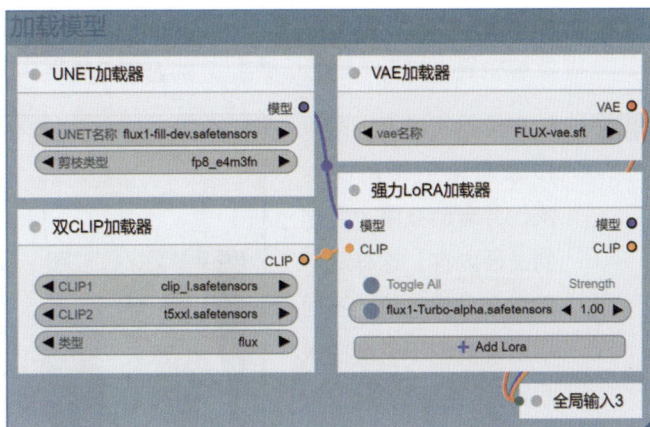

图 6-2

2 局部重绘模块

步骤 01 创建一个分组框，并命名为"局部重绘"。在该分组框中创建"局部重绘（裁剪）"节点，把"最大宽度"和"最大高度"参数均设置为 1024。创建"获取节点"，在 Constant 菜单中选择"遮罩"后连接到"局部重绘（裁剪）"节点的"遮罩"输入端口。继续创建"使用模型局部重绘"节点，把"图像"和"遮罩"输入端口连接到"局部重绘（裁剪）"节点，如图 6-3 所示。

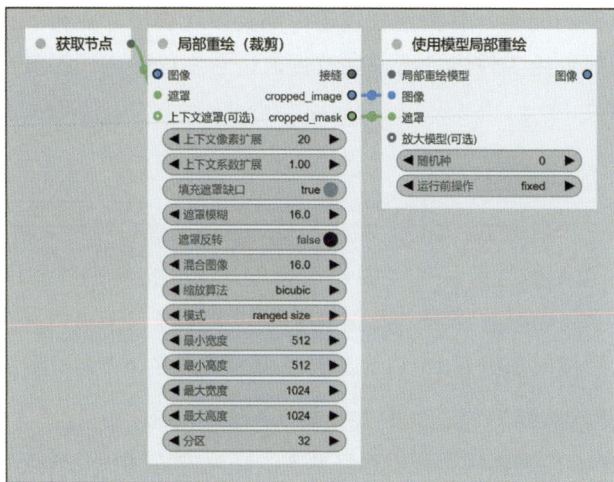

图 6-3

步骤 02 从"使用模型局部重绘"节点的"局部重绘模型"输入端口拖出连线,创建"加载局部重绘模型"节点,加载 big-lama 模型。在"加载图像"节点上右击,执行在"遮罩编辑器中打开"命令,在打开的遮罩编辑器中画出需要移除的对象的轮廓。

步骤 03 现在运行工作流,即可移除遮罩范围内的对象,并自动充填上合理的画面内容。这样就不用担心局部重绘的画面中出现我们不需要的人或物,且无须反复尝试,就能获得稳定的移除效果,如图 6-4 所示。

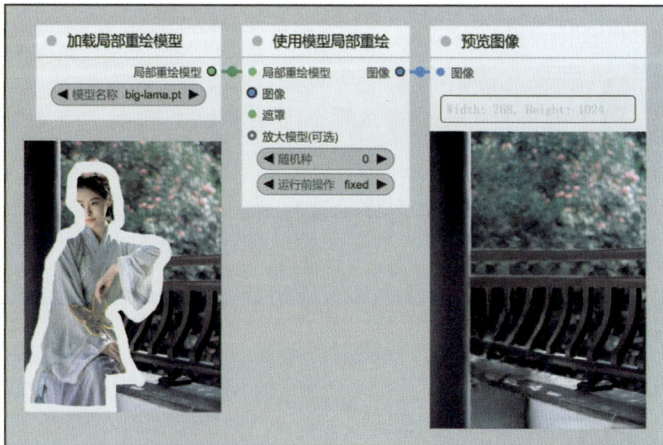

图 6-4

> **提示**
> 因为"局部重绘(裁剪)"节点中提供了"填充遮罩缺口"功能,所以我们只需画出对象的轮廓,就能提取出整个人物的遮罩。需要注意的是,绘制的对象轮廓必须是封闭的,开放的轮廓会导致遮罩提取错误。在不使用"局部重绘(裁剪)"节点的工作流中,也可以通过"遮罩填充漏洞"节点实现相同的效果。

步骤 04 接下来，按照 Fill 工作流的常规搭建方法，创建"内补模型条件"节点。从新建节点的"正面条件"和"负面条件"输入端口分别拖出连线，创建"CLIP 文本编码器"节点。继续把"使用模型局部重绘"节点连接到"内补模型条件"节点，如图 6-5 所示。

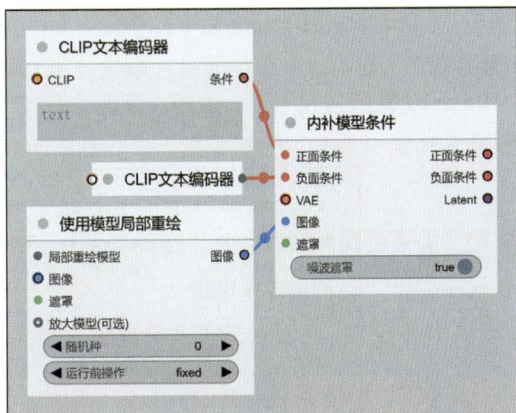

图 6-5

步骤 05 把"局部重绘（裁剪）"节点的 cropped_mask 输出端口连接到"内补模型条件"节点。继续创建"全局输入 3"节点，把"局部重绘（裁剪）"节点的"接缝"输出端口、"内补模型条件"节点的"正面条件"和 Latent 输出端口连接到"全局输入 3"节点，局部重绘模块就创建完成了，如图 6-6 所示。

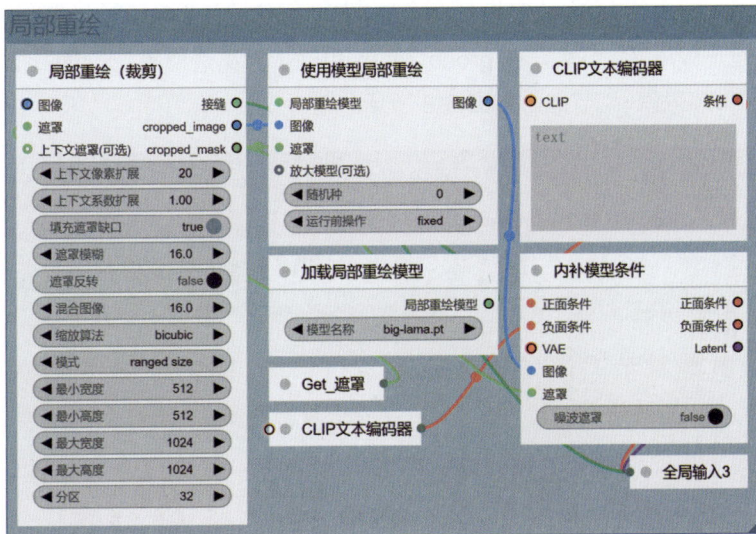

图 6-6

3 采样输出模块

步骤 01 创建一个分组框，并命名为"采样输出"。在该分组框内，创建"Flux Sampler Parameters"节点，把 steps 参数设置为 8，把 guidance 参数设置为 30。从"Flux

Sampler Parameters"节点的 latent 输出端口拖出连线，创建"VAE 解码"节点。

步骤 02 继续创建"图像调色"节点，把 strength 参数设置为 0.5，然后把"目标图像"输入端口连接到"VAE 解码"节点，如图 6-7 所示。

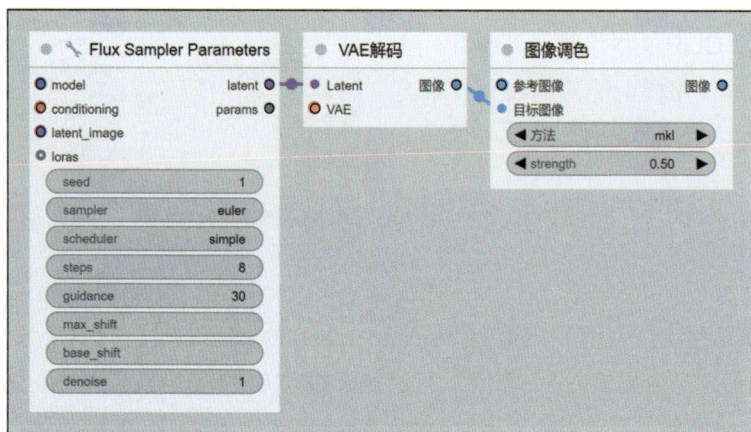

图 6-7

步骤 03 创建"局部重绘（接缝）"节点，并连接到"图像调色"节点。继续创建"保存图像"和"全局输入？"节点，在 group_regex 中输入"高清修复"，然后把两个节点都连接到"VAE 解码"节点，如图 6-8 所示。

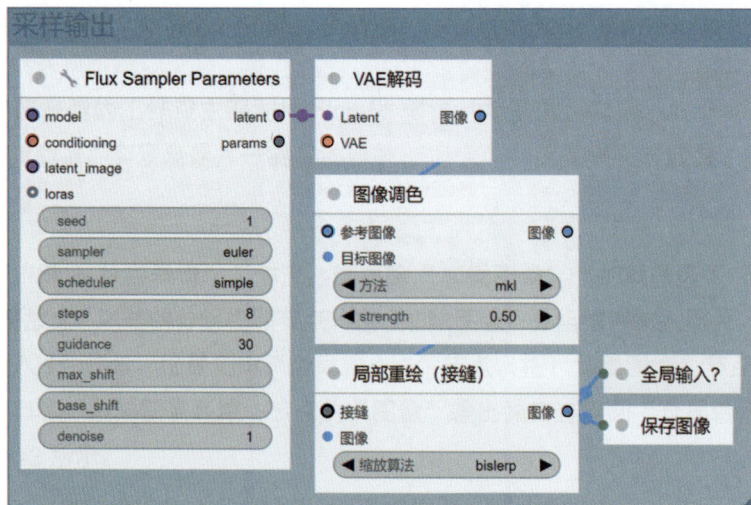

图 6-8

现在运行工作流，移除效果如图 6-9 所示。

参考图像　　　　　　　　　生成结果

图 6-9

4 高清放大模块

步骤 01　创建一个分组框，并命名为"高清放大"，然后添加"SD 放大"预设节点。在"SD 放大"节点中把"步数"参数设置为 4，把"降噪"参数设置为 0.25。把"CLIP 文本编码器"节点的输出端口连接到"SD 放大"节点的"正面条件"输入端口。

步骤 02　继续创建"UNET加载器"节点，加载 flux1-dev-fp8 模型后连接到"SD放大"节点的"模型"输入端口，如图 6-10 所示。

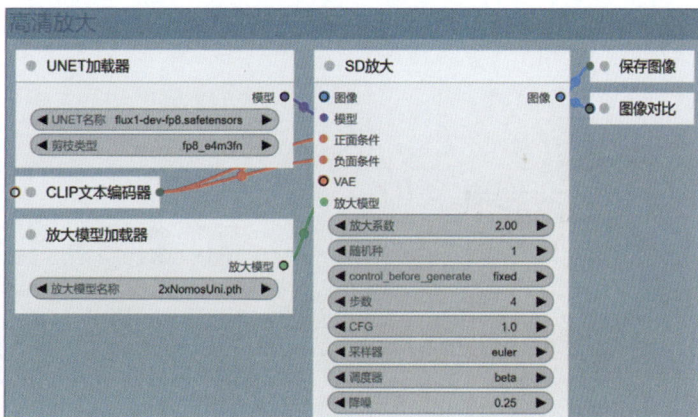

图 6-10

5 运用工作流

　　更换一张参考图后，在遮罩编辑器中画出人物轮廓，在不输入提示词时运行物体移除工作流，即可在不抽卡的情况下得到移除人物的效果，且局部重绘和高清放大的速度非常快，如图 6-11 所示。

如果输入提示词，就能得到类似 Photoshop 中创成式填充的效果。例如，在"局部重绘"分组框的"CLIP 文本编码器"节点中输入"a tiger"，即可把小女孩改画成老虎，如图 6-12 所示。

   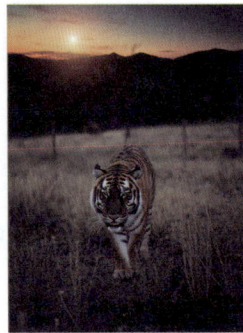

图 6-11   图 6-12

在去除图像中占比较大的对象时，部分大模型可能会在遮罩范围内强行添加对象。在"采样输出"分组框的"Flux Sampler Parameters"节点中，把 denoise 参数设置为 0.6，即可获得正确的移除效果，如图 6-13 所示。

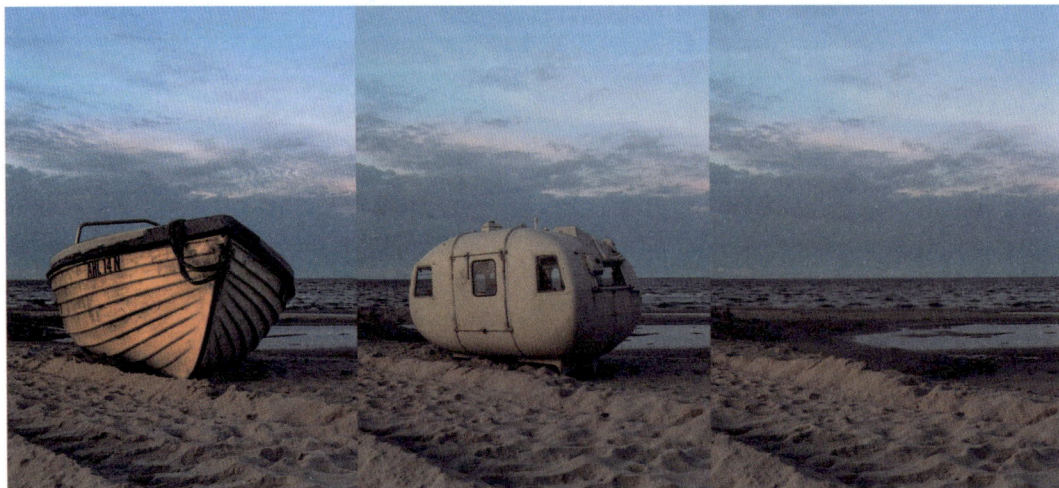

参考图像   denoise=1   denoise=0.6

图 6-13

如果生成图像中的重绘区域出现较大色差，则可以在"采样输出"分组框中调整"图像调色"节点中的 strength 参数。

▨ 6.2 模糊图像变清晰

完成工作流	附赠素材/工作流/06图像处理/模糊图像处理.json
参考图素材	附赠素材/参考图/06-04.png、06-05.png

本节将搭建一个能把模糊照片变得清晰的工作流。该工作流采用了两种完全不同的修复方式：第一种是利用 ControlNet 的 Tile 预处理器配合 Flux 模型，适用于大多数模糊照片的修复；第二种是使用 InstantIR 和 Flux 模型，主要用来处理模糊到无法分辨的照片。通过这个工作流，无论多模糊的照片和图像都能变得清晰，效果完胜当前市面上所有的修复工具。

1 加载图像模块

步骤 01 打开前面搭建的"06 图生图 /Flux-基础图生图"工作流，在"加载模型"分组框中使用 flux1-dev 大模型和 flux1-Turbo-alpha 加速 LoRA 模型。

步骤 02 在"加载图像"分组框中载入需要处理的模糊照片，然后在"限制图像区域"节点上断开输出端口的所有连线。删除"VAE 编码"和"全局输入 3"节点后，创建"全局输入"节点，并连接到"限制图像区域"节点，如图 6-14 所示。

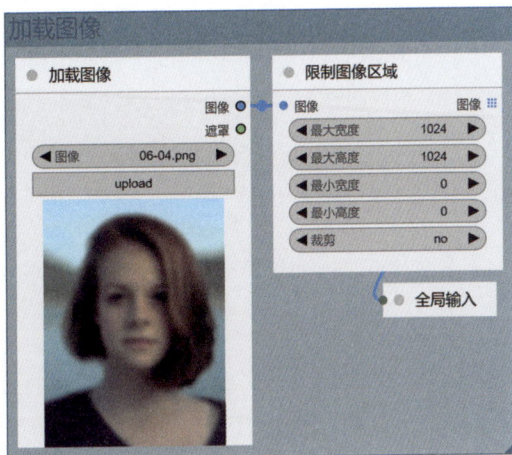

图 6-14

2 ControlNet 模块

步骤 01 把"提示词"分组框重命名为 ControlNet，然后删除该分组框中的所有节点。在分组框中创建"ControlNet 应用（旧版高级）"节点，把"强度"参数设置为 0.7；分别从新建节点的"正面条件"和"负面条件"输入端口拖出连线，创建"CLIP 文本编码器"节点；从 ControlNet 输入端口拖出连线，创建"ControlNet 加载器"节点，加载 Controlnet-Union 模型，如图 6-15 所示。

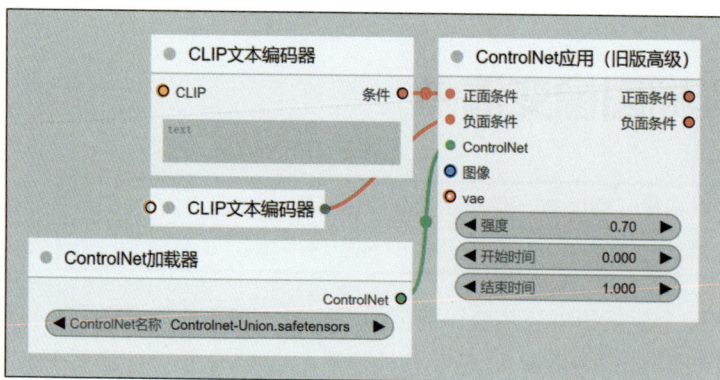

图 6-15

步骤 02 创建 "Aux 集成预处理器" 节点, 在 "预处理器" 菜单中选择 TilePreprocessor, 然后将该节点连接到 "ControlNet 应用 (旧版高级)" 节点的 "图像" 输入端口。接下来, 创建 "全局输入" 节点, 并连接到 "ControlNet 应用 (旧版高级)" 节点的 "正面条件" 输出端口。搭建完成的 ControlNet 模块如图 6-16 所示。

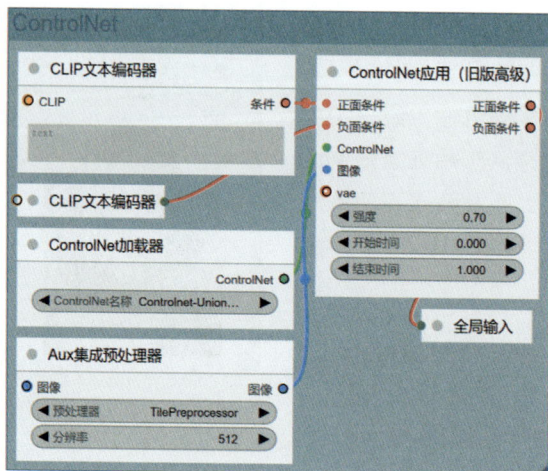

图 6-16

3 采样输出模块

在 "采样输出" 分组框中, 把 "VAE 编码" 节点连接到 "Flux Sampler Parameters" 节点。在 "Flux Sampler Parameters" 节点中把 steps 参数设置为 8, 把 denoise 参数设置为 0.9。继续创建 "图像调色" 节点, 并连接到 "VAE 解码" 节点。然后把 "保存图像" 和 "全局输入?" 节点都连接到 "图像调色" 节点, 如图 6-17 所示。

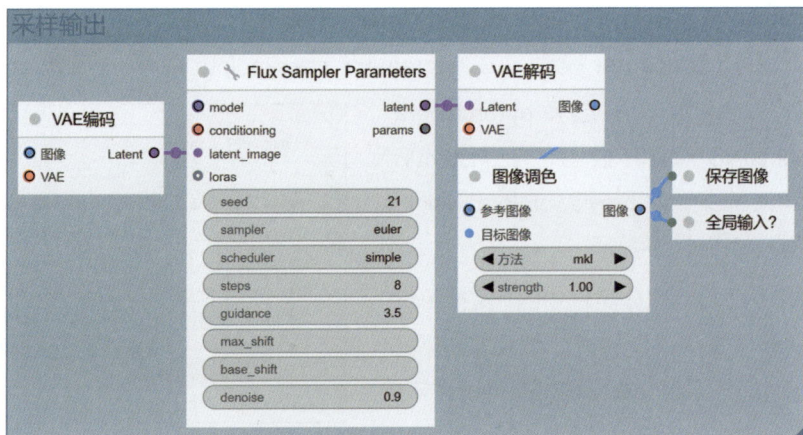

图 6-17

4 InstantIR 模块

步骤 01 新建一个分组框，命名为 InstantIR。在该分组框中创建"InstantIR_Sampler"节点，把 cfg 参数设置为 6，creative_restoration 参数设置为 true，然后将 width 和 height 参数转换为输入端口。接下来创建"图像分辨率"节点，并连接到 InstantIR_Sampler 节点的 width 和 height 端口，如图 6-18 所示。

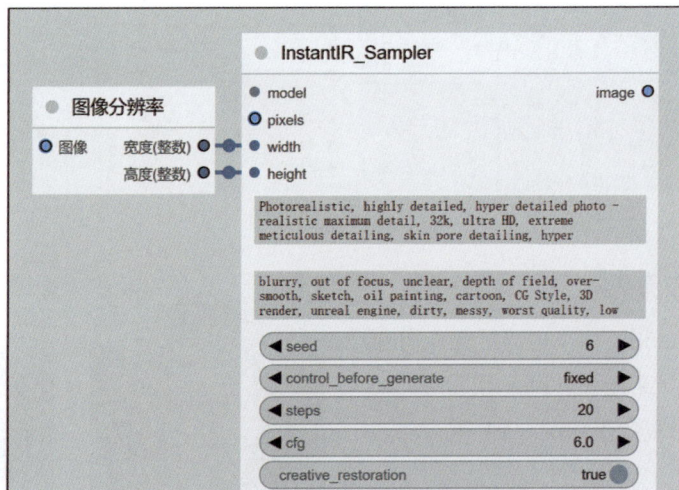

图 6-18

步骤 02 从"InstantIR_Sampler"节点的 model 端口拖出连线，创建"InstantIR_Loader"节点。在它的 sdxl_checkpoints 菜单中加载一个 SDXL 版的大模型，在 dino_repo 中输入

ComfyUI 安装根目录下的 "models\InstantIR\dino" 路径，在 adapter_checkpoints 菜单中加载 adapter 模型，在 aggregator_checkpoints 菜单中加载 aggregator 模型，在 lora 菜单中选择 pytorch_lora_weightslINSTANTIR 模型，在 InstantIR_lorar 菜单中加载 previewer_lora_weights 模型，如图 6-19 所示。

步骤 03 复制 "采样输出" 分组框中的 "保存图像" 和 "全局输入？" 节点，然后把这两个节点都连接到 InstantIR_Sampler 节点的输出端口，如图 6-20 所示。

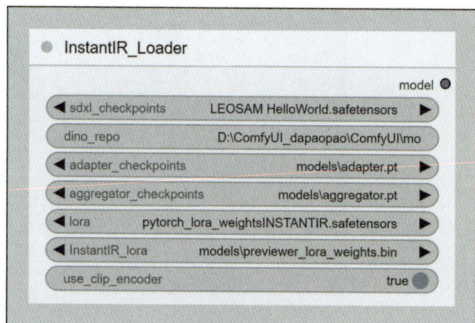

图 6-19

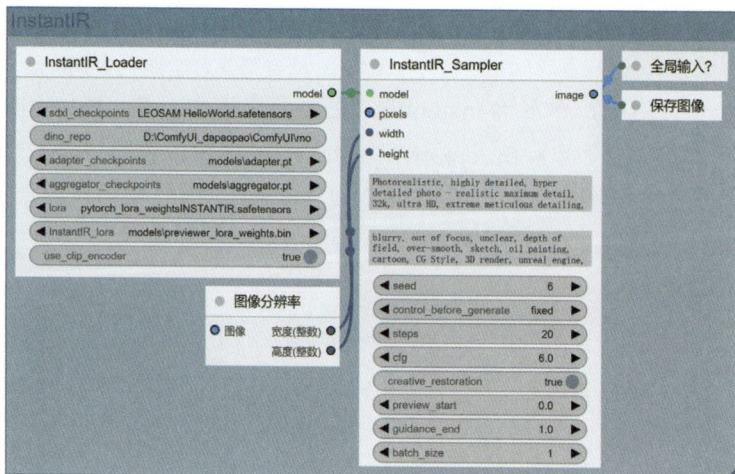

图 6-20

5 运用工作流

步骤 01 忽略 InstantIR 和 "高清放大" 分组框后运行工作流，Flux 模型加 Tile 模型的修复效果如图 6-21 所示。

图 6-21

步骤 02 开启"高清修复"分组框，把"CLIP 文本编码器"节点连接到"SD 放大"节点的"正面条件"端口。在"SD 放大"节点中把"步数"参数设置为 4，把"降噪"参数设置为 0.25。进行 2 倍尺寸的高清放大，就能得到细腻真实的修复结果；如果进行 4 倍尺寸的高清放大，人物的皮肤纹理甚至每根睫毛都清晰可见，如图 6-22 所示。

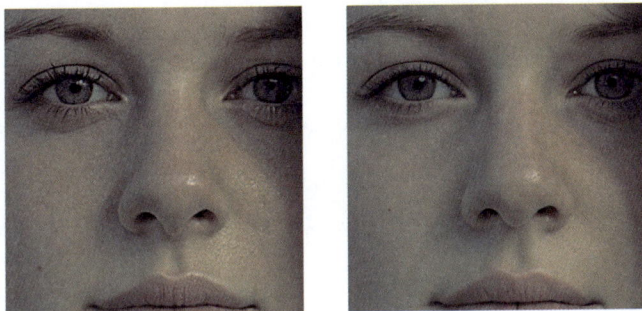

图 6-22

如果需要修复的照片过于模糊，Flux 模型加 Tile 模型的修复方式很难得到既清晰又符合原图的效果，如图 6-23 所示。

步骤 03 遇到这种照片我们可以忽略 ControlNet 和"采样输出"分组框，然后开启 InstantIR 分组框。虽然 InstantIR 使用 SDXL 模型进行重绘，但它会非常忠于原图地进行高分修复，再经过 Flux 模型的高清放大后，就可以得到更好的修复效果，如图 6-24 所示。

图 6-23

图 6-24

InstantIR 需要占用大量的显存资源，生成速度较慢，通常只有当 Flux 模型加 Tiles 模型的修复方式无法得到理想的效果时，才会使用 InstantIR 修复。

▦ 6.3 自动抠图工作流

完成工作流	附赠素材/工作流/06图像处理/自动抠图.json
参考图素材	附赠素材/参考图/06-06.png~06-09.png

抠图是图像处理中常用的操作。利用 ComfyUI 搭建的工作流，我们可以一键实现大量图片的抠图去背景处理，全程无须人工干预，而且抠图质量非常高。此外，该工作流还提供了针对特殊要求的运行模式，可以把图像中的某个对象单独抠取出来，并自动裁剪掉多余的区域。

1 加载图像模块

创建"加载图像"节点，载入需要进行特殊处理的图像。再创建"加载图像（文件夹）"节点，在"文件夹"中输入一个用来保存待处理图像的文件夹路径。继续创建两个"全局输入"节点，分别连接"加载图像"和"加载图像（文件夹）"节点。选中"加载图像"和与之连接的"全局输入"节点，按快捷键 Ctrl+G 创建分组框，并命名为"加载单张图像"；选中"加载图像（文件夹）"和与之连接的"全局输入"节点，按快捷键 Ctrl+G 创建分组框，并命名为"批量加载图像"，以方便切换运行模式，如图 6-25 所示。

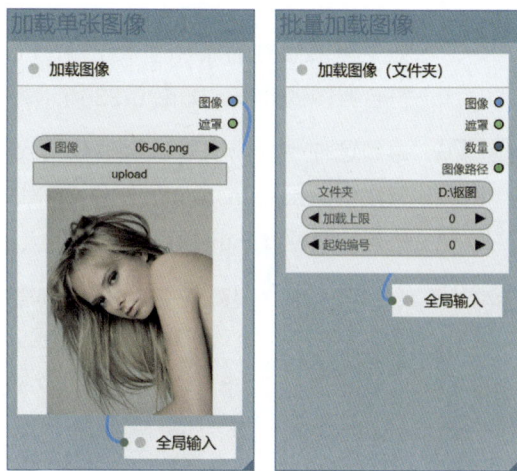

图 6-25

2 BiRefNet 模块

步骤 01 新建一个分组框，命名为 BiRefNet。在该分组框中创建"BiRefNet Ultra V2"节点，并从它的"BiRefNet 模型"输入端口拖出连线，创建"LayerMask: Load BiRefNet Model V2(Advance)"节点，在该节点中加载 RMBG-2.0 模型。

步骤 02 接下来创建两个"全局输入？"节点，在 group_regex 中输入"保存图像"，然后分别连接到 BiRefNet Ultra V2 节点的两个输出端口，如图 6-26 所示。

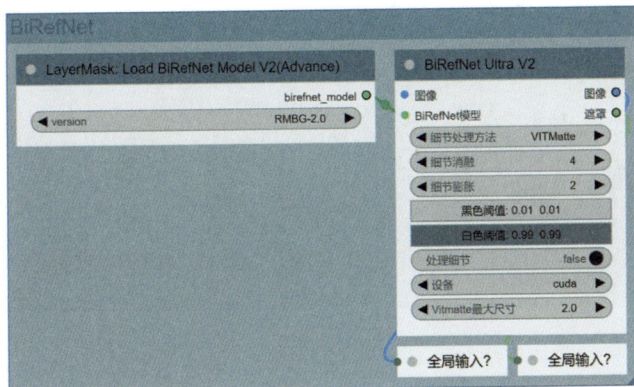

图 6-26

3 保存图像模块

步骤 01 新建一个分组框，命名为"保存图像"。在该分组框中创建"保存图像到本地"节点，在其文本框中输入处理后的图像的保存路径。创建"移除 Alpha"和"预览图像"节点，并把这两个节点连接到一起。在"移除 Alpha"节点把"填充背景"参数设置为 true，然后选择背景颜色，以更清楚地查看抠图的效果，如图 6-27 所示。

步骤 02 在"加载图像"节点中载入一幅要抠图的图像，然后忽略"批量加载图像"分组框。运行工作流，抠图的效果如图 6-28 所示。可以看到，BiRefNet 的抠图效果非常好，头发的细节全部清晰可辨。

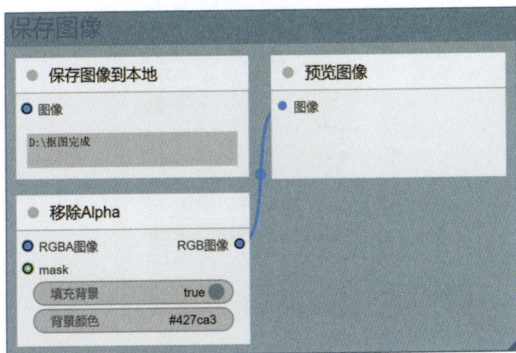

图 6-27

参考图像   抠图结果

图 6-28

步骤 03 当需要处理的图像较多时，只需要启用"批量加载图像"分组框，然后忽略"加载单张图像"分组框，并把所有要处理的图像全部放在"加载图像（文件夹）"节点中设置的路径里，运行工作流即可自动处理文件夹中的所有图像，如图 6-29 所示。

图 6-29

4 SAM2 模块

我们继续扩展一下自动抠图工作流，让它具有更多的抠图功能。

步骤 01　新建一个分组框，命名为"SAM2"。在该分组框中创建"SAM2 Ultra"节点，并从它的 BBoxes 输入端口拖出连线，创建"物体检测 (Florence2)"节点。从"物体检测 (Florence2)"节点的"Florence2 模型"输入端口拖出连线，创建"LayerMask: Load Florence2 Model(Advance)"节点，在该节点中加载 Florence-2-Flux 模型，如图 6-30 所示。

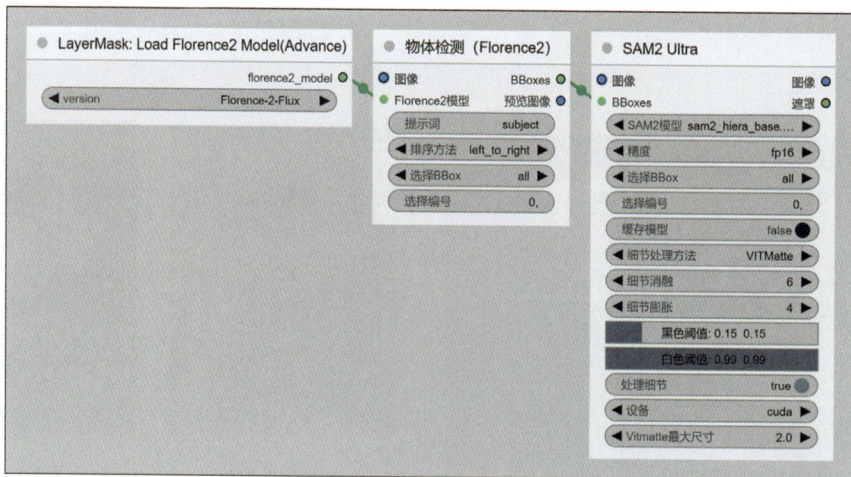

图 6-30

步骤 02　创建"图像自动裁剪"节点，关闭"填充背景"后，将其连接到"SAM2 Ultra"节点的"图像"输出端口。继续创建"遮罩反转"节点，并连接到"图像自动裁剪"节点的"裁剪遮罩"输出端口，如图 6-31 所示。

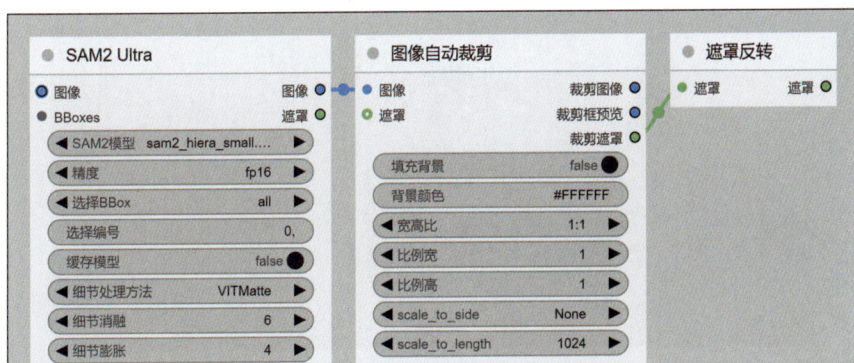

图 6-31

步骤 03 创建"合并图像 Alpha"节点，将它的"透明遮罩"输入端口连接到"遮罩反转"节
点，将它的"图像"输入端口连接到"图像自动裁剪"节点的"裁剪图像"输出端口。
创建"全局输入？"节点，在 group_regex 中输入"保存图像"，然后将该节点连接
到"合并图像 Alpha"节点的输出端口，如图 6-32 所示。

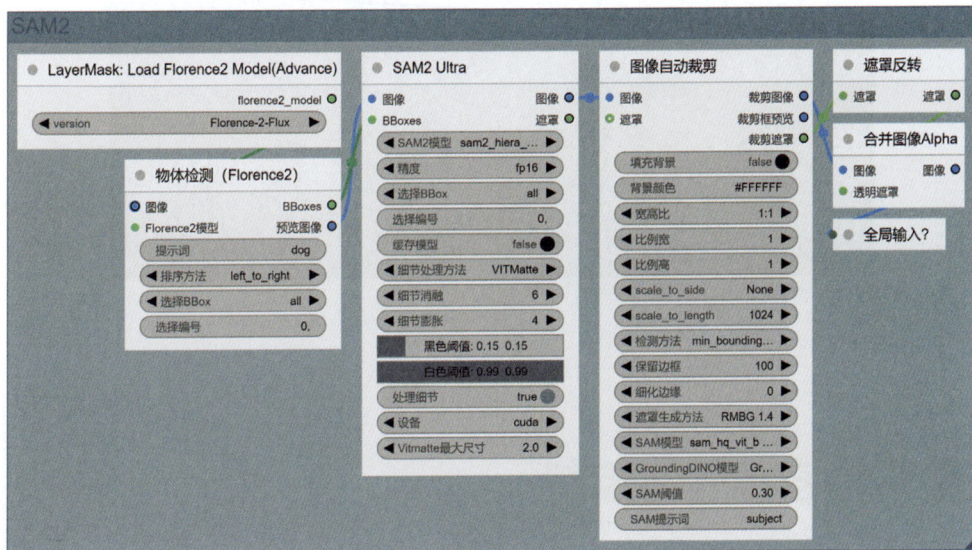

图 6-32

步骤 04 接下来，忽略"批量加载图像"和 BiRefNet 分组框，然后加载附赠素材中的"06-08.
png"图像。在"物体检测 (Florence2)"节点的"提示词"中输入 dog，运行工作流，
即可把参考图中的狗单独抠取出来；如果在"提示词"中输入 people，则可以单独
抠取参考图中的人物，如图 6-33 所示。

图 6-33

步骤05 加载附赠素材中的"06-09.png"图像，在"物体检测（Florence2）"节点的"提示词"中输入 dog，在"选择 BBox"中切换到 by_index，运行工作流即可只抠取图像左侧的狗；在"选择编号"中输入 1，就会只抠取图像右侧的狗，如图 6-34 所示。

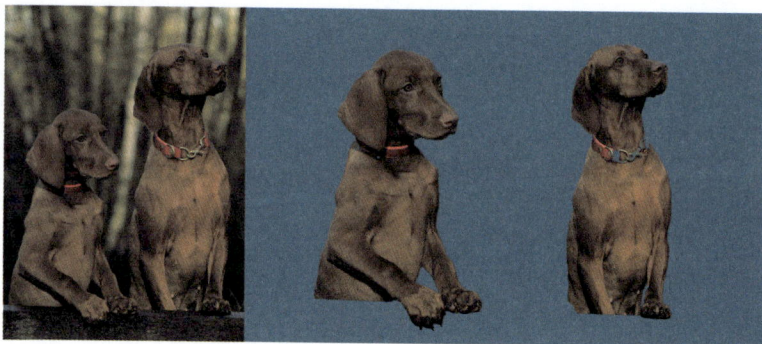

参考图像　　　　　　　　选择编号 = 0　　　　　　选择编号 = 1

图 6-34

6.4 妆容和表情控制

完成工作流	附赠素材/工作流/06图像处理/Flux-妆容表情.json
参考图素材	附赠素材/参考图/06-10.png

　　Photoshop 的 Neural Filters 滤镜中提供了智能肖像、妆容迁移等许多基于 AI 的实用功能，这些功能刚推出时确实让人感觉非常惊艳，但与现在的 ComfyUI 工作流相比，其效果

显得逊色许多。本节将搭建一个可以修改照片中任意元素的工作流，只需输入提示词就能改变人物的发色、服装，甚至是年龄，调整几个参数还能让人物睁开眼睛、转头或者微笑。

1 加载图像和加载模型模块

步骤01 打开前面搭建的"Flux-Fill 局部重绘"工作流，在"加载图像"分组框中载入需要处理的图像。删除"全局输入 3"节点后创建"全局输入 ?"节点，在 group_regex 中输入"局部重绘"，然后将该节点连接到"限制图像区域"节点的输出端口，如图 6-35 所示。

步骤02 在"加载模型"分组框的"UNET 加载器"节点中确认载入的是 flux1-fill-dev 模型，然后根据计算机配置选择是否在"强力 LoRA 加载器"中使用 LoRA 加速模型，如图 6-36 所示。

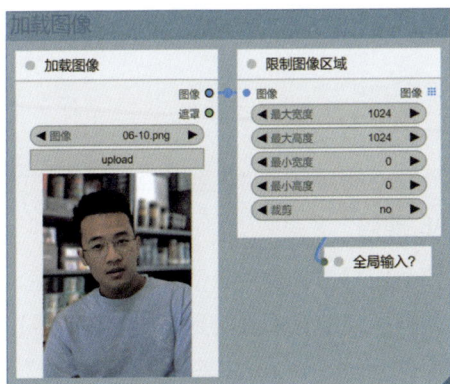

图 6-35

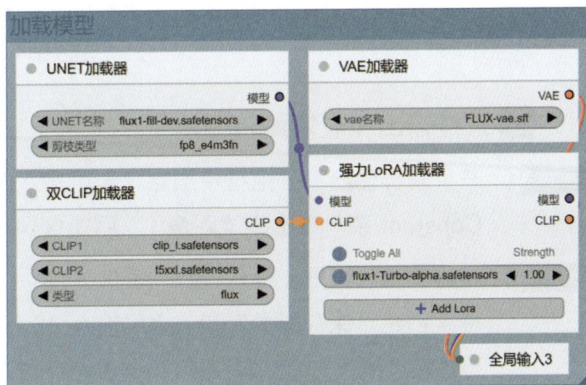

图 6-36

2 局部重绘模块

在"局部重绘"分组框中删除"BiRefNet Ultra V2"和"LayerMask: Load BiRefNet Model V2(Advance)"节点，然后搜索并添加"人像遮罩 Ultra V2"节点，把新建节点的"遮罩"输出端口连接到"遮罩模糊生长"节点，如图 6-37 所示。

> **提示** "人像遮罩 Ultra V2"节点使用的是 Segment Anything 的同款模型，相较而言，其抠图质量略逊于 BiRefNet，优点是无须输入提示词，通过按钮开关即可快速获取不同对象或身体部位的遮罩。

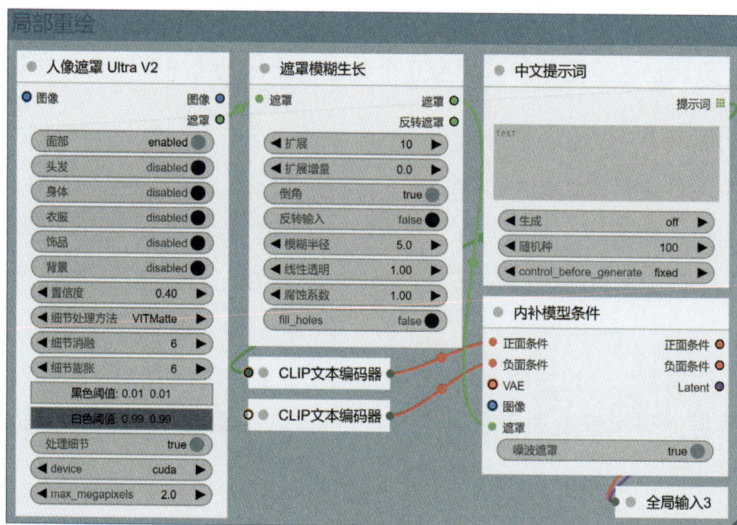

图 6-37

3 采样输出和表情编辑模块

步骤 01 在"采样输出"分组框中删除"全局输入？"节点，然后创建"设置节点"，在它的 Constant 菜单中选择"图像 1"后连接到"VAE 解码"节点。

步骤 02 新建一个分组框，并命名为"表情编辑"。在该分组框中创建"表情编辑器"节点。继续创建"保存图像"和"全局输入？"节点，把两个节点都连接到"表情编辑器"节点的"图像"输出端口。在"全局输入？"节点的 group_regex 中输入"高清放大"。创建一个"获取节点"，在它的 Constant 菜单中选择"图像 1"，然后连接到"表情编辑器"节点的"图像"输入端口，如图 6-38 所示。

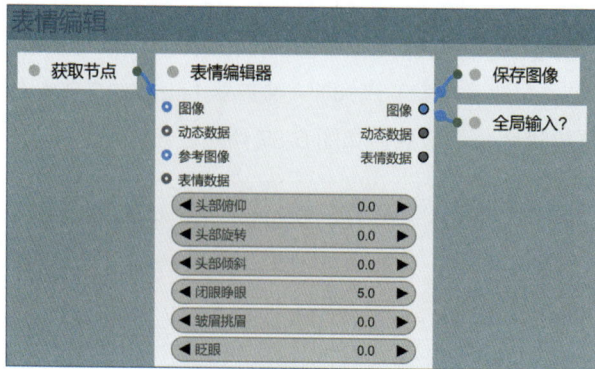

图 6-38

4 运用工作流

这个工作流有多种用法，第一种是改变照片中的某个元素。例如，在"人像遮罩 Ultra V2"节点中开启"衣服"开关，然后输入提示词"White T-shirt"，接着运行工作流，就能改变照片中人物的衣服，如图 6-39 所示。

如果还想把照片中的人物头发改成红色，可以在"采样输出"分组框的"保存图像"节点上右击，选择"发送到工作流／当前工作流"命令。然后在"人像遮罩 Ultra V2"节点中只开启"头发"开关，输入提示词"Red hair"后运行工作流，就能将头发变为红色，如图 6-40 所示。

参考图像　　　　　　生成结果

图 6-39　　　　　　　　　　　　　　　　　　　　　图 6-40

> **提示** 如果头发上还有较多的黑色区域，可以在"遮罩模糊生长"节点中增大"扩展"参数。

这个工作流的第二种用法是改变人物的年龄。重新载入参考图后，在"人像遮罩 Ultra V2"节点中同时开启"头发""面部"和"身体"开关，在提示词里输入"An elderly Chinese man with white hair and glasses"。在"采样输出"分组框的"Flux Sampler Parameters"节点中把 denoise 参数设置为 0.6，运行工作流，效果如图 6-41 所示。

> **提示** 除了提示词以外，我们还可以利用 denoise 参数在一定程度上控制年龄的变化，denoise 参数的值越小，年龄的变化越不明显；其值越接近 1，提示词的效果越强，但容易改变人物的原本面貌。

该工作流的第三种用法是改变表情。在"表情编辑器"节点中修改各种表情选项的参数，就能让严肃的人物微笑，让闭眼的人物睁开眼睛，改变人物的头部角度和视线方向，如图 6-42 所示。

图 6-41   图 6-42

6.5 老照片修复工作流

完成工作流	附赠素材/工作流/06图像处理/老照片修复.json
参考图素材	附赠素材/参考图/06-11.png、06-12.png

　　老照片的修复翻新一直是图像处理领域的"技术活"。虽然近几年有了 AI 技术的加持，但实际的修复效果仍然无法令人满意。有了 Stable Diffusion 和 ComfyUI 后，很多用户尝试利用各种模型和节点进行老照片的修复，直到 Flux 模型和 Flux Tools 的出现，老照片修复工作流才终于迈入实用阶段。

　　本节我们要搭建的工作流主要利用 Flux-fill 模型的局部重绘功能，在 ReActor 面部修复和 SD 放大的辅助下，实现老照片一键自动修补、上色，以及高精度的重绘。

1 加载图像和加载模型模块

步骤 01 打开"Flux- 妆容表情"工作流，删掉除"加载图像""加载模型""采样输出"和"高清放大"以外的分组框和节点。在"加载图像"分组框中载入照片，然后删除"全局输入 ?"节点。接着创建"全局输入 3"节点，把"加载图像"节点的"遮罩"输出端口和"限制图像区域"节点的"图像"输出端口连接到"全局输入 3"节点，如图 6-43 所示。

步骤 02 继续在"加载模型"分组框的"UNET 加载器"节点中加载 flux1-fill-dev 模型，在"强力 LoRA 加载器"节点中根据需要选择是否加载加速模型，如图 6-44 所示。

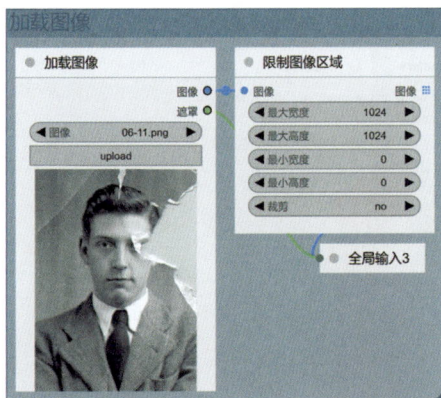

图 6-43

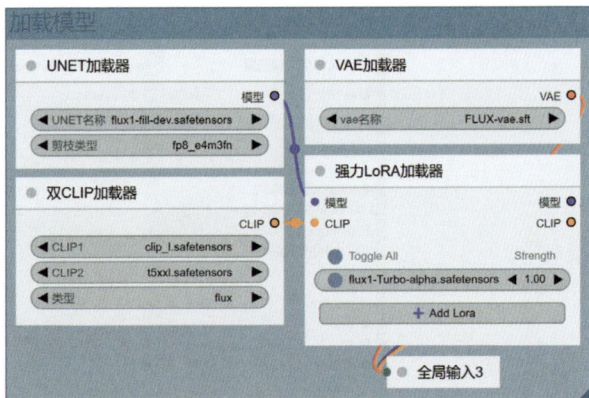

图 6-44

2 采样输出模块

步骤 **01** 在"采样输出"分组框中创建"内补模型条件"节点，把"正面条件"和"Latent"
输出端口连接到"Flux Sampler Parameters"节点。在"Flux Sampler Parameters"
节点中把 guidance 参数设置为 30，把 steps 参数设置为 8，如图 6-45 所示。

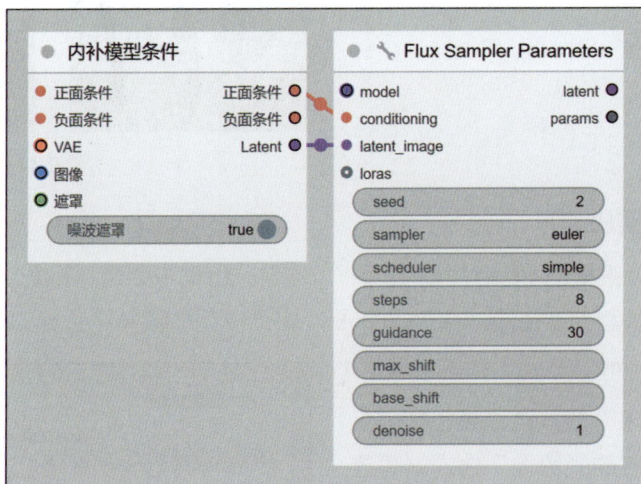

图 6-45

步骤 **02** 分别从"内补模型条件"节点的"正面条件"和"负面条件"输入端口拖出连线，
创建两个"CLIP 文本编码器"节点。接下来创建"全局输入 ?"节点，在其 group_
regex 中输入"优化上色"，然后将该节点连接到"VAE 解码"节点的输出端口，如
图 6-46 所示。

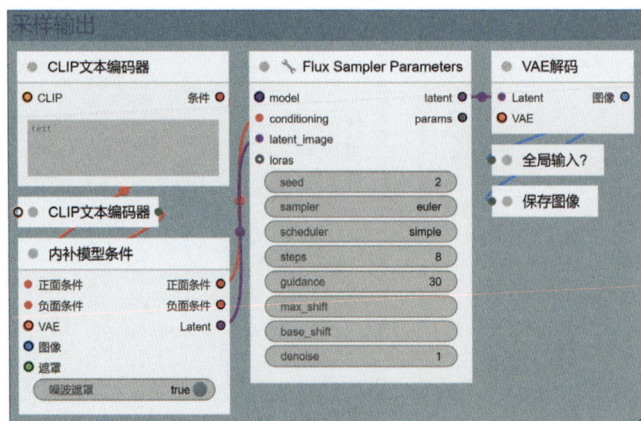

图 6-46

步骤 03 在"加载图像"节点上右击,选择"在遮罩编辑器中打开"命令,在照片的破损、折痕和污迹位置画上遮罩。运行工作流,Fill 模型就可以修复遮罩区域,得到完好的人物照片,如图 6-47 所示。

图 6-47

3 优化上色模块

步骤 01 新建一个分组框,命名为"优化上色"。在该分组框中创建"ReActor 恢复面部"节点,在"检测模型"菜单中选择 YOLOv5l,在"模型"菜单中选择 GPEN-BFR-512,把"CodeFormer_ 权重"参数设置为 1。

步骤 02 接下来创建"图像通过模型放大"节点,将它的"图像"输入端口连接到"ReActor 恢复面部"节点。继续创建"放大模型加载器"节点,加载 2xNomosUni 模型后将它连接到"图像通过模型放大"节点,如图 6-48 所示。

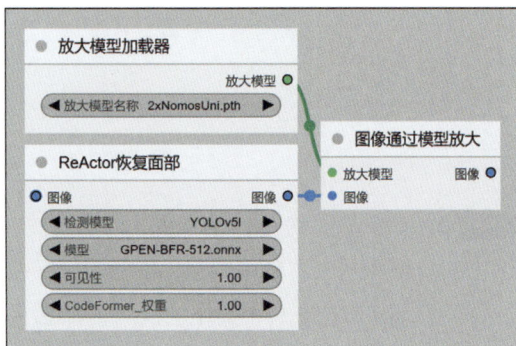

图 6-48

步骤 **03** 创建 DDColor_Colorize 节点，加载 ddcolor_artistic 模型，然后将该节点连接到"图像通过模型放大"节点的输出端口。创建"预览图像"和"全局输入？"节点，把这两个节点都连接到 DDColor_Colorize 节点的输出端口上，如图 6-49 所示。在"全局输入？"节点的 group_regex 中输入"重设背景"。

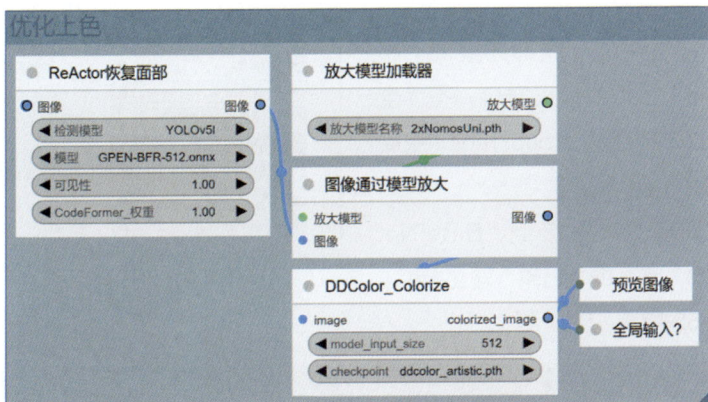

图 6-49

再次运行工作流，经过面部修复和上色后的效果如图 6-50 所示。

图 6-50

4 重设背景模块

现在的照片已经比较清晰了，但背景过于杂乱，接下来我们把人物抠取出来，然后给背景填充单一的颜色。

步骤 **01** 新建一个分组框，并命名为"重设背景"。在该分组框中创建"LayerMask: Load BiRefNet Model V2(Advance)"和"BiRefNet Ultra V2"节点，然后把这两个节点连接起来。继续创建"移除 Alpha"节点，开启"填充背景"开关，在"背景颜色"中输入想要替换成的背景颜色。

步骤 02　把"移除 Alpha"节点的"RGBA 图像"和 mask 输入端口都连接到"BiRefNet Ultra V2"节点,如图 6-51 所示。

步骤 03　创建"预览图像"和"全局输入?"节点,把这两个节点都连接到"移除 Alpha"节点的输出端口。在"全局输入?"节点的 group_regex 中输入"调色处理"。复制一个"全局输入?"节点,连接到"BiRefNet Ultra V2"节点的"遮罩"输出端口,如图 6-52 所示。

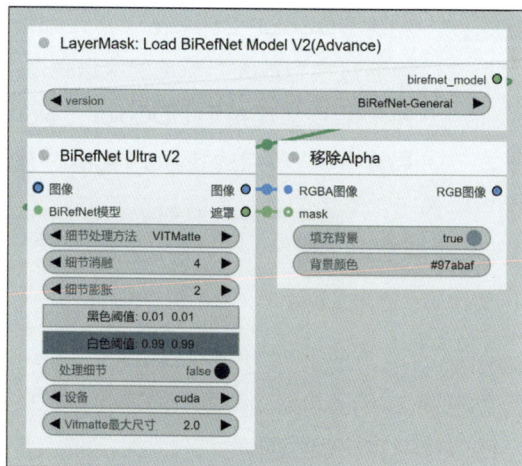

图 6-51

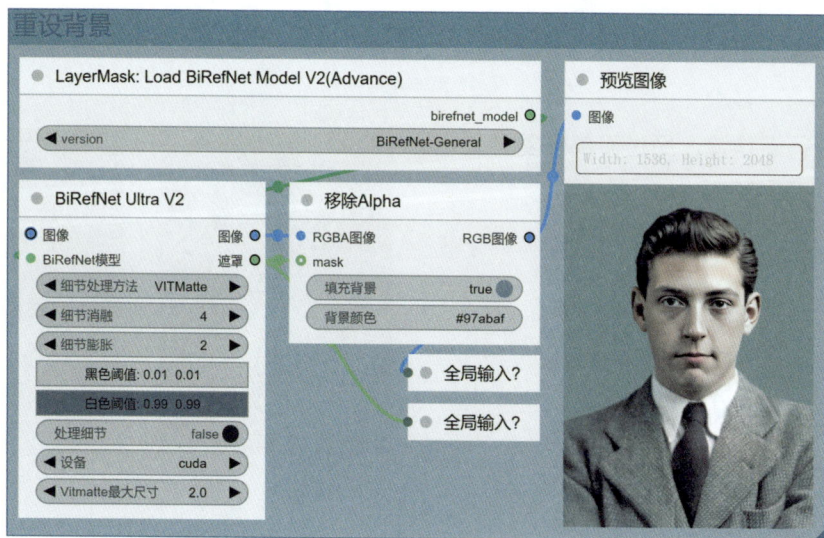

图 6-52

5 调色处理模块

　　新建一个分组框,命名为"调色处理"。在分组框中创建"自动调色 V2"和"LUT 应用"节点,然后把这两个节点连接起来。创建"保存图像"和"全局输入?"节点,把这两个节点都连接到"LUT 应用"节点的输出端口。在"全局输入?"节点的 group_regex 中输入"高清放大"。这样我们就可以使用调色参数和 LUT 文件调整照片的明暗和色彩,如图 6-53 所示。

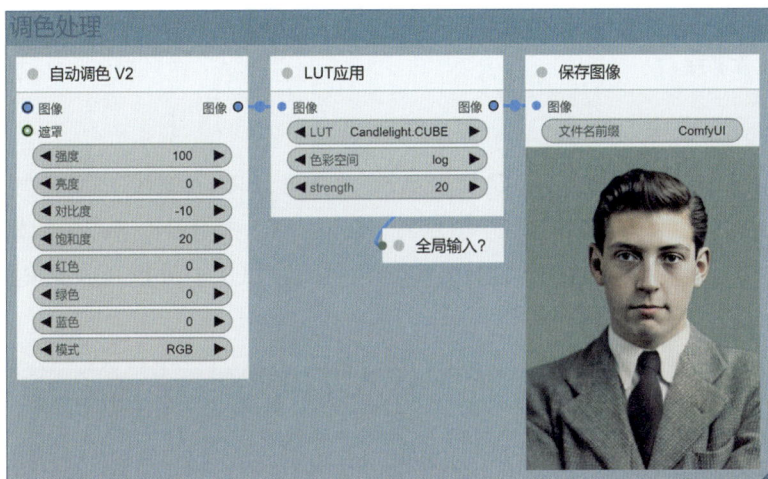

图 6-53

最后开启"高清修复"分
组框，对当前的生成结果进行
1.5 倍或 2 倍的放大，最终的修
复效果如图 6-54 所示。

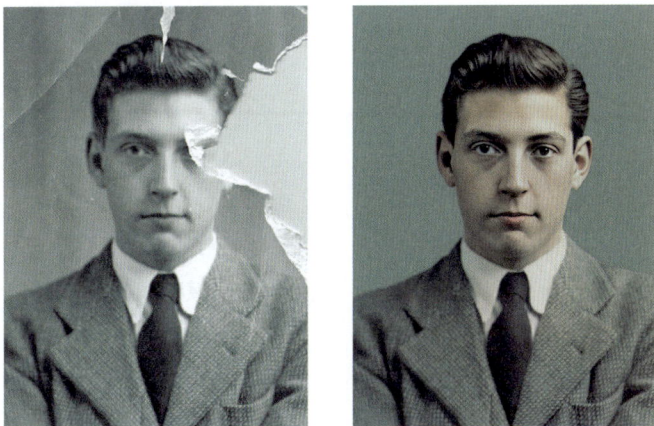

图 6-54

6.6 线稿提取工作流

完成工作流	附赠素材/工作流/06图像处理/Flux-线稿提取.json
参考图素材	附赠素材/参考图/06-13.png

本节将搭建一个简单却实用的工作流，用于把照片或图像转绘成线稿。图像转线稿最方
便的方法是使用专门炼制的 LoRA 模型，如果找不到合适的模型，我们还可以换个思路，把

Flux Tools 中的 Canny 模型反过来应用，即先利用预处理器提取线稿，再使用 Redux 模型参考线稿进行高清重绘。

1 加载模型模块

步骤 01 创建"UNET 加载器""双 CLIP 加载器""强力 LoRA 加载器""VAE 加载器"和"全局输 3"节点。连接好这几个节点后，在"UNET 加载器"节点中加载 flux1-canny-dev 模型，在"强力 LoRA 加载器"节点中加载 FLUX.1-Turbo-Alpha 模型，如图 6-55 所示。

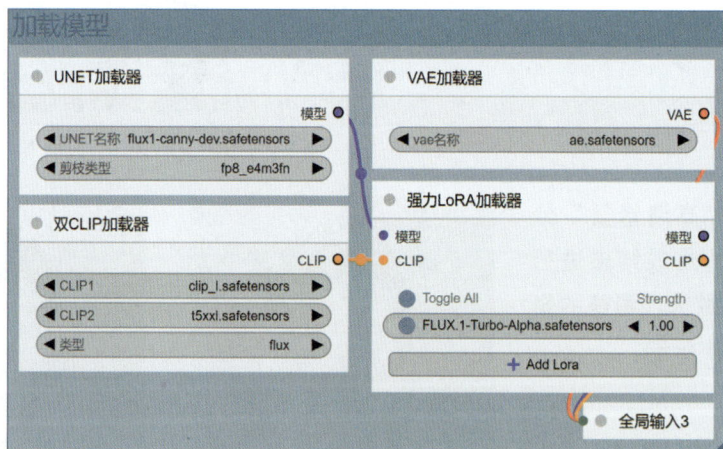

图 6-55

步骤 02 选中所有模型后，按快捷键 Ctrl+G 创建分组框，并命名为"加载模型"。

2 线框提取模块

步骤 01 新建一个分组框，命名为"线框提取"。在该分组框中创建"加载图像"节点，载入参考图。继续创建"Aux 集成预处理器"节点，并连接到"加载图像"节点的输出端口。在"Aux 集成预处理器"节点的"预处理器"菜单中选择 LineArtPreprocessor，把"分辨率"参数设置为 1024。

步骤 02 接下来创建"图像反转"节点，并连接到"Aux 集成预处理器"节点的输出端口。现在运行工作流，提取出来的线框图如图 6-56 所示。

步骤 03 创建"风格模型应用"节点，把"强度"参数设置为 2。从新建节点的"条件"输入端口拖出连线，创建"CLIP 文本编码器"节点。然后在"CLIP 文本编码器"节点中输入描述线框和背景的提示词。

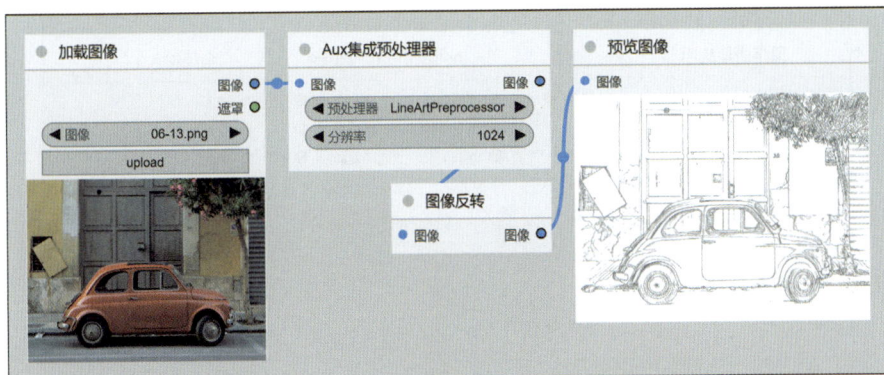

图 6-56

步骤 04 从"风格模型应用"节点的"风格模型"输入端口拖出连线,创建"风格模型加载器"
节点,加载 flux1-redux-dev 模型;从"CLIP 视觉输出"输入端口拖出连线,创建
"CLIP 视觉编码"节点。从"CLIP 视觉编码"节点的"CLIP 视觉"输入端口拖出连线,
创建"CLIP 视觉加载器"节点,加载 sigclip_vision_patch14_384 模型,如图 6-57 所示。

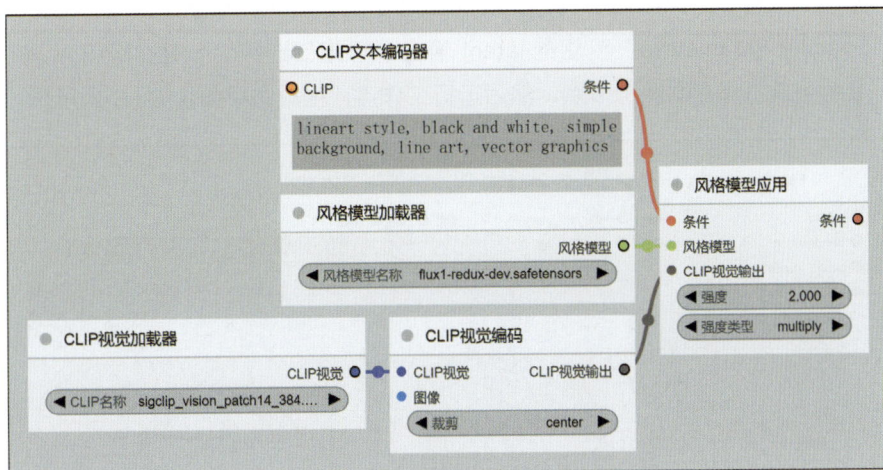

图 6-57

步骤 05 继续创建"InstructPixToPix 条件"节点,把"正面条件"输入端口连接到"风格模
型应用"节点;从"负面条件"输入端口拖出连线,创建"CLIP 文本编码器"节点。
创建"全局输入 3"节点,并连接到"InstructPixToPix 条件"节点的"正面条件"和
Latent 输出端口,如图 6-58 所示。

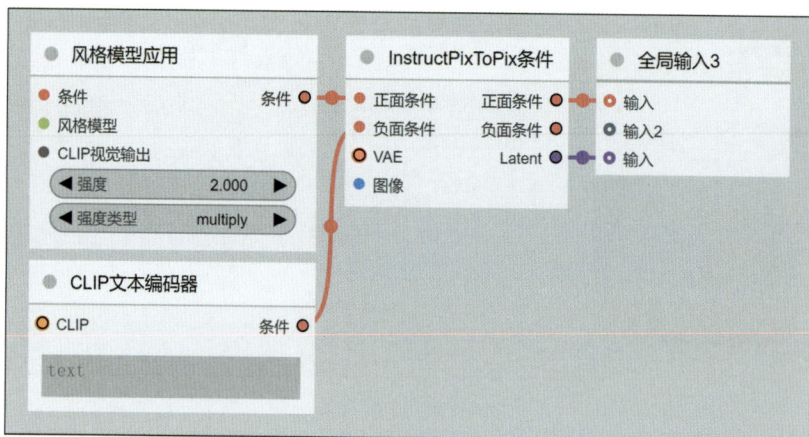

图 6-58

3 采样输出模块

步骤 01　新建一个分组框，命名为"采样输出"。在该分组框中创建"Flux Sampler Parameters"节点，把 steps 参数设置为 8，把 guidance 参数设置为 30。从"Flux Sampler Parameters"节点的 latent 输出端口拖出连线，创建"VAE 解码"节点。继续创建"保存图像"节点，然后运行工作流，生成结果如图 6-59 所示。

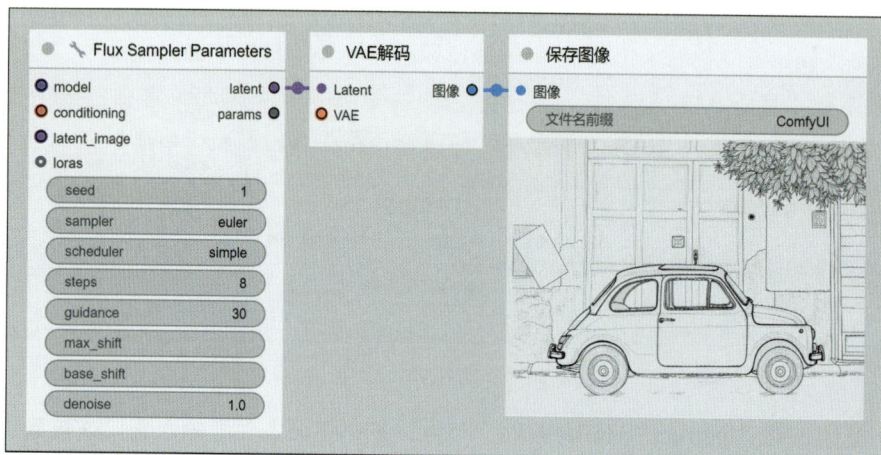

图 6-59

步骤 02　创建"亮度／对比度"节点，并连接到"VAE 解码"和"保存图像"节点之间，利用这个节点去除生成结果中过多的灰色成分。继续创建"全局输入"节点，并连接到"亮度／对比度"节点的输出端口。创建完成的采样输出模块如图 6-60 所示。

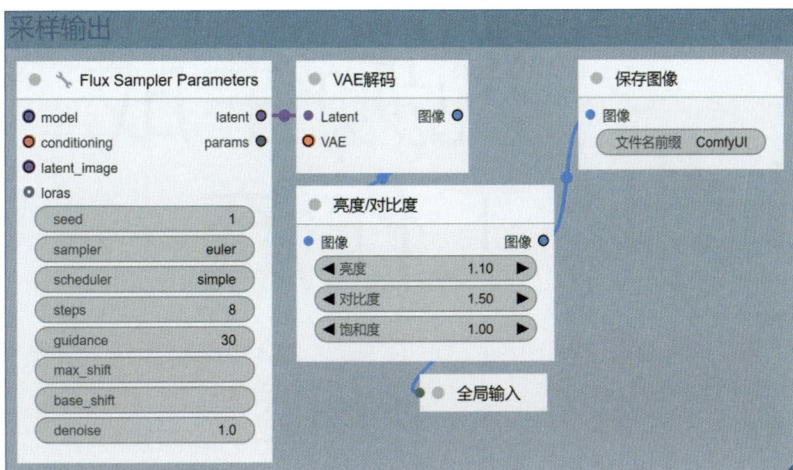

图 6-60

4 SD 放大模块

步骤 01 创建一个分组框，命名为"高清放大"。在该分组框中添加 SD 放大预设节点。在"SD 放大"节点中把"步数"参数设置为 8，把"降噪"参数设置为 0.25。把"CLIP 文本编码器"节点的输出端口连接到"SD 放大"节点的"正面条件"输入端口

步骤 02 继续创建"UNET 加载器"节点，加载 flux1-canny-dev 模型后将其连接到"SD 放大"节点的"模型"输入端口，如图 6-61 所示。

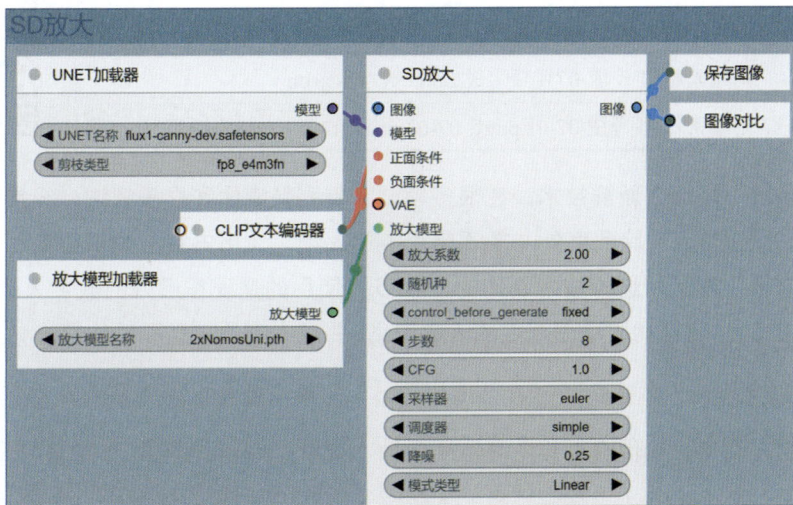

图 6-61

第7章 Chapter

视频生成工作流

AI 摄影与创意设计：
Stable Diffusion-ComfyUI

文生视频大模型 sora 刚刚对外发布时，曾被视为 AI 视频领域的神话，人们纷纷畅想这个模型能为影视、媒体、教育、广告营销等领域带来多大的变革。但是，随着 sora 不尽如人意的表现越来越多，以及高昂的使用成本，现在已经很少有人关注这个曾经的"明星"产品，取而代之的则是混元视频大模型、通义万相、Sonic 等开源视频模型。本章介绍目前 ComfyUI 中最流行、最实用的视频生成方法，了解一下那些网红 AI 视频都是怎么打造出来的。

7.1 让照片人物说话

完成工作流	附赠素材/工作流/07视频生成/Sonic数字人.json
参考图素材	附赠素材/参考图/07-01.png、07-02.png、语音1.mp3、语音2.mp3

数字人早已不是什么新鲜技术，在很多领域，特别是媒体和娱乐领域，经常能看到或卡通或拟真的虚拟主持人。除此之外，复活照片中的人物，让历史书上的手绘人物变成真人并开口说话等效果，都是用这种技术制作的。本节要使用的是现在最好的数字人模型 Sonic，只需一段音频文件，它就能驱动图片中的人物说话，并且人物的口型和动作都十分逼真、自然。

1 Sonic 模块

步骤 01　新建一个空白工作流，首先搜索并添加"Checkpoint 加载器（仅图像）"节点，在节点中加载 svd_xt_1_1 模型。接下来搜索并添加"SONICTLoader"节点，在其 sonic_unet 中选择 unet 模型。然后把两个节点的"模型"端口连接起来，如图 7-1 所示。

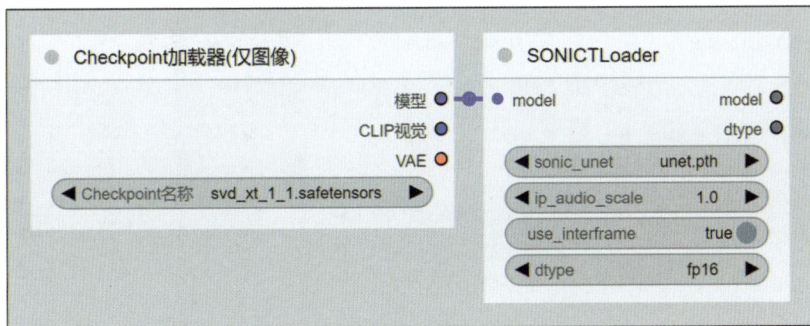

图 7-1

步骤 02 搜索并添加"SONIC_PreData"节点。先把"Checkpoint 加载器（仅图像）"节点的 "CLIP 视 觉"和"VAE"输入端口连接到"SONIC_PreData"节点上，再把 "SONICTLoader"节点的 dtype 输出端口连接到"SONIC_PreData"节点的 weigth_dtype 输入端口上，如图 7-2 所示。

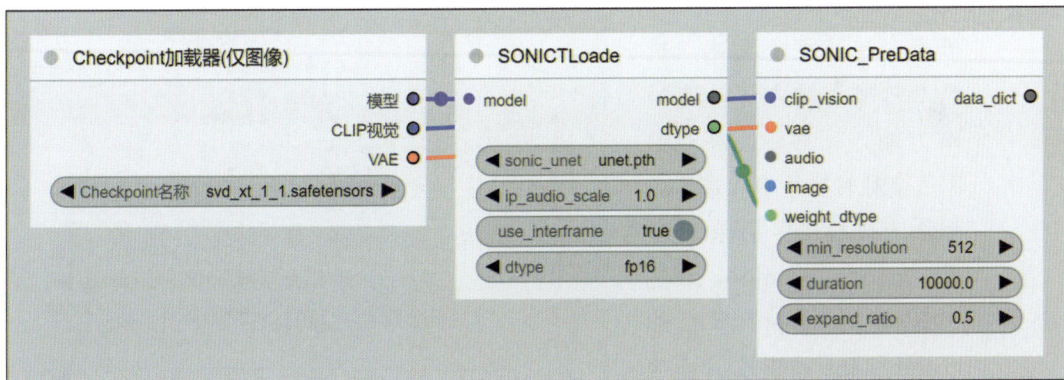

图 7-2

提示 SONIC_PreData 节点中的 min_resolution 参数用于控制参考图的裁剪尺寸，512 代表把参考图的短边裁剪成 512 像素；duration 参数用于控制音频的处理时长，例如我们只想用音频文件的前 5 秒生成视频，就把这个参数设置为 5；expand_ratio 参数控制的是参考图中的面部被裁剪后外扩的范围，音频会作用于这个区域，生成口型等动作。

步骤 03 继续搜索并添加"SONICSampler"节点，把"SONICTLoader"节点的 model 输出端口和"SONIC_PreData"节点的 data_dict 输出端口连接到新建的节点，如图 7-3 所示。

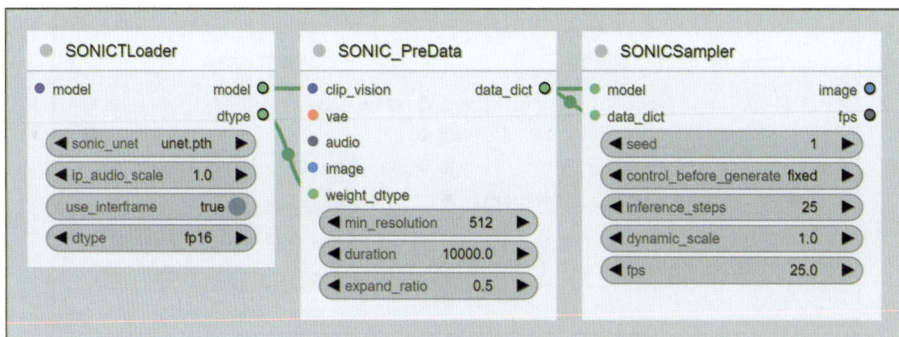

图 7-3

> **提示** SONICSampler 节点中的 inference_steps 和 fps 参数需要保持一致，否则生成结果会出现音画不一致的现象；dynamic_scale 参数用于控制数字人的运动幅度，数值一般设置为 0.5~2，数值越大，数字人的运动幅度也越大。

步骤 04 搜索并添加"合并为视频"节点，在节点上右击，执行"转换为输入/转换帧率为输入"命令，将"帧率"参数转换为输入端口，然后在"格式"菜单中选择 video/h264-mp4。把"SONICSampler"节点的 image 和 fps 输出端口连接到"合并为视频"节点上，如图 7-4 所示。

图 7-4

步骤 05 创建"加载图像"节点，载入参考图后，将它的"图像"输出端口连接到"SONIC_PreData"节点。创建"加载音频"节点，载入音频文件后，将它的"音频"输出端口连接到"SONIC_PreData"和"合并为视频"节点。

步骤 06 Sonic 模块创建完成后，选中所有节点后，按快捷键 Ctrl+G 创建分组框，并命名为 Sonic，如图 7-5 所示。现在运行工作流，就能生成视频。生成完毕后，把光标移到"合并为视频"节点的生成图像，就能听到语音。

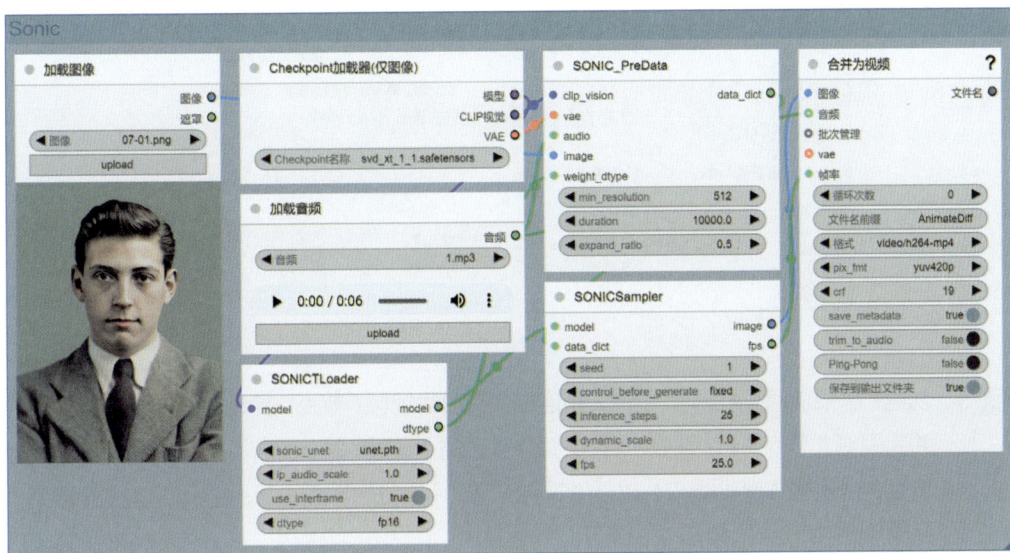

图 7-5

2 视频放大模块

步骤 ❶ 如果生成的视频尺寸较小，当需要更大尺寸的视频时，可以创建一个分组框，并命名为"视频放大"。在该分组框中创建"加载视频"节点，然后载入生成的视频；在其 format 菜单中选择 None。继续创建"分离图像 Alpha"节点，并连接到"加载视频"节点的"图像"输出端口，如图 7-6 所示。

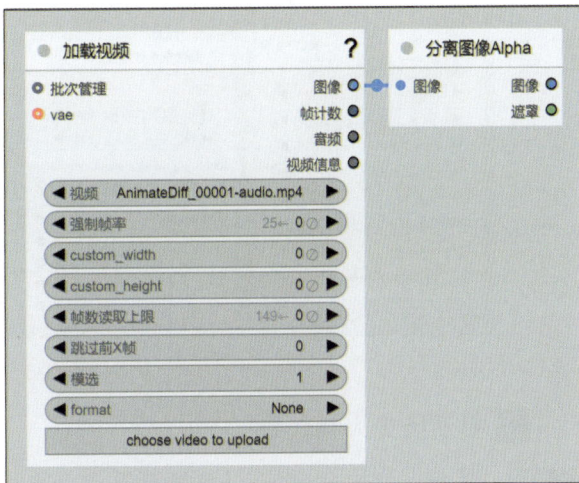

图 7-6

步骤 ❷ 创建"图像按系数缩放"节点，利用"系数"设置放大倍数，然后将该节点连接到"分离图像 Alpha"节点。继续创建"放大模型加载器"和"图像通过模型放大"节点，把这两个节点的"放大模型"端口连接起来。把"图像通过模型放大"节点的"图像"输入端口连接到"图像按系数缩放"节点，如图 7-7 所示。

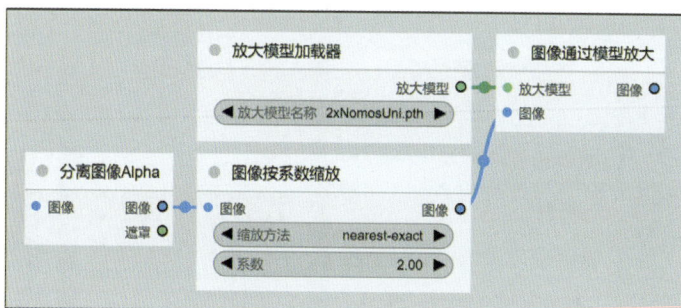

图 7-7

步骤03 创建"视频信息（初始）"节点，并连接到"加载视频"节点。复制 Sonic 分组框中的"合并为视频"节点，然后把"加载视频"节点的"音频"输出端口、"图像通过模型放大"节点的"图像"输出端口，以及"视频信息（初始）"节点的 fps 输出端口都连接到"合并为视频"节点，如图 7-8 所示。

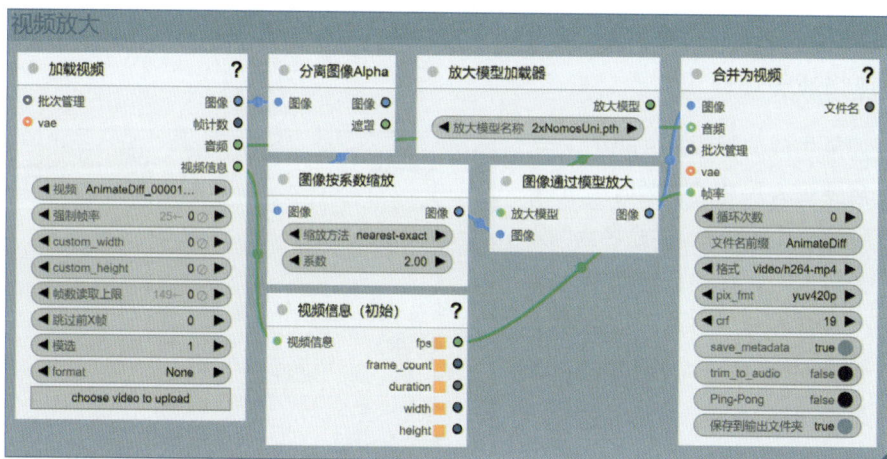

图 7-8

3 复活历史人物效果

步骤01 要想得到手绘的历史人物变成真人、并能说话或唱歌的视频，需要结合前面搭建的图生图工作流。打开 Flux-ControlNet 工作流，关闭第二个 ControlNet 分组框，然后开启第一个 ControlNet 分组框。在"加载图像"分组框中载入要转绘的参考图，如图 7-9 所示。

步骤02 在"加载模型"分组框的"UNET 加载器"节点中选择 flux1-canny-dev 模型。在"强力 LoRA 加载器"节点中添加"汉服唐风"模型，如图 7-10 所示。

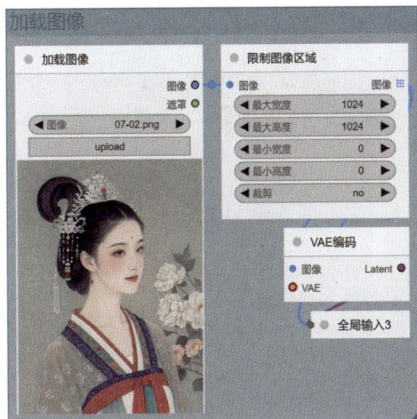

图 7-9

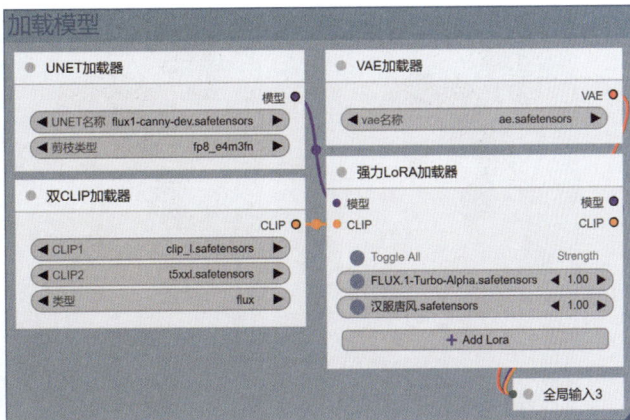

图 7-10

步骤 03 在 ControlNet 分组框中输入描述画面内容和转绘风格的提示词,在"采样输出"分组框中把 guidance 参数设置为 30。运行工作流,就能把手绘的参考图转绘成真人照片,如图 7-11 所示。

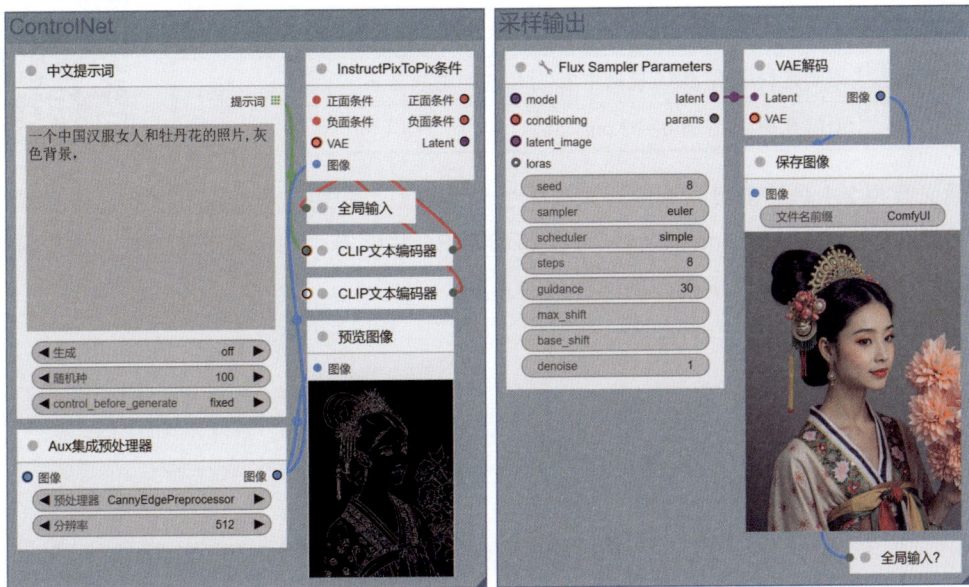

图 7-11

步骤 04 接下来打开 Sonic 数字人工作流,上传转绘完成的图片和音频文件,然后运行工作流。这样就获得了手绘图片、转绘图片和唱歌视频 3 个素材,如图 7-12 所示。用视频剪辑软件简单处理一下,就能得到想要的视频。

手绘图片	转绘图片	唱歌视频

图 7-12

7.2 通义万相视频模型

完成工作流	附赠素材/工作流/07视频生成/万相视频生成.json
参考图素材	附赠素材/参考图/07-03.png

　　通义万相 2.1 是目前最强大的开源视频生成大模型，利用这个模型可以实现文生视频和图生视频，与之匹配的 ControlNet 控制模型和 LoRA 模型等生态也在不断完善。本节将介绍在 ComfyUI 中使用万相 2.1 模型制作视频的方法。

1 加载模型模块

步骤 01　搜索并添加"GGUF Loader"节点，加载 wan2.1-t2v-14b-Q4_K_S 模型。搜索并添加"CLIP 加载器"节点，加载 umt5_xxl_fp8_e4m3fn_scaled 模型。继续创建"VAE 加载器"节点，加载 wan_2.1_ vae 模型，如图 7-13 所示。

图 7-13

> **提示** 万相模型名称中的 t2v，代表这是文生视频模型，i2v 代表这是图生视频模型。本例中使用的是 GGUF 版的万相模型，如果使用的是官方模型，可以用"UNET 加载器"节点加载。

步骤 02 搜索并添加"WanVideo Tea Cache(native)"节点，连接到"GGUF Loader"节点，把 rel_l1_thresh 参数设置为 0.04，在 coefficients 菜单中选择 disabled，如图 7-14 所示。这个节点的作用是提高视频的生成速度，rel_l1_thresh 参数值越大，提速效果越明显。

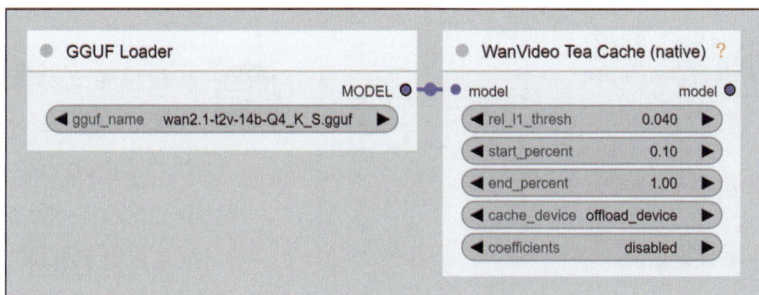

图 7-14

步骤 03 创建"DD 采样优化器"节点，连接到"WanVideo Tea Cache(native)"和"CLIP 加载器"节点的输出端口。创建"全局输入 3"节点，连接到"DD 采样优化器"和"VAE 加载器"节点的输出端口。选中所有节点后，按快捷键 Ctrl+G 创建分组框，并命名为"加载模型"，如图 7-15 所示。

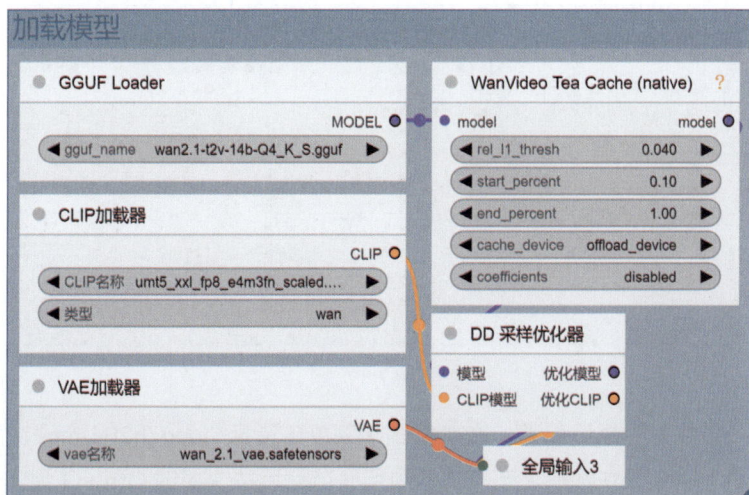

图 7-15

2 文生视频模块

步骤 01 创建"K 采样器"节点，依次把"步数"参数设置为 25，把 CFG 参数设置为 6，把"采样器"参数设置为 uni_pc，把"调度器"参数设置为 simple。分别从"K 采样器"节点的"正面条件"和"负面条件"输入端口拖出连线，创建两个"CLIP 文本编码器"节点，然后输入正反提示词，如图 7-16 所示。

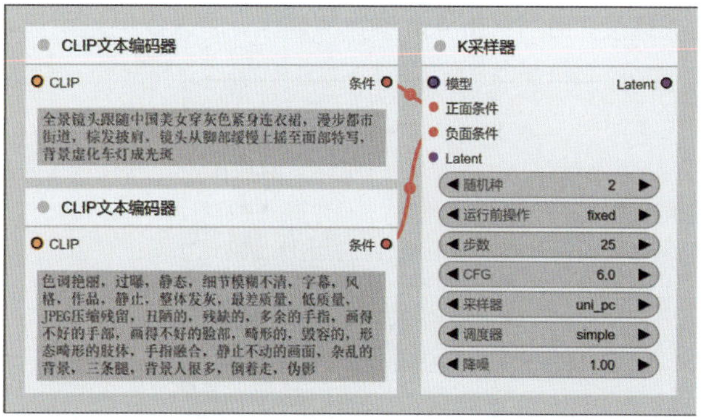

图 7-16

> **提示** 万相模型支持直接用中文输入提示词，正向提示词一般用"主体描述＋场景描述＋动作描述＋镜头语言＋氛围风格"的格式书写。

步骤 02 搜索并添加"DD 空 Latent 视频 (Wan2.1)"节点，在"推荐分辨率"菜单中选择生成结果的画幅尺寸，然后将该节点连接到"K 采样器"节点的 Latent 输入端口。继续创建"VAE 分块解码"节点，并连接到"K 采样器"节点的 Latent 输出端口，如图 7-17 所示。

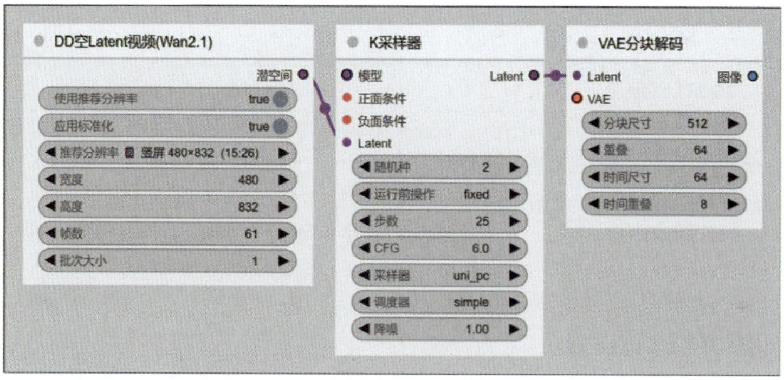

图 7-17

步骤 03 创建"合并为视频"节点，在"格式"菜单中选择 video/h264-mp4，然后将该节点连接到"VAE 分块解码"节点。选中所有节点后按快捷键 Ctrl＋G 创建一个分组框，并命名为"文生视频"，如图 7-18 所示。

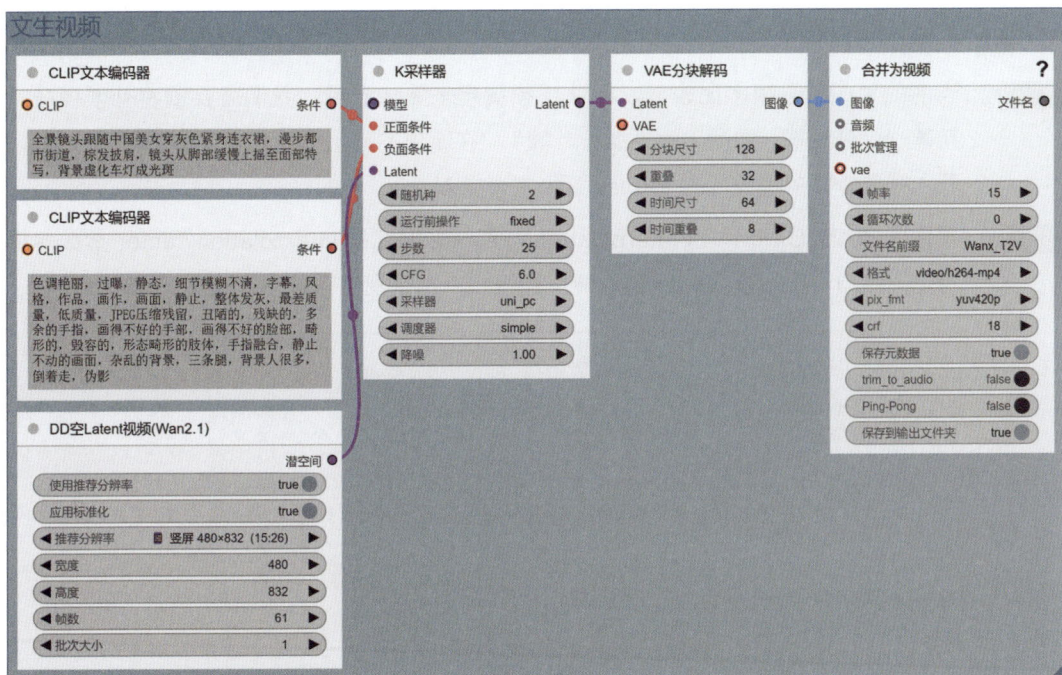

图 7-18

步骤 04 在"合并为视频"节点中设置生成结果的"帧率"参数，为了提高生成速度，一般会把帧率设置为 15。接下来，在"DD 空 Latent 视频 (Wan2.1)"节点中设置生成结果的"帧数"，用帧数除以帧率就是生成结果的时长。运行工作流，就能得到符合提示词描述的视频，如图 7-19 所示。

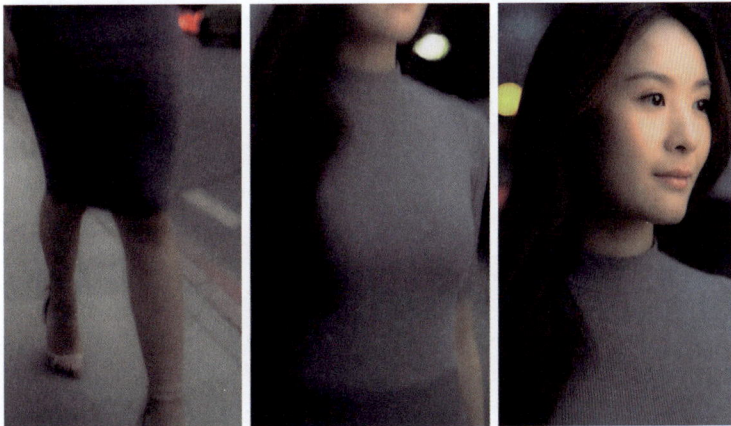

图 7-19

3 视频补帧模块

步骤 01 当前的生成结果帧率比较低，要让视频看起来更加流畅，我们需要创建补帧模块。新建一个分组框，并命名为"视频补帧"。在新建的分组框中创建"加载视频"节点，载入需要补帧的视频，在 format 菜单中选择 None。

步骤 02 搜索并添加"GIMM-VFI Interpolate"节点，并将它的 interpolation_factor 参数转换为输入端口，然后把 image 输入端口连接到"加载视频"节点，如图 7-20 所示。

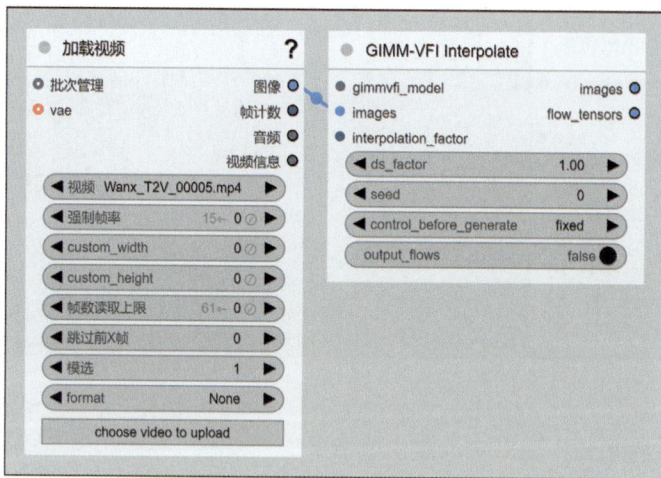

图 7-20

步骤 03 创建"(Down)Load GIMMVFI Model"节点，在 precision 菜单中选择 fp16，在 model 菜单中选择 gimmvfi_r_arb_lpips_fp32，然后将该节点连接到 GIMM- VFI Interpolate 节点。创建"整数"节点，把"值"设置为 2，然后将该节点连接到"GIMM-VFI Interpolate"节点的 interpolation_factor 端口，如图 7-21 所示。

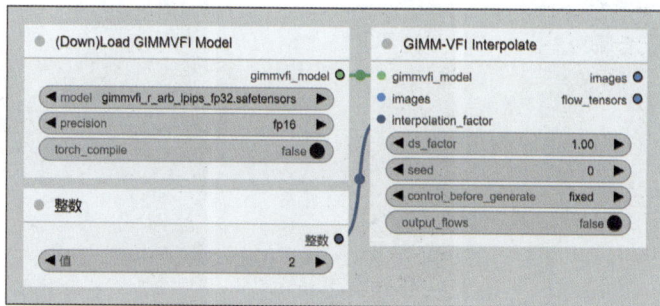

图 7-21

步骤 **04** 创建"视频信息（初始）"节点，将其输入端口连接到"加载视频"节点。创建"数学表达式"节点，将它的 a 输入端口连接到"整数"节点的输出端口，将它的 b 输入端口连接到"视频信息（初始）"节点的 fps 输出端口。在"数学表达式"节点的文本框中输入"a*b"，这样就能提高一倍的帧率，把 15 帧的视频变成 30 帧，如图 7-22 所示。

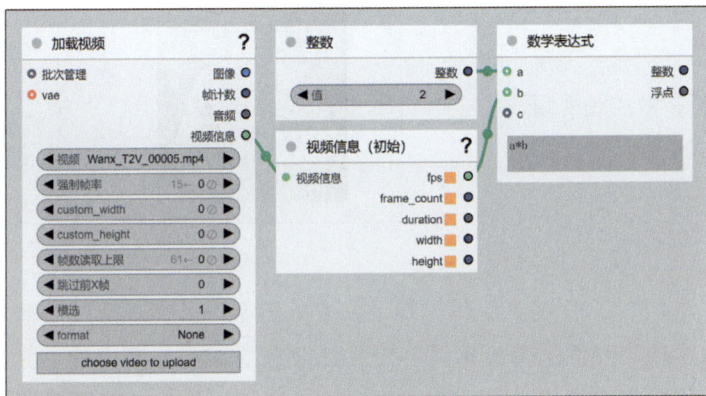

图 7-22

步骤 **05** 创建"合并为视频"节点，并将它的"帧率"参数转换为输入端口，然后在"格式"菜单中选择 video/h264-mp4。把"加载视频"节点的"音频"输出端口、"GIMM-VFI Interpolate"节点的 images 输出端口和"数学表达式"节点的"整数"输出端口都连接到"合并为视频"节点，如图 7-23 所示。

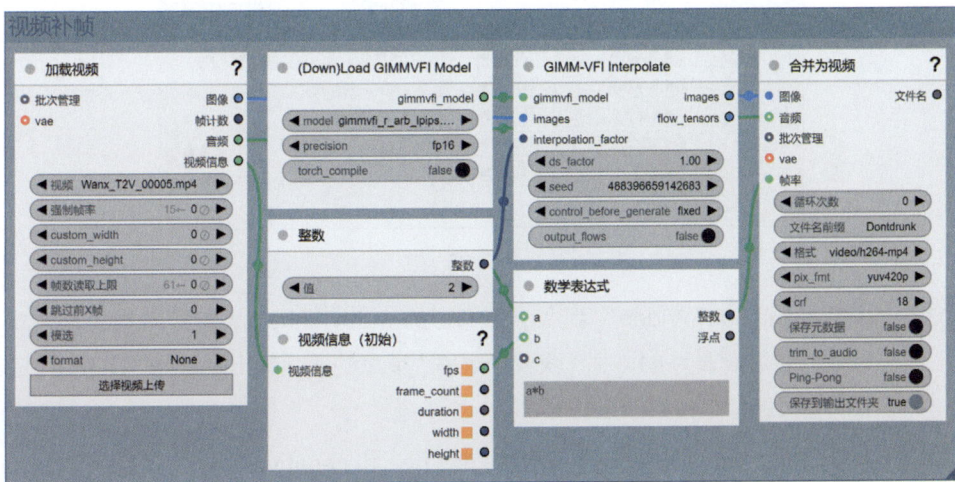

图 7-23

4 图生视频模块

步骤01 新建一个分组框,命名为"图生视频"。在该分组框中创建"加载图像"节点,然后载入参考图。继续创建"限制图像区域"节点,把两个节点连接起来后利用"最大宽度"和"最大高度"参数控制视频的尺寸,如图 7-24 所示。

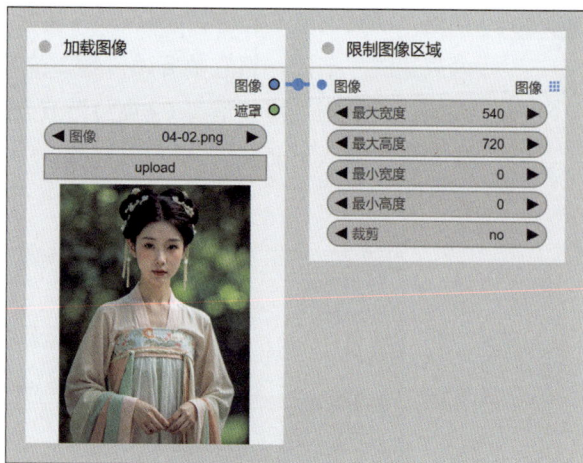

图 7-24

步骤02 搜索并添加"CLIP 视觉编码"和"获取分辨率"节点,把两个节点都连接到"限制图像区域"节点的输出端口。在"CLIP 视觉编码"节点的"裁剪"菜单中选择 none,从它的"CLIP 视觉"输入端口拖出连线,创建"CLIP 视觉加载器"节点,载入 clip_vision_vit_h 模型,如图 7-25 所示。

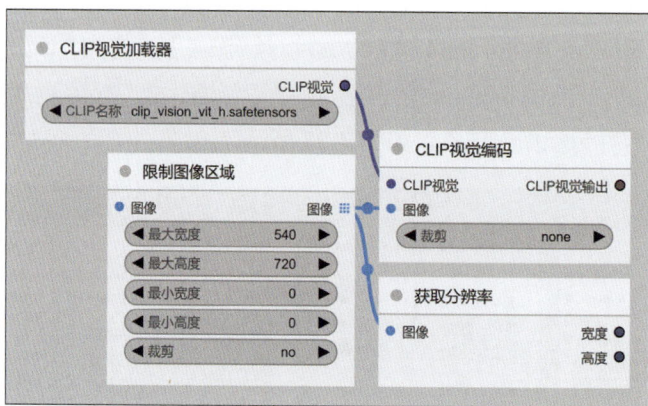

图 7-25

步骤03 创建"WanImageToVideo"节点,并将它的 width 和 height 参数转换为输入端口,把 length 参数设置为 61。把"获取分辨率"节点的两个输出端口和"CLIP 视觉编码"节点的输出端口连接到新建的节点。

步骤04 分别从"WanImageToVideo"节点的 positive 和 negative 输入端口拖出连线,创建两个"CLIP 文本编码器"节点,然后输入正反提示词,如图 7-26 所示。

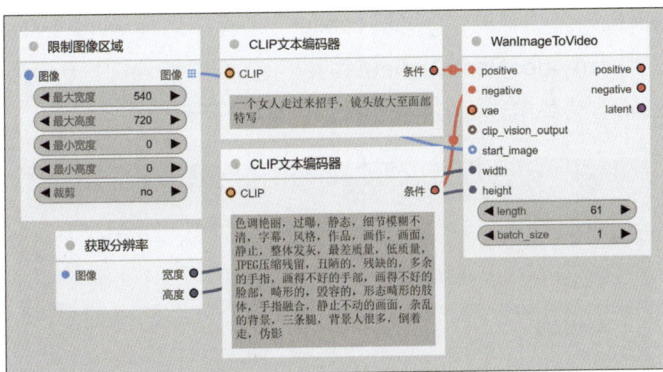

图 7-26

步骤 05 搜索并添加"K 采样器"节点,依次把"步数"参数设置为 25,把 CFG 参数设置为 6,把"采样器"设置为 res_ multistep,把"调度器"设置为 simple。把 WanImageToVideo 节点的输出端口全部连接到"K 采样器"节点,如图 7-27 所示。

步骤 06 搜索并添加"VAE 分块解码"节点,连接到"K 采样器"节点。继续创建"合并为视频"节点,在它的"格式"菜单中选择 video/h264-mp4,把"图像"输入端口连接到"VAE 分块解码"节点,如图 7-28 所示。

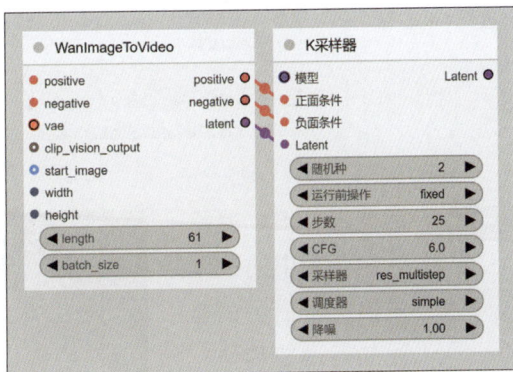

图 7-27

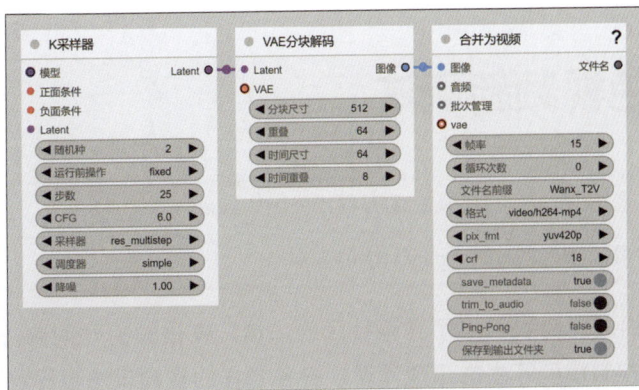

图 7-28

步骤 07 在"加载模型"分组框的"GGUF Loader"节点中选择 wan2.1-i2v-14b-720p-Q4_K_S 模型；在"WanVideo Tea Cache(native)"节点中把 rel_l1_thresh 参数设置为 0.3，在 coefficients 菜单中选择 i2v_720，如图 7-29 所示。

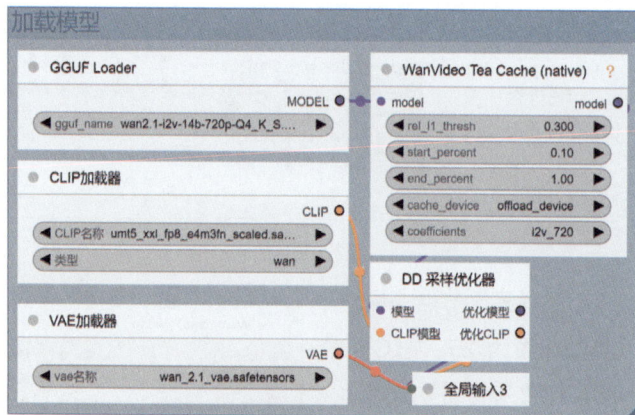

图 7-29

步骤 08 运行工作流，就能让参考图中的主体做出符合提示词描述的运动或动作，如图 7-30 所示。

图 7-30

7.3 特色视频新玩法

完成工作流	附赠素材/工作流/07视频生成/万相特色玩法.json
参考图素材	附赠素材/参考图/07-04.png、07-01.mp4

万相 2.1 模型的成功再次引爆了开源社区的热情，在很短的时间内，与之对应的 LoRA 模型、ControlNet 控制模型等生态迅速涌现，各种各样的视频玩法也纷纷上线。本节将介绍在 LoRA 和 ControlNet 模型的配合下万相模型带来的新花样。

1 LoRA 模型用法

步骤 01 打开上一节搭建的万相视频生成工作流，在"加载模型"分组框中创建"LoRA 加载器（仅模型）"节点，加载"捏捏乐"模型后，将该节点连接到"GGUF Loader"和"WanVideo Tea Cache (native)"节点之间，如图 7-31 所示。

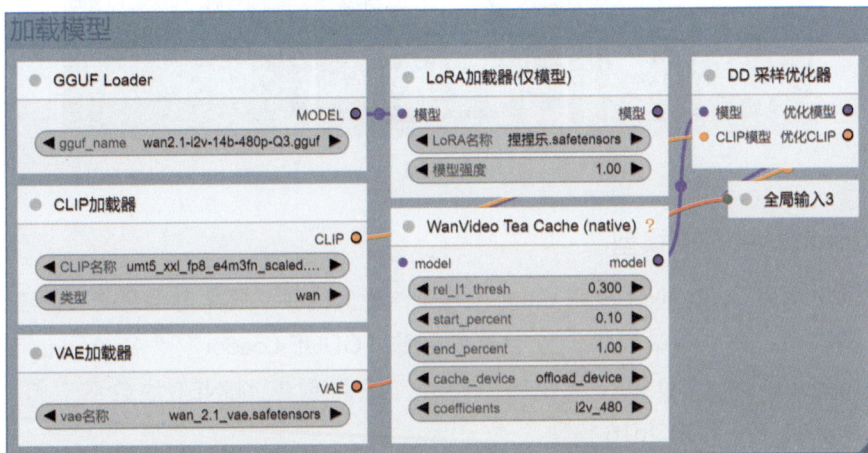

图 7-31

步骤 02 在"图生视频"分组框的"加载图像"节点上加载参考图，在正向提示词的"CLIP 文本编码器"节点中输入包括 LoRA 触发词在内的提示词，如图 7-32 所示。

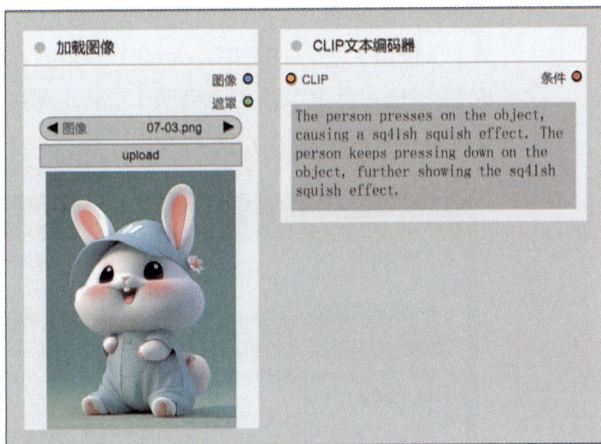

图 7-32

步骤 03 现在运行工作流，就能得到把参考图中的主体像面团一样捏扁的视频，如图 7-33 所示。现在有很多基于 Wan 2.1 模型炼制的 LoRA 模型，我们只要在当前的工作流中加载这些 LoRA 模型，然后输入触发词，就能得到万物开花、物体旋转、人物飞翔等视频动画。

图 7-33

2 ControlNet 控制模型

步骤 01 要想使用 ControlNet 控制 Wan2.1 模型的生成结果，还需对当前的工作流进行更大的改造。在"加载模型"分组框中删除"GGUF Loader""WanVideo Tea Cache (native)"和"DD 采样优化器"节点。然后创建"UNET 加载器"节点，加载 wan2.1_t2v_1.3B_fp16 模型。

步骤 02 创建"模型采样算法 SD3"节点，把"偏移"参数设置为 8 后，将其输入端口连接到"UNET 加载器"节点，将它的输出端口连接到"全局输入 3"节点。在"LoRA 加载器（仅模型）"节点中加载 wan2.1-1.3b-control-lora-depth 模型。创建一个设置节点，在 Constant 菜单中输入"模型 1"后，将该节点连接到"LoRA 加载器（仅模型）"节点的输出端口，如图 7-34 所示。

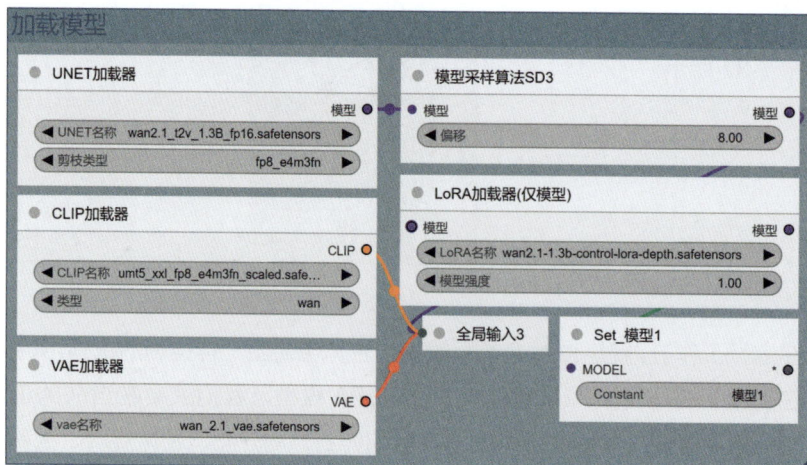

图 7-34

步骤 03 在"图生视频"分组框中删除"加载图像""限制图像区域""CLIP 视觉加载器""CLIP 视觉编码""获取分辨率""K 采样器"和 WanImageToVideo 节点。创建"加载视频"节点，然后载入一个视频文件。

步骤 04 创建"Aux 集成预处理器"节点，在"预处理器"中选择 DepthAnythingPreprocessor，把输入端口连接到"加载视频"节点，如图 7-35 所示。

步骤 05 创建"InstructPixToPix 条件"节点，把两个"CLIP 文本编码器"和"Aux 集成预处理器"节点的输出端口连接到新建的节点。在正向提示词中输入转绘的内容和风格，如图 7-36 所示。

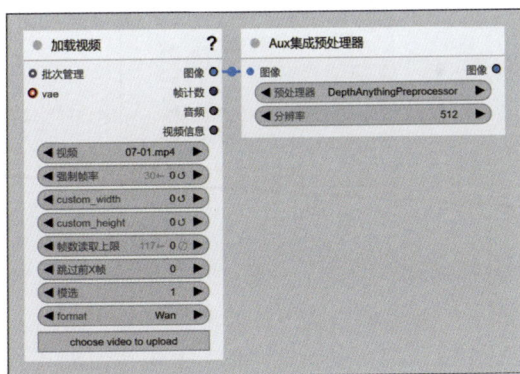

图 7-35

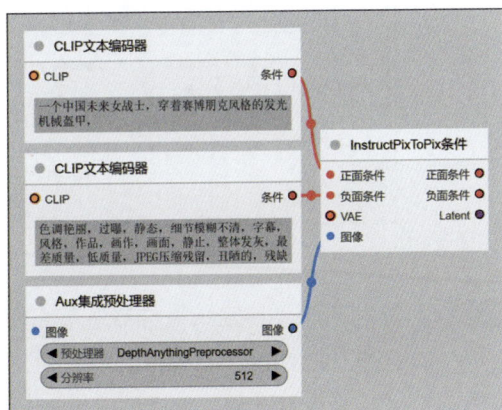

图 7-36

步骤 06 创建"自定义采样器"节点，把 CFG 参数设置为 4，然后把"InstructPixToPix 条件"节点的输出端口全部连接到新建的节点。从"自定义采样器"节点的"采样器"输入端口拖出连线，创建"K 采样器选择"节点，如图 7-37 所示。

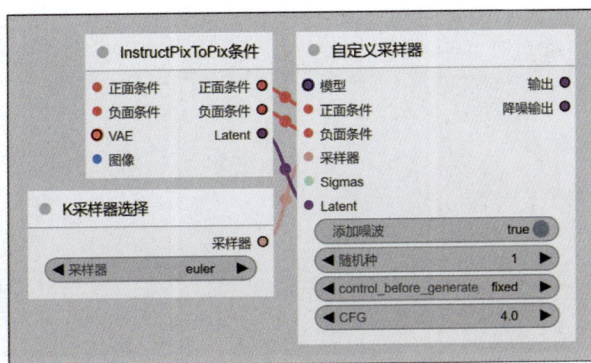

图 7-37

步骤 07 从"自定义采样器"节点的 Sigmas 输入端口拖出连线，创建"基础调度器"节点，把"步数"参数设置为 25。继续创建"分离 Sigmas"节点，把"步数"参数设置为 10 后将它的输入端口连接到"基础调度器"节点，将"高方差"输出端口连接到"自定义采样器"节点。创建一个"获取节点"，在 Constant 菜单中选择"模型 1"后，将该节点连接到"自定义采样器"节点的"模型"输入端口，在如图 7-38 所示。

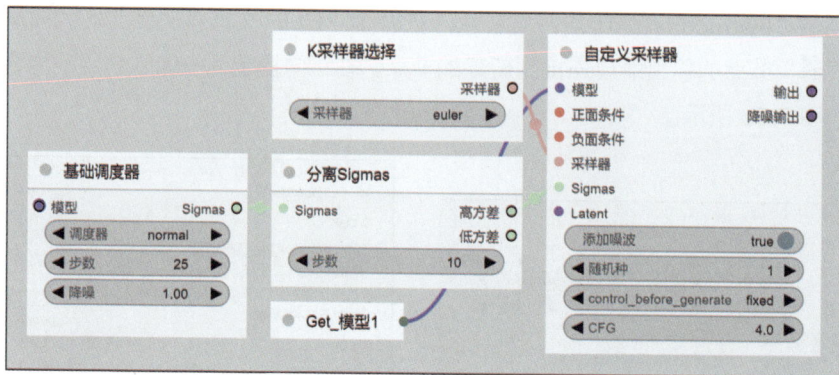

图 7-38

步骤 08 复制一个"自定义采样器"节点，把"添加噪波"设置为 false，把 CFG 参数设置为 6。把"InstructPixToPix 条件"节点的"正面条件"和"负面条件"输出端口、"K 采样器选择"节点的输出端口、"分离 Sigmas"节点的"低方差"输出端口和第一个"自定义采样器"节点的"输出"端口连接到复制的节点。

步骤 09 把第二个"自定义采样器"节点的"输出"端口连接到"VAE 分块解码"节点。把"合并为视频"节点上的"帧率"参数设置为和输入视频相同的 30。运行工作流，即可把上传的视频重绘成另一种风格，如图 7-39 所示。

图 7-39